毛石　　　　　　　片石　　　　　　　蘑菇石

文化砖　　　　　　黑金花　　　　　　黑白根

莎安娜米黄　　　　金线米黄　　　　　法国黄木纹

灰木纹　　　　　　中花白　　　　　　杭灰

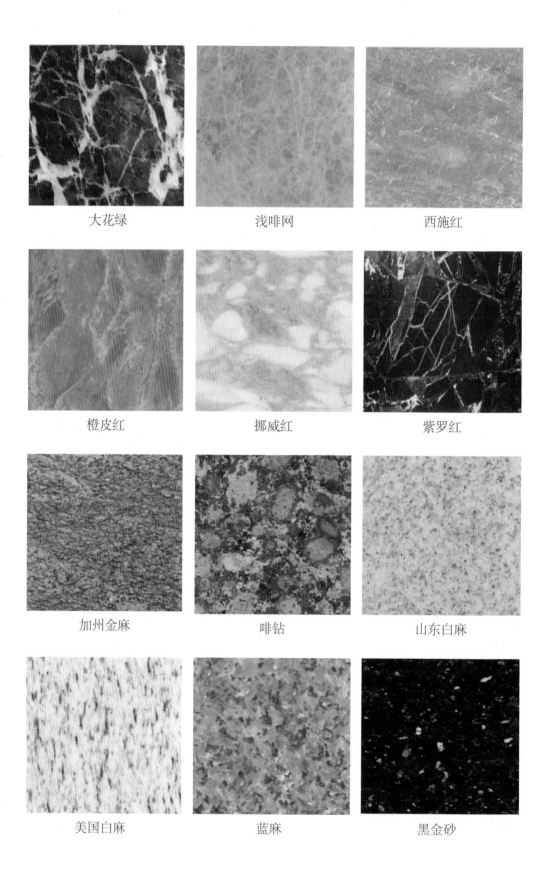

大花绿　　　　　浅啡网　　　　　西施红

橙皮红　　　　　挪威红　　　　　紫罗红

加州金麻　　　　啡钻　　　　　　山东白麻

美国白麻　　　　蓝麻　　　　　　黑金砂

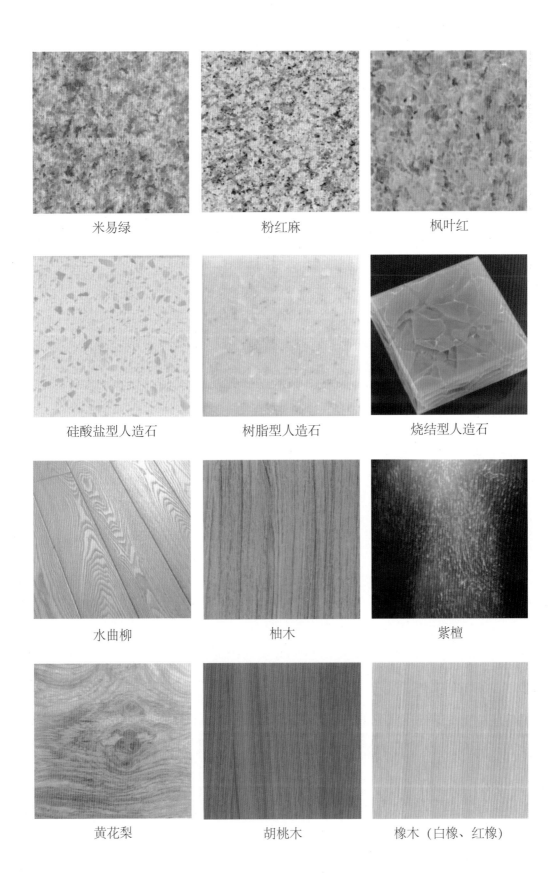

米易绿　　　　　　　粉红麻　　　　　　　枫叶红

硅酸盐型人造石　　　树脂型人造石　　　　烧结型人造石

水曲柳　　　　　　　柚木　　　　　　　　紫檀

黄花梨　　　　　　　胡桃木　　　　　　　橡木（白橡、红橡）

枫木　　　　　　沙比利　　　　　　斑马木（乌金木）

釉面砖　　　　玻化砖　　　　劈开砖　　　　陶瓷锦砖

墙纸　　　　　　印花墙布　　　　　　提花墙布

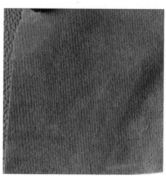

平绒墙布　　　　　反绒皮　　　　　铝塑板

JIANZHU ZHUANGSHI GONGCHENG
CAILIAO YU GOUZAO

建筑装饰工程
材料与构造

主　编　何公霖　杨龙龙　唐海艳
主　审　李　奇

重庆大学出版社

内容提要

本书的主要内容由材料及构造两部分组成。材料部分涵盖了建筑装饰工程常用的种类,包括:砌筑、防火、防水、保温、吸声、粘结等功能性材料;木材、石材、玻璃、陶瓷、涂料、金属、塑料和织物等主要装饰材料及其制成品;常用的水电安装材料等。以上内容又以目前常用的主要装饰主材为重点。构造部分介绍了主要装饰材料安装固定于建筑主体的典型构造方法,这些构造方法主要以表格和施工大样图的形式展现,直观易懂。本书将材料与构造内容,有机地融合在一起,使教学的内容鲜活起来,能够较快地掌握,并能学以致用。

本书适用于建筑装饰技术、室内设计、环境艺术设计、建筑学、园林景观等相关专业,也可供相关技术人员参考阅读。

图书在版编目(CIP)数据

建筑装饰工程材料与构造/何公霖,杨龙龙,唐海艳主编.—重庆:
重庆大学出版社,2017.1(2020.8重印)
高等教育土建类专业规划教材·应用技术型
ISBN 978-7-5689-0126-0

Ⅰ.①建… Ⅱ.①何… ②杨… ③唐… Ⅲ.①建筑装饰—装饰材料—
高等学校—教材②建筑装饰—建筑构造—高等学校—教材
Ⅳ.①TU56②TU767

中国版本图书馆 CIP 数据核字(2016)第 202046 号

高等教育土建类专业规划教材·应用技术型

建筑装饰工程材料与构造

主 编 何公霖 杨龙龙 唐海艳
主 审 李 奇
策划编辑:张 婷

责任编辑:陈 力 版式设计:张 婷
责任校对:贾 梅 责任印制:赵 晟

*

重庆大学出版社出版发行
出版人:饶帮华
社址:重庆市沙坪坝区大学城西路 21 号
邮编:401331
电话:(023)88617190 88617185(中小学)
传真:(023)88617186 88617166
网址:http://www.cqup.com.cn
邮箱:fxk@cqup.com.cn(营销中心)
全国新华书店经销
重庆升光电力印务有限公司印刷

*

开本:787mm×1092mm 1/16 印张:21.5 字数:529 千 插页:16 开 2 页
2017 年 1 月第 1 版 2020 年 8 月第 3 次印刷
ISBN 978-7-5689-0126-0 定价:45.00 元

本书如有印刷、装订等质量问题,本社负责调换

前　言

本书定位于应用型建筑装饰设计和环艺设计人才培养所需教材,可作为建筑学、建筑装饰、环境艺术设计、室内设计专业及其他相关专业教材使用,也可供相关技术人员参考阅读。全书内容由 4 个部分有机组成,即基本理论、建筑装饰工程常用材料、建筑装饰构造和工程实例,力争突出以下特点,使教材的内容能够理论联系实际,学以致用,并且有一定深度。

一、理论的系统性

理论来源于实践,同时对实践有着重要的指导意义。建筑装饰工程材料与构造的内容繁杂浩瀚,要想有条理地介绍和阐述,并能很好地应用,须有必要的理论作指导,以免流于平铺直叙,泛泛而谈,缺乏系统性。对于装饰材料与构造,教材注重阐明下述几点:

①建筑装饰与建筑的关系;
②建筑装饰与人的需求的关系;
③材料属性与工程应用;
④装饰构造原理及应用;
⑤相关标准与工程的关系。

二、材料介绍全面和典型

材料的介绍,以建筑装饰工程常用的为主,力争简明扼要,既全面涉及又突出重点,例如内容涉及常用建筑材料、水电安装材料等,但有别于资料手册的面面俱到和平铺直叙。归纳起来,主要包括下述内容,其中的重点是新型的装饰主材和辅材;

①功能性材料,例如防水、防火、吸声和隔热保温材料;
②装饰主材,例如石材、木材、金属、玻璃、其他饰面材料;
③装饰辅材,例如安装连接等所需材料;
④常用建筑材料,如砌块和砂浆;

⑤常用水电安装材料,如电线、开关、灯具,给排水管、龙头水嘴和常用洁具。

上述理论及内容阐述,借助于编者30年相关课程教学的积累和建筑装饰工程实践经验。

三、构造内容实用

有关构造的内容,注重突出构造原理及其应用,阐述的特点是先系统讲述原理和要点,随之列举工程实例,以构造层次表格、施工图和构造大样图为主,既直观又可直接引用,且较多的内容来自标准设计图和编者的作品,均达到施工图深度,且经过工程检验。

四、材料与构造密切联系

教材突出材料的具体应用,列举大量装饰构造设计案例,将材料及其制品的安装直观地表现,将繁杂的材料,通过恰当的构造方法,与建筑物有机地结合起来,使本教材所介绍的内容鲜活起来。同时,赋予材料与构造内容以灵魂,即它们全都服务于增强建筑的六大属性,服务于打造优良的建筑内部环境和美化建筑,服务于满足人们对物质层面和精神层面的需求。

本书由李奇担任主审;何公霖、杨龙龙、唐海艳担任主编;李莎、周津吟、张志伟、王慧娟、黎娅、雷超、王早、欧明英参与编写。李奇负责全书的规划、教材内容及质量把控、最后修改;何公霖负责主要装饰主材与辅材内容的编写;黎娅负责玻璃部分的编写;杨龙龙负责水电安装、装饰构件构造编写以及构造部分的组稿等;李莎负责吊顶构造部分;周津吟负责楼地面构造部分;张志伟负责门窗构造部分;王慧娟负责幕墙构造部分;雷超参与编写墙面构造;王早参与编写陶瓷材料部分;欧明英负责图片资料收集整理。唐海艳负责上述以外其他内容的编写并负责统稿。

本书在编写过程中,参考了大量的教材、有关专家的书籍和文献资料,在此对其作者表示衷心的感谢。由于编者掌握的资料不足,再加上水平有限,不足和疏漏之处在所难免,敬请有关专家学者和广大师生批评指正。

编　者

2016 年 8 月

目　录

1

综 述

1.1 建筑装饰概述

1.1.1 建筑装饰

建筑是建筑物的简称,建筑装饰是建筑装饰装修工程的简称。

建筑装饰工程的设计与施工,是建筑设计与建造的延续和深化,主要目的是强化建筑的重要属性,营造好室内环境。这些重要属性包括适用性、艺术性、文化性、环境性、技术性和经济性。

(1)适用性

适用性是指建筑及室内环境,包括空间大小尺度、室内物理环境、室内的家具、设备、设施和陈设等,应能很好地满足人们日常生活、生产等活动的需要,并满足人们精神层面的需求。

(2)艺术性

艺术性是指建筑艺术创作的创新性、唯一性、唯美性和时尚性。具体体现在众多的创作方法、设计风格和设计流派方面。建筑装饰设计的特点应与其一致。

(3)文化性

文化性是指建筑的民族性、地域性和传统性。是一个民族的思维方式、生活方式及表达方式在建筑上的反映。自古以来,民族文化也一直借助建筑来传承和传播。

（4）环境性

建筑要处理好与外部环境的关系，还要打造好内部环境，建筑装修对内部环境质量的优劣影响较大。

（5）技术性

装饰施工技术是建筑装修和营造室内环境的手段，对其有着越来越高的要求。主要内容包括材料技术、结构技术、设备技术、施工技术。装修的技术性还涉及许多重要的技术参数，这些参数集中在国家标准和行业标准中。

（6）经济性

经济性是指在建筑建造的过程中，应追求较高的经济效益、环境效益等，应尽可能降低建造成本和社会成本。就装饰材料而言，应"高材精用，中材高用，地材广用"。

1.1.2 建筑装饰的原则

建筑装饰既是艺术创作作品，也是工程建造项目。为确保项目的质量，从设计到施工，应注意贯彻一些重要原则，包括适用、经济、美观、安全、卫生、先进等，才能和其他专业人员、技术工人一起，共同设计好、建造好建筑及其内部环境。

①适用原则，与建筑的适用性要求是一致的。

②经济原则，是指设计与建造应注意厉行节约，避免不必要的浪费。如大多装饰材料都有固定的规格，使用这些材料时，要考虑排版的问题，以减少边角余料。如波打线的运用，既可减少地面安装地砖或石板时产生不规则的尺寸，又可增强装修效果。再如木制家具的设计与制作，其大小尺寸既要保证方便实用，又要考虑符合板材的规格。

③美观原则，主要是指艺术性和文化性方面，应和建筑的要求一致。

④安全原则，是指建筑装修时，应保证建筑的牢固、避免和抵抗各种灾害的能力，这些灾害包括火灾、震灾，各种质量事故和使用安全事故等。

⑤卫生原则，是指内部环境质量优良，能够保证使用者的身体健康，包括适宜的物理环境（温度、湿度、照度、噪声控制等）和无害化（无环境污染和有害物质存在等），以及心理卫生要求。

⑥先进原则，是指建筑装饰工程在设计与建造中，应注意采用新理念、新技术，以追求更好的经济效益和社会效益。

1.1.3 建筑装饰工程的主要内容

建筑装饰工程的主要内容包括建筑内部空间围合与分隔，空间界面处理，造型处理，材料与构件加工、安装、固定、连接，家具制作，设备设施安装等。设计阶段会有各个工种参与，如装修、给排水、电气照明、建筑结构，甚至消防、计算机网络等，施工阶段涉及石工、泥水工、木工、水电工、电焊工、油漆工、冷作等工种。建筑装饰工程的范围还包括建筑主体结构以外的部分，例如幕墙工程及外墙面装饰工程。

（1）空间围合与分隔

空间围合与分隔是对原有建筑空间进行合理调整，以满足需要，包括增减隔墙以改造空间、重新规定楼地面高度、进行吊顶处理等，属于空间与造型塑造的工作。

（2）空间界面处理

空间界面处理主要是对墙面、楼地面、顶棚进行功能性（如增设保温层或防水层）改造和装饰性处理。

（3）造型处理

一些装饰工程会在室内塑形，如树木、假山的塑形等。

（4）材料与构件安装

装饰工程的大量工作，是将各种材料与构件（如栏杆）牢固安装于建筑主体之上，属于装饰构造范围。

（5）家具制作

装饰工程需制作的家具主要以固定家具为主，这一类家具都是非标设计，只能在工厂定做或在现场制作。

（6）设备设施的安装

设备设施等项目的安装包括水管、电线及导管、卫生洁具、灯具及开关插座、工艺品和艺术品安装等。

建筑装饰工程的重点是打造优良的室内环境。环境与人有着互动关系，好的环境应该使人在生理上感到舒适、在心理上感到满足，从而在意志上乐不思蜀，在行为上流连忘返。营造好的环境，首先要做好人的感官体验，即视觉、听觉、嗅觉、触觉乃至味觉的效果，同时还应满足心理和精神层面的需要。这既是环境营造的基本原理，也是选择装饰材料和构造措施的重要依据。

1.2　建筑装饰工程材料

建筑装饰工程材料是建筑装饰工程中会采用的常用材料，是构成建筑及其内部环境的重要物质基础，其肩负完善和强化建筑重要属性的重任。

1.2.1　建筑装饰材料的定义和类型

建筑装饰工程材料包括造型材料（如砌体材料和固定家具制作材料）、饰面材料（也称主材）、连接材料和其他辅助性材料（也称辅材）、功能性材料（防火、防水、保温材料等）等类型。

按照化学成分分类，有如下大类，详见表1.1。

表 1.1　建筑装饰材料的化学成分分类

建筑装饰材料	无机装饰材料	金属装饰材料	黑色金属	钢、不锈钢、彩色涂层钢板等
			有色金属	铝及铝合金、铜及铜合金等
		非金属装饰材料	胶凝材料	气硬性胶凝材料 石膏、石灰、装饰石膏制品
				水硬性胶凝材料 白水泥、彩色水泥等
			装饰混凝土及装饰砂浆、白色及彩色硅酸盐制品	
			天然石材	花岗石、大理石等
			烧结与熔融制品	烧结砖、陶瓷、玻璃及制品、岩棉及制品等
	有机装饰材料	植物材料	木材、竹材、藤材等	
		合成高分子材料	各种建筑塑料及其制品、涂料、胶粘剂、密封材料等	
	复合装饰材料	无机材料基复合材料	装饰混凝土、装饰砂浆等	
		有机材料基复合材料	树脂基人造装饰石材、玻璃钢等	
			胶合板、竹胶板、纤维板、宝丽板等	
		其他复合材料	塑钢复合门窗、涂塑钢板、涂塑铝合金板等	

1.2.2　装饰工程材料的作用

在建筑装饰工程中,装饰材料主要用于塑型、塑造空间、改造空间、美化空间界面、增强空间界面的围护性能如隔热和保温,改进这些界面的其他性能(如隔声、防火和防水等)。装饰材料还包括将其安装固定于建筑主体之上时需借助的其他辅助性材料,这些材料共同塑造良好的建筑室内环境并美化建筑。

1.2.3　装饰材料的重要性能

材料的各种性能对装修质量和室内环境质量至关重要。在选用和选购之前,应了解产品的基本性能,以及相关的检测指标和质量认定标准,以便合理利用。

(1)材料的容重

材料的容重限制了其使用范围。例如,较重的材料不宜直接置于楼板之上,否则会破坏建筑结构。

(2)防火性能

相关的国家标准,要求建筑构件和室内装修材料应满足燃烧性能等级的要求,以及满足耐火极限的要求。国家标准将室内的装饰材料和构件归纳为 7 类(顶棚装修材料、墙面装修材料、地面装修材料、隔断装修材料、固定家具、装饰织物、其他装饰材料)。其燃烧性能等级分为 A、B1、B2、B3 这 4 个等级,即不燃、难燃、可燃和易燃 4 等。不同规模、高度和重要性的建筑,装修防火的要求不一样,国家标准有明确规定。

耐火极限是建筑构件从受到火的作用时起,到失去支持能力或完整性被破坏或失去隔火作用时为止的这段时间,用小时表示,耐火极限表明了建筑构件的防火能力。

装饰工程所用材料或制作的建筑构件,具有这两项与防火有关的指标必须达标,装饰工程设计和施工成果才能通过主管部门的审核或验收。

（3）光学性能

光学性能主要是指反射光、透光的性能。例如平板玻璃、压花玻璃和磨砂玻璃,它们的透光率或遮挡视线的能力是不同的,不同场所采用时应加以区别。反光性能低的材料,不易产生眩光,为博览建筑空间大量采用。

（4）环保性能

环保性能主要体现在材料的有害物质含量方面,包括放射性物质（以氡为主）、甲醛、氨、苯及苯系物质、TVOC（总挥发性有机物）,甚至重金属等。环保性能好的材料,其有害物质的含量不应超过国家允许的标准。

（5）防水性和耐水性

在潮湿有水的环境中,所用材料的防水性和耐水性更为重要。一些特殊部位,需借助这样的材料做防水层和隔汽层（防止保温层表面产生凝结水的构造层）,或制作永久性设施,如防腐木用于公共浴室的地面。

（6）耐候性

耐候性是指材料在自然环境中抗氧化、抗老化和抗腐化等的能力,即材料经受气候的考验（如光照、冷热、风雨、细菌等造成的综合破坏）时,所具备的耐受力。

（7）耐磨性

耐磨性的好坏对于地面材料尤为重要。例如,强化木地板的耐磨性会用耐磨转数来描述和区别（见表1.2）,耐磨转数较高的就耐用。有了三氧化二铝耐磨层的保护,强化复合地板较为耐磨、耐用。

表 1.2　强化木地板耐磨度分级（欧洲标准）

等级	三氧化二铝含量（g/m^2）	耐磨转数	相当于欧标
1	33	4 000	2 500 转 AC1-21
2	38	6 000	4 000 转 AC2-22
3	45	9 000	6 000 转 ACA3-23
4	62	15 000	9 000 Z 转 A4-32
5	76	18 000	12 000 转 AC5-33

国家强化地板合格标准规定是:

①家庭使用耐磨转数达到 6 000 转以上。

②公共场所或商用耐磨转数为 9 000 转以上。

再如大理石通常不会大量用于地面装修,其耐磨性远不如花岗岩。

（8）绝热性能

不论是保温还是隔热,都要求材料有较好的绝热性能,主要特点是导热系数小,还应具有适宜的或一定的强度、抗冻性、耐水性、防火性、耐热性,以及耐低温性、耐腐蚀性,有时还需具有较小的吸湿性或吸水性等。大量使用绝热性能好（即导热系数小）的材料,会降低建筑能耗。

（9）吸声性能

对于听觉效果要求较高的场所，材料的吸声性能至为重要。其性能指标是吸声系数，反映了其对主要几个不同频率声音（倍频程）的吸收能力。

（10）蓄热性能

蓄热性能指标主要与建筑节能和室内舒适度等有关，导热系数较大的材料制成的建筑构件，容易形成"热桥"，即加快热能传递或损失，且构件所在部位冬季还易在室内产生结露。蓄热系数高的材料，导热系数小，表现为受外部气温变化影响而产生的自身温度变化较为缓慢，让人感到舒适，如木制家具较金属家具舒适。材料的导热性能与蓄热性能互为倒数。

（11）电绝缘性能

一些电器较多的场所，要求空间界面采用电绝缘性较好的材料，以免发生触电事故；而另外一些场所，要求空间界面有较好的导电性，以免产生静电导致火灾等。电阻值大的材料，电绝缘性好，反之导电性好。

（12）粘结强度

单位粘结面上承受的粘结力称为粘结强度。在工程中，这个指标常反映为粘结材料的性能。

（13）耐腐蚀性能

实验室等场所需要装修材料具备抗酸碱腐蚀的性能。酸雨较多的地区，建筑外装修不宜采用大理石，因为其耐酸腐蚀的性能较差。材料的化学性能越稳定，耐腐蚀性越强。

（14）材料的规格

材料的规格是指材料制成品的大小尺寸，熟悉材料规格并加以充分利用，会大大降低成本。如许多人造板材的规格，其宽度×长度为 1 220 mm×2 440 mm。设计时要考虑施工的剪裁和下料，为避免出现较多边角余料，与之相关的设计尺寸，就以 100,150,200,300,400,600,800 等居多。

1.2.4 装饰材料的文化艺术性

装饰材料的文化艺术性是表面装饰材料的重要属性之一，其艺术性主要体现在色彩、肌理和纹理、图案等方面，其文化性主要体现在制作工艺特色、传统装饰图案、地域特点（如地方材料）等方面。例如中国国家大剧院装修，设计师就在音乐厅、戏剧场中采用了带有中国文化特征的红色漆带等，因为天然漆的利用在中国历史悠久。而在重要部位，国家大剧院则注重采用"中国红"和金色，以突出中国的传统和特色。

1.2.5 装饰材料的质量标准与质量等级

（1）质量标准

目前涉及装饰材料质量标准的相关国家标准有 20 余个，包括干压陶瓷砖、中密度（强化）复合地板、花岗岩和大理石板材、抗静电活动地板、内外墙涂料、聚氯乙烯壁纸等。从理论上讲，产品的质量标准以大型生产厂家的标准要求最高；其次是行业标准，较低的是国家标准，最低的应是国际标准，这样才会被市场广泛认可。

（2）质量等级

装饰材料常用等级有各种分类，如优等品、一级品和合格品；A 级、B 级和 C 级；一级品和二级品;一等、二等和三等品等,采购时应加以区别。

1.3　装饰构造

构造与建造意义相同,装饰构造是指在装饰工程中,材料与构件的制作和安装等施工做法的总和。

1.3.1　构造与施工的关系

(1)相关但有区别

装饰构造是材料及其安装方法的总称,而施工是制作过程(工艺与工序)和质量控制的总称。

(2)目标和手段

构造要求首先体现在装饰工程施工图纸上,施工图的主要内容是构造设计,是施工的目标;而施工是在现场照图实施,是实现构造设计的手段。

(3)各自的特点

装饰构造首先要满足建筑的各项要求,注重材料选择和采用合理的工艺;施工是注重过程的规范和质量的把控,以求达标。

1.3.2　装饰构造的要点

(1)构造设计应合理

构造设计应合理,即既要保证建筑属性的要求,又要为施工创造条件,注意选用合适的工艺,以涂料为例,其工艺就有刷涂、滚涂、喷涂、弹涂、抹涂、擦涂(蜡克漆)和刮涂(如自流平地面涂料)等类别,各自的效果不同,造价不同,对施工条件的要求也不同。为实现一种建造结果,一般会在若干相关的工艺中选择一种,以追求最合理的方式和最好的性价比,即技术上的先进和经济上的合理。

(2)构造施工应规范

为保证施工质量,装饰构造施工应严格按照相关的国家标准和行业标准执行,这些标准以各种材料的质量标准、施工操作规范和施工验收规范的形式出现。

(3)施工工序应严谨

工序是工艺实施的具体步骤和先后次序。一个工艺的完成,经过多道工序才能实现,每一道工序都应按照要求完成。

(4)安装方法应科学

在装饰构造设计与施工过程中,要解决的问题较多地体现在如何将装饰材料与构件牢固安装于建筑主体之上,其关键是选择合理而简便的方法。常用的方法如下所述。

①钉固,指利用水泥钉、木钉、射钉、码钉、螺丝等固定材料或构件;如木质材料安装。

②粘结,指利用胶粘剂安装固定;如水泥砂浆粘结地砖。

③嵌固,指将材料或构件插入预留的孔洞或沟槽,再采取加固措施固定。

④焊接,利用电焊、氧焊或氩弧焊连接或固定材料与构件;大多用于金属制品。

⑤铆固,利用铆钉连接或固定。

⑥螺栓连接,利用螺栓固定。

⑦夹固,利用夹具或压条安装固定;常用于玻璃制品。

⑧压固,利用重力、固定材料或构件;如墙悬臂的楼梯踏步安装。

⑨悬挂,利用连接构件,悬吊或悬挂材料与构件;如幕墙或吊顶安装。

⑩卡固,利用专门的构件固定,如大型轻质墙板安装。

（5）构造层次应完善

建筑的各种围护结构或空间界面的表面,为满足设计和使用要求,会用若干的材料进行组合,以形成不同的层次,既起到各自的作用,又共同保证建筑的使用或质量方面的要求。

（6）构件制安应牢固

保证构件足够牢固,应包括下述内容。

①足够的强度。强度是指构件抵抗外力作用而不被破坏的能力,这些外力包括重力、拉力、剪力、推力、扭转力和地震作用力等。

②足够的刚度。刚度是指建筑构件抵抗因外力作用而弹性变形的能力。如一个厚度较薄的轻质隔墙,相对于较厚重的,更容易受外力作用而弯曲变形,甚至被破坏。

③合理的挠度。挠度是指建筑构件等在弯矩作用下因挠曲而引起的垂直于轴线的线位移。构件的刚度降低,挠度就会增大。大多数水平构件都会产生挠度,挠度过大即使不破坏构件,也会影响建造质量和美观。设计和建造时应按照要求控制好构件的挠度。

④足够的整体性。整体性是指建筑构件抵抗因外力作用而分解和解体的能力。如中空玻璃砖隔墙构造,会在灰缝中设置拉结钢筋,且与建筑主体牢固连接,就是为增强其整体性。

⑤足够的稳定性。对于建筑构件而言,稳定性是抵抗因外力作用或其他原因而失衡或倾覆的能力。如砌体墙面过长或过高时,会利用构造柱等措施,来增强其稳定性,使其不易垮塌。所谓"一个篱笆三个桩",就是需要篱笆具备足够的稳定性。

（7）细节处理应精致

建筑装修最好的效果是"天衣无缝",以表面看不出安装工艺和缝隙等为宜,让人感觉环境中的构件和材料等似乎是自然而然存在的,"虽由人作,宛如天开"。例如:

①石材和木材的拼接,应考虑纹理之间的接续。

②裱糊墙纸时,应精心处理图案的对接,避免错位。

③条状块材如石板或木地板,铺装后的长缝不宜对着来人方向,扭转 90°后的效果会更好。

④地毯铺装的方向应一致。同一种地毯会因布置方向不同,导致反射光线的强弱不同,从而出现色差,这在将地毯用胶带拼接为大块的地面时尤其应当注意。

⑤不锈钢表面的接缝应做焊接、打磨和抛光处理,使人看不到接缝等。

此类例子不胜枚举,所谓"细节决定成败",可用于形容装饰构造的特点。

1.3.3 有关标准设计和施工的标准

建筑装修的设计和施工是一个依法依规走程序的过程,从设计到施工,会依据许多的国家标准和行业标准。如各种建筑设计规范(特别是《建筑内部装修防火设计规范》等),以及众多的施工验收规范(如《建筑装饰装修工程质量验收规范》等)。

2

功能性材料

装饰工程中涉及的功能性材料,是指虽与装饰效果关系不大,但与环境营造关系密切,装饰工程通常都会用到的材料,其主要作用是围合与分隔空间、改善空间界面性能、制作建筑构件或塑形等,如砌筑材料、防水材料、防火阻燃材料、保温隔热材料、吸音隔声材料、连接材料等。

2.1 砌筑材料

砌筑材料是指用砌筑、拼装或用其他方法构成承重或非承重墙体或构筑物的材料,主要包括传统的石材、砖、砌筑砂浆以及现代的各种砌块等。

2.1.1 砖

从所采用的原材料上分为黏土砖、灰砂砖、页岩砖、煤矸石砖、水泥砖、矿渣砖等。从形状上可分为实心砖及多孔砖。从生产方式上有高温烧制、高温蒸压、常温机械加压等方式。

(1)烧结普通砖(图2.1,图2.2)

烧结普通砖为实心砖,主要有烧结页岩砖、烧结煤矸石砖和烧结粉煤灰砖等类型。

烧结普通砖的外形为直角六面体,长240 mm、宽115 mm、高53 mm,根据抗压强度分为MU30、MU25、MU20、MU15、MU10这5个强度等级。

(2)烧结多孔砖(图2.3)

烧结多孔砖使用的原料与生产工艺与烧结普通砖基本相同,其孔洞率不小于25%。砖的外形为直角六面体,其长度、宽度及高度尺寸(mm)多为290、240、190、180和175、140、115、

90。根据抗压强度分为 MU30、MU25、MU20、MU15、MU10 这 5 个强度等级。

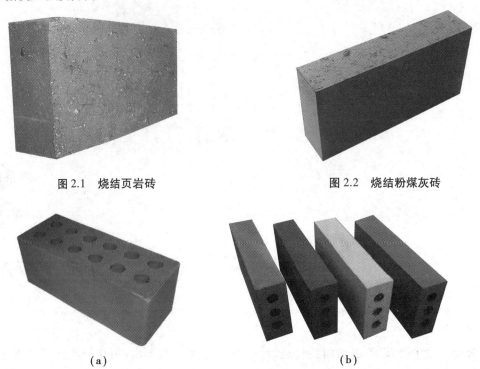

图 2.1 烧结页岩砖   图 2.2 烧结粉煤灰砖

（a）   （b）

图 2.3 烧结多孔砖

（3）烧结空心砖（图 2.4）

烧结空心砖的烧制、外形和尺寸与烧结多孔砖一致,在与砂浆的接合面上设有增加结合力的深度在 1 mm 以上的凹线槽,并有数量不一的孔洞,根据抗压强度分为 MU5、MU3、MU2 这3 个强度等级。

（4）蒸压灰砂空心砖（图 2.5）

蒸压灰砂空心砖是以石英砂和石灰为主要原料,压制成型,经压力釜蒸汽养护而制成。其外形规格与烧结普通砖一致,根据抗压强度分为 MU25、MU20、MU15、MU10、MU7.5 这 5 个强度等级。

图 2.4 烧结空心砖   图 2.5 蒸压灰砂空心砖

（5）蒸压粉煤灰砖（图2.6）

蒸压粉煤灰砖以粉煤灰为主要原料,掺配适量的石灰、石膏或其他碱性激发剂,再加入一定数量的炉渣作为骨料蒸压制成的砖。其外形规格与烧结普通砖一致,根据抗压强度、抗折强度分为 MU20、MU15、MU10、MU7.5 这4个强度等级。

图 2.6　蒸压粉煤灰砖

2.1.2　砌块

砌块的种类较多,按形状分为实心砌块和空心砌块。按规格可分为小型砌块,高度为180~350 mm;中型砌块,高度为360~900 mm。常用的有普通混凝土小型空心砌块、轻集料混凝土小型空心砌块、蒸压加气混凝土砌块、粉煤灰砌块。

（1）普通混凝土小型空心砌块（图2.7）

普通混凝土小型空心砌块以水泥、砂、碎石或卵石加水预制而成。其主要规格尺寸（mm）为390×190×190,有两个方形孔,空心率不小于25%。根据抗压强度分为 MU20、MU15、MU10、MU7.5、MU5、MU3.5 这6个强度等级。

（2）轻集料混凝土小型空心砌块（图2.8）

轻集料混凝土小型空心砌块以水泥、砂、轻集料加水预制而成。其主要规格尺寸（mm）为390×190×190。按其孔的排数分为:单排孔、双排孔、三排孔和四排孔4类。根据抗压强度分为 MU10、MU7.5、MU5、MU3.5、MU2.5、MU1.5 这6个强度等级。

图 2.7　普通混凝土小型空心砌块

图 2.8　轻集料混凝土小型空心砌块

（3）蒸压加气混凝土砌块（图2.9）

蒸压加气混凝土砌块俗称泡沫砖,容重小,厚度（mm）有100、150、200等,长宽尺寸（mm）通常为400×300、600×300,根据抗压强度分为 A10、A7.5、A5、A3.5、A2.5、A2、A17个强度等级。

（4）粉煤灰砌块

粉煤灰砌块以粉煤灰、石灰、石膏和轻集料为原料,加水搅拌,振动成型,蒸汽养护而成的密实砌块。其主规格尺寸（mm）为880×380×240,砌块端面应加灌浆槽,坐浆面宜设抗剪槽。根据抗压强度分为 MU13、MU10 两个强度等级。

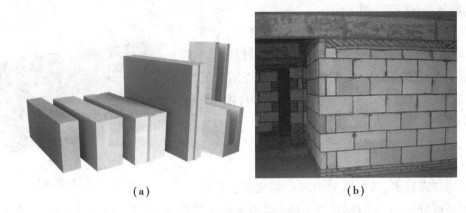

（a）
（b）

图 2.9　蒸压加气混凝土砌块

2.1.3　石材

砌筑用石有毛石和料石两类，是用于清水墙、柱表面的石材，所选石材应质地坚实，无风化剥落和裂纹。

（1）毛石（图 2.10）

毛石分为乱毛石和平毛石。乱毛石是指形状不规则的石块；平毛石是指形状不规则，但有两个平面大致平行的石块。毛石应呈块状，其中部厚度不宜小于 150 mm。

(a)乱毛石　　　　　　　　　　(b)平毛石

图 2.10　毛石

（2）料石（图 2.11）

按其加工面的平整程度分为细料石、粗料石和毛料石 3 种。料石的宽度、厚度均不宜小于 200 mm，长度不宜大于厚度的 4 倍。根据抗压强度分为 MU100、MU80、MU60、MU50、MU40、MU30、MU20、MU15、MU10 这 9 个强度等级。

2.1.4　砌筑砂浆

（1）砂浆的种类

常用的砂浆有水泥砂浆、混合砂浆和石灰砂浆，水泥砂浆的强度和防潮性能最好，混合砂浆次之，但它的和易性好，石灰砂浆现在很少使用。砂浆的等级也是以抗压强度来进行划分的，从高到低依次为 M15、M10、M7.5、M5、M2.5、M1、M0.4。

(a)细料石　　　　　　　(b)粗料石　　　　　　　(c)毛料石

图 2.11　料石

(2)砂浆的组成

水泥砂浆:由砂子、水泥加水搅拌而成,如图 2.12(a)所示。其强度高,一般用在高强度及潮湿环境中。

混合砂浆:在水泥砂浆中加入石灰膏或黏土膏制成,如图 2.12(b)所示。有一定的强度和耐久性,且和易性和保水性好,多用于一般墙体中。

(a)水泥砂浆　　　　　　　　　　　　　　(b)混合砂浆

图 2.12　砂浆

为便于操作,砌筑砂浆应有较好的和易性,即良好的流动性(稠度)和保水性。和易性好的砂浆能保证砌体灰缝饱满、均匀、密实,并能提高砌体强度,砌筑砂浆的稠度见表 2.1。

表 2.1　砌筑砂浆的稠度

砌体种类	砂浆稠度/mm	砌体种类	砂浆稠度/mm
烧结普通砖砌体	70~90	普通混凝土小型空心砌块砌体	50~70
轻集料混凝土小型空心砌块砌体	60~90	加气混凝土小型空心砌块砌体	50~70
烧结多孔砖、空心砖砌体	60~80	石砌体	30~50

(3)原材料要求

水泥的强度等级应根据设计要求进行选择。水泥砂浆采用的水泥强度等级不宜大于32.5 级;混合砂浆采用的水泥强度等级不宜大于42.5 级。

水泥砂浆的砂,宜用中砂,并应过筛,其中毛石砌体宜用粗砂。砂的含泥量:对水泥砂浆和强度等级不小于 M5 的混合砂浆,不应超过 5%;强度等级小于 M5 的混合砂浆,不应超过 10%。

2.2 防水密封材料

防水材料多使用在屋面、地下建筑、建筑物的地下部分和需防水的室内和储水构筑物等。按其采取的措施和手段的不同,分为材料防水和构造防水两大类。材料防水是靠防水材料阻断水的通路,以达到防水的目的或增加抗渗漏的能力。

按材料性状划分,防水材料包括防水卷材、防水涂料、防水添加剂、混凝土及水泥砂浆刚性防水、建筑密封材料、金属板防水材料等。

防水材料由多层防水向单层防水发展,由单一材料向复合型多功能材料发展,施工方法也由热熔法向冷粘贴法或自粘贴法发展。

2.2.1 防水卷材

防水卷材是一种可卷曲的片状防水材料,具有粘结性能强、延伸性能好、自愈性能强、高低温性能稳定等优点。

根据其主要组成材料可分为沥青类防水卷材、聚合物改性沥青防水卷材和合成高分子防水卷材三大类。

(1)沥青防水卷材

沥青防水卷材是在基胎(如原纸、纤维织物)上浸涂沥青后,再在表面撒布粉状或片状的隔离材料而制成的可卷曲片状防水材料。可分为石油沥青纸胎油毡(现已禁止生产使用)、石油沥青玻璃布油毡、石油沥青玻璃纤维胎油毡、铝箔面油毡。

(2)聚合物改性沥青防水卷材

聚合物改性沥青防水卷材是以合成高分子聚合物改性沥青为涂盖层,纤维织物或纤维毡为胎体,粉状、粒状、片状或薄膜材料为覆面材料制成的可卷曲片状防水材料。

改性沥青制成的卷材光洁柔软,厚度为4~5 mm,性能优异,价格适中。

改性沥青防水卷材(图2.13)可分为弹性体改性沥青防水卷材(SBS卷材)、塑性体改性沥青防水卷材(APP卷材)。卷材以10 m^2 卷材的标称质量(kg)作为卷材的标号;玻纤毡胎基

(a)　　　　　　　　　　　　　　(b)

图2.13　改性沥青防水卷材

的卷材分为25号、35号和45号3种标号;聚酯毡胎基的卷材分为25号、35号、45号和55号4种标号。按卷材的物理性能分为合格品、一等品、优等品3个等级。

①SBS改性沥青防水卷材。以聚酯毡或玻纤毡为胎基,苯乙烯-丁二烯-苯乙烯(SBS)热塑性弹性体作改性剂,两面覆以隔离材料所制成。产品标记按以下程序进行:弹性体改性沥青防水卷材、型号、胎基、上表面材料、厚度和本标准号,例如,3 mm厚砂面聚酯胎Ⅰ型弹性体改性沥青防水卷材,标记为SBS Ⅰ PY S3 GB18242。

该类防水卷材广泛适用于各类建筑防水、防潮工程,尤其适用于寒冷地区和结构变形频繁的建筑物防水。

②APP改性沥青防水卷材。以聚酯毡或玻纤毡为胎基,无规聚丙烯APP或聚烯烃类聚合物APAO、APO塑性体作改性剂,两面覆以隔离材料所制成。产品标记按以下程序进行:塑性体改性沥青防水卷材、型号、胎基、上表面材料、厚度和本标准号,例如,3 mm厚砂面聚酯胎Ⅰ型塑性体改性沥青防水卷材,标记为APP Ⅰ PY S3 GB18243。

APP改性沥青防水卷材有非常好的稳定性,受高温照射后,分子结构不会重新排列,抗老化性能强。在一般情况下,APP改性沥青的老化期在20年以上,温度适应范围为−15~130 ℃,特别是耐紫外线的能力比其他改性沥青卷材都强,非常适宜在有强烈阳光照射的炎热地区使用。

APP改性沥青复合在具有良好物理性能的聚酯毡或玻纤毡上,使制成的卷材具有良好的拉伸强度和延伸率。本卷材具有良好的憎水性和粘结性,既可冷粘施工,又可热熔施工,无污染,可在混凝土板、塑料板、木板、金属板等材料上施工。

APP改性沥青系列防水卷材因其耐高温、耐老化、耐紫外线、施工速度快等优点,多用于桥梁等市政工程以及各类建筑防水、防潮工程,尤其适用于高温或有强烈太阳辐射地区的建筑物防水。

③沥青复合胎柔性防水卷材。简称为"复合胎卷材",以沥青为基料,以两种材料复合为胎体,细砂、矿物粒(片)料、聚酯膜、聚乙烯膜等为覆面材料,以浸涂、滚压工艺而制成的防水卷材,产品标记按以下程序进行:产品名称、品种代号、厚度、等级和标准编号顺序标记,例如,3 mm厚的合格品聚乙烯膜覆面涤棉无纺布-网格布复合胎柔性防水卷材标记为:NK-PE 3C JC/T690。

(3)合成高分子防水卷材

以合成橡胶、合成树脂或两者共混体为基料,加入适量化学助剂和填充料,经一定工序加工而成的可卷曲片状防水卷材。包括橡胶系防水卷材、塑料系防水卷材、橡胶塑料共混系防水卷材等类型。

这种卷材拉伸强度高、抗撕裂强度高、断裂伸长率大、耐热性好、低温柔性好、耐腐蚀、耐老化及可冷施工等优越的性能。

其中,三元乙丙橡胶防水卷材和聚氯乙烯防水卷材,属高档防水卷材,因此在国家有关部门制订的《新型建材及制品导向目录》中,要大力发展高分子防水卷材EPDM(三元乙丙橡胶)、PVC(聚氯乙烯)两个品种。两款防水卷材质量检测执行的国家标准分别是GB 18173.1—2000和GB/T 12952《聚氯乙烯防水卷材》,产品按理化性能分为Ⅰ型和Ⅱ型,后者的理化性能指标比前者高,质量更好。

①三元乙丙(EPDM)橡胶防水卷材(图2.14)。以三元乙丙橡胶掺入适量的丁基橡胶、硫化剂、促进剂、软化剂和补强剂等,经密炼、拉片过滤、挤出成型等工序加工而成。

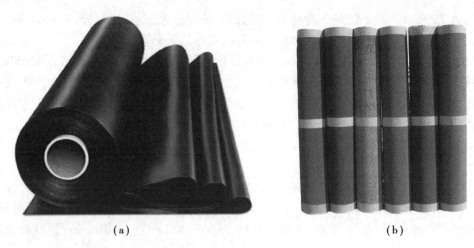

（a）   （b）

图 2.14   三元乙丙（EPDM）橡胶防水卷材

三元乙丙橡胶有优异的耐气候性,耐老化性,而且抗拉强度高、延伸率大,对基层伸缩或开裂的适应性强,质量轻,使用温度范围宽（在 -40 ~ +80 ℃ 范围内可以长期使用）,是一种高效防水材料。它还可冷施工,操作简便,减少环境污染,改善工人的劳动条件。市面上有硫化型与非硫化型之分。

规格有幅宽（mm）:1 000、1 100、1 200;厚度（mm）:1.2、1.5、2.0;长度:20 m。

②聚氯乙烯（PVC）防水卷材（图 2.15）。以聚酯纤维织物作为加强筋,通过特殊的挤出涂布法工艺,使双面的聚氯乙烯塑料层和中间的聚酯加强筋结合成为一体而形成的高分子卷材。配方先进的聚氯乙烯塑料层与网状结构的聚酯纤维织物相结合,使卷材拥有极佳的尺寸稳定性和较低的热膨胀系数。以提升卷材直接暴露在自然环境中的长期性能。施工方法为热风焊接,从而保证焊缝的效果。

（a）   （b）

图 2.15   聚氯乙烯（PVC）防水卷材

聚氯乙烯防水卷材根据其基料的组成与特性分为 S 型和 P 型。该种卷材的尺度稳定性、耐热性、耐腐蚀性、耐细菌性等均较好,适用于各类建筑的屋面防水工程和水池、堤坝等防水抗渗工程。

规格有幅宽（mm）:1 000、1 500、2 000;厚度（mm）:1.2、1.5、2.0;长度:20 m。

③聚乙烯丙纶（聚酯丙纶）防水卷材。以聚乙烯合成高分子材料加入抗老化剂、稳定剂、助粘剂等与高强度新型丙纶涤纶长丝无纺布,经过自动化生产线一次复合而成的新型防水

卷材。

聚乙烯丙纶（聚酯丙纶）防水卷材（图2.16）可直接与水泥结构面粘结,防水性能优良、无毒、无味、抗拉强度大、抗渗能力强、耐冻、耐腐蚀、易粘贴、柔性好、质量轻、施工操作简便、不动火、不用油、施工无噪声、价格低廉。单独使用时,这类材料的耐水性、耐久性、适应基层变形能力、施工应用的可靠性方面都存在重大缺陷,工程应用时,应与聚合物水泥防水涂料结合使用。

（a）   （b）

图2.16 聚乙烯丙纶（聚酯丙纶）防水卷材

厚度（mm）:0.6、0.7、0.8、0.9、1.0、1.2和1.5;卷材克重（g）:300、350、400、500、600;幅宽（mm）:≥1 000,长度（m）:50、100。

2.2.2 防水涂料

防水涂料在固化前呈黏稠状液态,固化成膜后具有良好的防水性能,特别适合于各种复杂不规则部位的防水,能形成无接缝的完整防水膜。其施工方便,大多采用冷施工,不必加热熬制,施工时不仅能在水平面,而且能在立面、阴阳角及各种复杂表面,形成完整的无接缝防水膜;形成的防水层自重小,特别适用于轻型屋面等防水;形成的防水膜有较大的延伸性、耐水性和耐候性,能适应基层裂缝的微小变化。

涂布的防水涂料既是防水层的主体材料,又是胶粘剂,故粘结质量容易保证,维修也比较简便。尤其是对于基层裂缝、施工缝、雨水斗及贯穿管周围等一些容易造成渗漏的部位,极易进行增强涂刷、贴布等作业的实施。

防水涂料按成膜物质的主要成分可分为沥青基防水涂料、聚合物改性沥青防水涂料和合成高分子防水涂料3类。常用的种类包括聚氨酯防水涂料、聚合物水泥基防水涂料、丙烯酸防水涂料、丙凝防水涂料等。

（1）聚氨酯防水涂料（图2.17）

聚氨酯防水涂料是以聚氨酯预聚体为基本成膜物质,涂刷在需施工基面上,固结为富有弹性、坚韧又有耐久性的防水涂膜,以达到防水效果。聚氨酯防水涂料可以分为单组分和双组分两种。

①双组分聚氨酯防水涂料是一种反应固化型合成高分子防水涂料,甲组分是由聚醚和异氰酸酯经缩聚反应得到的聚氨酯预聚体,乙组分是由增塑剂、固化剂、增稠剂、促凝剂、填充剂组成的彩色液体。使用时,将甲、乙两组分按一定比例混合、搅拌均匀后,充分反应后形成一个整体的、富有弹性的厚膜,其防水效果显著,粘结力强,并且拉伸性能好。双组分聚氨酯防

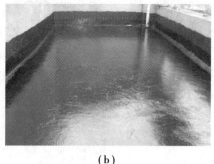

（a）   （b）

图 2.17　聚氨酯防水涂料

水涂料在使用过程中,固化剂、稀释剂会释放大量有毒气体及难闻气味,施工时应注意环境通风。

②单组分聚氨酯防水涂料也称湿固化聚氨酯防水涂料,是一种反应型湿固化成膜的防水涂料。使用时涂覆于防水基层,通过和空气中的湿气反应而固化交联成坚韧、柔软和无接缝的防水膜。使用时,以水为稀释剂,无味无污染。能在潮湿或干燥的各种基面上直接施工。但是涂膜质量较双组分类型的差。

（2）聚合物水泥基复合防水涂料（图 2.18）

聚合物水泥基复合防水涂料简称 JS 防水涂料,是由聚醋酸乙烯酯、丁苯橡胶乳液、聚丙烯酸酯等合成高分子聚合物乳液及各种添加剂优化组合而成的液料和由特种水泥、级配砂组复合而成的双组分防水材料,是当前国家重点推广应用新型理想的环保型防水材料。

（a）   （b）

图 2.18　聚合物水泥基复合防水涂料

聚合物水泥基复合防水涂料既包含无机水泥,又包含有机聚合物乳液。有机聚合物涂膜柔性好,临界表面张力较低,装饰效果好,但耐老化性不足,而水泥是一种水硬性胶凝材料,与潮湿基面的粘结力强,抗湿性非常好,抗压强度高,但柔性差,二者结合,能使有机和无机结合,优势互补,刚柔相济,抗渗性提高,抗压比提高,综合性能比较优越,达到较好的防水效果。

JS 防水涂料生产和应用都符合环保要求,能在潮湿基面上施工,操作简便。适用范围为:

①室内外水泥混凝土结构、砂浆砖石结构的墙面、地面。

②卫生间、浴室、厨房、楼地面、阳台、水池的地面和墙面防水。

③用于铺贴石材、瓷砖、木地板、墙纸、石膏板之前的抹底处理,可达防止潮气和盐分污染的效果。

（3）丙烯酸防水涂料（图 2.19）

丙烯酸防水涂料是以改性丙烯酸酯多元共聚物乳液为基料，添加多种填充料、助剂经科学加工而成的厚质单组分水性高分子防水涂膜材料。

丙烯酸高弹防水涂料坚韧，粘结力很强，弹性防水膜与基层构成一个刚柔结合完整的防水体系以适应结构的种种变形，达到长期防水抗渗的作用。

（a）

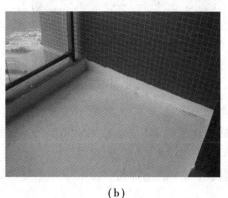
（b）

图 2.19　丙烯酸防水涂料

其特点如下：

①高度弹性，能抵御建筑物的轻微震动，并能覆盖热胀冷缩、开裂、下沉等原因产生的小于 8 mm 的裂缝。

②可在潮湿基面上直接施工，适用于墙角和管道周边渗水部位。

③粘结力强，涂料中的活性成分可渗入水泥基面中的毛细孔、微裂纹并产生化学反应，与底材融为一体而形成一层结晶致密的防水层。

④环保、无毒、无害，可直接应用于饮用水工程。

⑤耐酸、耐碱、耐高温，具有优异的耐老化性能和良好的耐腐蚀性；并能在室外使用，有良好的耐候性。

丙烯酸防水涂料应用时，常常和玻璃纤维布结合使用，采用一布两涂或两布三涂的做法。

（4）丙凝防水涂料

由环氧树脂改性胶乳加入丙凝乳液、聚丙烯酸酯、合成橡胶、各种乳化剂、改性胶乳等所组成的高聚物胶乳，再加入基料和适量化学助剂和填充料，经塑炼、混炼、压延等工序加工而成的高分子防水防腐材料。

丙凝防水涂料具有良好的耐水、耐候、耐酸碱特性和优异的延伸性能，能适应基层局部变形的需要；环保无毒，施工方便；能长期浸泡在水里，寿命长达 50 年以上。因此，它被列为国家建设部重点推广产品及国家小康住宅建设推荐产品。

2.2.3　防水添加剂

防水添加剂主要有 UBA 型混凝土膨胀剂（图 2.20）、有机硅防水剂（图 2.21）、BR 系列防水剂、水泥水性密封防水剂等。

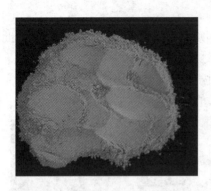 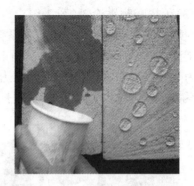

图 2.20　UBA 型混凝土膨胀剂　　　　　图 2.21　有机硅防水剂

防水剂可添加在砂浆、混凝土中或涂刷或喷涂于砂浆混凝土表面。与水作用后,材料中含有的活性化学物质(包含有加快结晶形成的催化剂和减小表面张力、增加渗透能力的表面活性剂),通过水为载体向砂浆、混凝土内部渗透,并在砂浆、混凝土中形成不溶于水的结晶体,填塞混凝土中的毛细孔道及宏观微裂缝,从而使砂浆、混凝土致密、防水,形成刚性防水。

2.2.4　建筑密封材料

建筑密封材料是一些能使建筑上的各种接缝或裂缝、变形缝(沉降缝、伸缩缝、抗震缝)、门窗四周、玻璃镶嵌部位,能承受位移且能达到气密、水密的目的,并且具有一定强度,能连接结构件的填充材料。

为保证防水密封的效果,建筑密封材料应具有良好的粘结性、良好的耐高低温性和耐老化性能,一定的弹塑性和拉伸——压缩循环性能,能长期经受被粘结构件的收缩与振动而不破坏。

密封材料按构成类型分为溶剂型、乳液型和反应型密封材料;按使用时的组分分为单组分密封材料和多组分密封材料;按组成材料分为改性沥青密封材料和合成高分子密封材料;按照外形性状可分为定型密封材料(密封条和压条等)和非定型密封材料(密封膏或嵌缝膏等)两大类。

常用的建筑密封材料有硅酮、聚氨酯、聚硫、丙烯酸酯等密封材料。

1)不定形密封材料

目前,常用的不定形密封材料有沥青嵌缝油膏、聚氯乙烯接缝膏和塑料油膏、丙烯酸酯密封膏、聚氨酯密封膏、聚硫橡胶密封膏和硅酮密封膏等(图 2.22)。

(1)沥青嵌缝油膏

沥青嵌缝油膏主要作为屋面、墙面、沟和槽的防水嵌缝材料。

(2)聚氯乙烯接缝膏和塑料油膏

该密封材料适用于各种屋面嵌缝或表面涂布作为防水层,也可用于水渠、管。

(3)合成高分子密封材料

以合成分子材料为主体,加入适量化学助剂、填充料和着色剂,经过特定生产工艺而制成的膏状密封材料。这种材料以优异的性能得到了越来越广泛的应用,代表了今后密封材料的发展方向。

主要品种有丙烯酸酯密封膏、磺化聚乙烯嵌缝密封膏、聚氨酯建筑密封膏、聚硫橡胶密封膏、硅酮建筑密封膏。其中,硅酮、聚硫、聚氨酯三大室温固化弹性密封胶在我国应用较为广

(a)沥青嵌缝油膏　　　　　(b)聚氯乙烯接缝膏　　　　　(c)丙烯酸酯密封膏

(d)聚硫橡胶密封膏　　　　(e)聚氨酯建筑密封膏　　　　(f)硅酮建筑密封膏

图 2.22　不定形密封材料

泛,尤其是硅酮密封胶产品。

硅酮类密封胶由于其特殊的分子结构,性能稳定,具有超群的抗 UV、耐臭氧、耐气候老化、耐温性和单组分、双组分多种形式应用的特点,同时可以根据建筑的需要制造出不同性能要求的产品,尤其在隐框玻璃幕墙的结构粘结应用广泛。

2)定形密封材料(图 2.23)

定形密封材料常用于建筑门窗密封胶条,用于建筑门窗构件上:玻璃与压条、玻璃与框扇、框与扇、扇与扇之间等结合部位,能够防止内、外介质(雨水、空气、沙尘等)泄漏或侵入,能防止或减轻由于机械的震动、冲击所造成的损伤,从而达到密封、隔声、隔热和减震等作用的具有弹性的带状或棒状材料。

(1)硫化橡胶类密封胶条

硫化橡胶类密封胶条一般为三元乙丙材质。综合性能优异,具有突出的耐臭氧性,优良的耐候性,很好的耐高温、低温性能,突出的耐化学药品性,能耐多种极性溶质,相对密度小。缺点是在一般矿物油及润滑油中膨胀量大,一般为深色制品。使用温度范围为−60 ~ +150 ℃。其适用范围广,综合性能优异。

(2)硅橡胶密封胶条

硅橡胶密封胶条具有突出的耐高、低温特性,耐臭氧及耐候性能;有极好的疏水性和适当的透气性;具有无与伦比的绝缘性能;可达到食品卫生要求的卫生级别,可满足各种颜色的要求。缺点是机械强度在橡胶材料中最差,不耐油。使用温度范围为−100 ~ +300 ℃。可适用于高温、寒冷、紫外线照射强烈地区以及中高层建筑。

(3)氯丁胶密封胶条

氯丁胶密封胶条与其他的特种橡胶相比,个别性能差些,但总的性能平衡好。它有优良的耐候性、耐臭氧性能、耐热老化性和耐油耐溶剂性,有好的耐化学性和优异的耐燃性,有良好的粘合性。但其贮存稳定性差,贮存过程中会发生增硬现象,耐寒性不好,且相对密度较

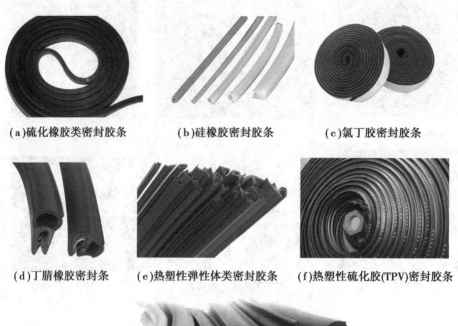

(a)硫化橡胶类密封胶条　　(b)硅橡胶密封胶条　　(c)氯丁胶密封胶条

(d)丁腈橡胶密封条　(e)热塑性弹性体类密封胶条　(f)热塑性硫化胶(TPV)密封胶条

(g)增塑聚氯乙烯(PPVC)密封胶条

图 2.23　定形密封材料

大。一般为黑色制品,使用于有耐油、耐热、耐酸碱要求的环境,使用温度范围为−30~+120 ℃。

(4)丁腈橡胶密封条

丁腈橡胶密封条主要特点是耐油、耐溶剂,但不耐酮、酯及氯化烃等介质,弹性和力学性能都很好。缺点是在臭氧和氧化中易老化龟裂,耐寒性、耐低温性差。

(5)热塑性弹性体类密封胶条

热塑性弹性体类密封胶条具有较好的弹性和优异耐磨耗性,较好的耐油性,硬度可调范围宽(邵氏 A 硬度 65~80 度),机械性能(拉伸强度、拉断伸长率)优越,优良的耐寒性和耐化学药品交织腐蚀性能,原材料的价格较高,为可回收再利用的材料。使用温度范围为−60~+80 ℃。适用于地震多发区、铁路附近或带有大功率吊车的厂房等强烈震动的区域,以及紫外线照射强烈地区。

(6)热塑性硫化胶密封胶条

热塑性硫化胶(TPV) 密封胶条具有橡胶的柔性和弹性,可用塑料加工方法进行生产,无须硫化,废料可回收并再次利用。它是性能范围较宽的材料,耐热性、耐寒性良好,相对密度小,耐油性、耐溶剂性能与氯丁橡胶相仿,耐压缩永久变形和耐磨耗等不太好,使用温度范围为−40~+150 ℃。

（7）增塑聚氯乙烯密封胶条

增塑聚氯乙烯（PPVC）密封胶条材料便宜易得,具有耐腐蚀、耐磨、耐酸碱和各类化学介质,耐燃烧,机械强度高的优点;缺点是配合体系内增塑剂易迁移,随着时间的延长变硬变脆,失去弹性,不耐老化,耐候性和低温性能差。一般为深色制品。适用于光照不强、温度变化不大、气候条件不恶劣的场合。

（8）表面涂层材料

表面涂层材料是在密封条的表面涂布聚氨酯、有机硅、聚四氟乙烯等物质,以代替传统工艺的表面植绒。涂布后的密封条具有良好的耐磨、光滑性,尤其是涂布硅胶面层涂料后的密封条,表面摩擦系数小,有利于门窗扇的滑动。适用于带有滑动门、窗扇的门窗上,是传统硅化毛条的替代品。

2.3　防火阻燃材料

阻燃材料是一种能够抑制或者延滞燃烧而自身不容易燃烧的保护材料,有固态的,如水泥、钢材、玻璃、无机矿物材料等;有液态的,简称为阻燃剂。

固态阻燃材料通常覆盖在可燃或易燃材料的表面或作为基层,采用复层构造或者形成保护层,以改善材料的燃烧性能。

液态阻燃剂常采用浸泡、喷涂、添加反应等方法,改变材料的燃烧性能,保证在起火时不被烧着,也不会使燃烧范围加剧、扩大。

阻燃材料的制品主要可分为阻燃织物、阻燃化学纤维、阻燃塑料、阻燃橡胶、防火涂料、阻燃木质材料及阻燃纸、无机不燃填充材料7类。

2.3.1　阻燃剂

阻燃剂(图2.24),是赋予易燃聚合物难燃性的功能性助剂,主要针对高分子材料的阻燃而设计。阻燃剂有多种类型,按使用方法分为添加型阻燃剂和反应型阻燃剂。

（a）　　　　　　　　　（b）　　　　　　　　　（c）

图2.24　阻燃剂

添加型阻燃剂是通过机械混合方法加入聚合物中,使聚合物具有阻燃性,目前添加型阻燃剂主要有有机阻燃剂和无机阻燃剂,卤系阻燃剂(有机氯化物和有机溴化物)和非卤系阻燃剂。有机阻燃剂包括溴系、磷氮系、氮系和红磷及其化合物等阻燃剂,无机阻燃剂主要是三氧化二锑、氢氧化镁、氢氧化铝,硅系等阻燃剂体系。

反应型阻燃剂则是作为一种单体参加聚合反应,因此是聚合物本身含有阻燃成分的,其优点是对聚合物材料使用性能影响较小,阻燃性持久。

阻燃剂是通过若干机理发挥其阻燃作用的,如吸热作用、覆盖作用、抑制链反应、不燃气体的窒息作用等。多数阻燃剂是通过若干机理共同作用达到阻燃目的。

(1)吸热作用

在高温条件下,阻燃剂会发生强烈的吸热反应,吸收燃烧放出的部分热量,降低可燃物表面的温度,有效地抑制可燃性气体的生成,阻止燃烧的蔓延。Al(OH)$_3$阻燃剂的阻燃机理就是通过提高聚合物的热容,使其在达到热分解温度前吸收更多的热量,从而提高其阻燃性能。这类阻燃剂可充分发挥其结合水蒸气时大量吸热的特性,提高其自身的阻燃能力。

(2)覆盖作用

在可燃材料中加入阻燃剂后,阻燃剂在高温下能形成玻璃状或稳定泡沫覆盖层,隔绝氧气,具有隔热、隔氧、阻止可燃气体向外逸出的作用,从而达到阻燃目的。如有机磷类阻燃剂受热时能产生结构更趋稳定的交联状固体物质或碳化层。碳化层的形成一方面能阻止聚合物进一步热解;另一方面能阻止其内部的热分解产生物进入气相参与燃烧过程。

(3)抑制链反应

根据燃烧的链反应理论,维持燃烧所需的是自由基。阻燃剂可作用于气相燃烧区,捕捉燃烧反应中的自由基,从而阻止火焰的传播,使燃烧区的火焰密度下降,最终使燃烧反应速度下降直至终止。如含卤阻燃剂,其蒸发温度和聚合物分解温度相同或相近,当聚合物受热分解时,阻燃剂也同时挥发出来。此时含卤阻燃剂与热分解产物同时处于气相燃烧区,卤素便能够捕捉燃烧反应中的自由基,干扰燃烧链反应进行。

(4)不燃气体窒息作用

阻燃剂受热时分解出不燃气体,将可燃物分解出来的可燃气体的浓度冲淡到燃烧下限以下。同时也对燃烧区内的氧浓度具有稀释的作用,阻止燃烧的继续进行,达到阻燃的作用。

2.3.2 阻燃织物

阻燃织物(图2.25)包括阻燃棉织物、阻燃毛织物、阻燃涤纶等。

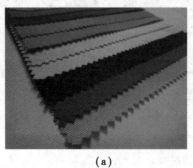
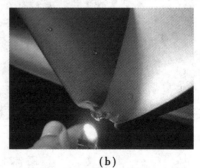

(a)　　　　　　　　　　　　　　(b)

图2.25　阻燃织物

棉织物的阻燃常常采用 Proban/氨熏工艺、PyrovatexCP 工艺、半耐久性阻燃工艺(主要有硼砂-硼酸工艺、磷酸氢二铵工艺、磷胺工艺、双氰胺工艺)等。其中,PyrovatexCP 工艺是公认的阻燃效果好、手感影响少的工艺。

早期的羊毛阻燃整理是采用硼砂、硼酸溶液浸渍法,产品用于飞机上的装饰用布。这种方法阻燃效果良好,但不耐水洗。现代先进的工艺是采用钛、锆和羟基酸的络合物对羊毛织物整理,获得令人满意的阻燃效果,且不影响羊毛的手感,故得到普遍采用。纯毛阻燃织物主要应用于飞机舱内、高级宾馆等地毯、窗帘、贴墙材料等。

涤纶织物的阻燃常采用 Antiblaze19T 阻燃剂,适于 100%涤纶织物,效果较好,毒性不大。

织物经阻燃处理后,阻燃性尚可,但手感硬,有白霜现象、色变等,整理液的稳定性也不好。主要原因是阻燃剂粒度大,易聚沉,且对纤维吸附性差。

2.3.3　防火涂料

防火涂料是由基料(即成膜物质)、颜料、普通涂料助剂、防火助剂和分散介质等涂料组分组成,适用于可燃性基材表面,用以改变材料表面燃烧特性,阻滞火灾迅速蔓延;或适用于建筑构件上,用以提高构件耐火极限的特种涂料。

1)防火涂料的分类

按照功能可分为饰面防火涂料、木材防火涂料、钢结构防火涂料、混凝土结构防火涂料、隧道防火涂料、电缆防火涂料,如图 2.26 所示。

(a)　　　　　　　　(b)　　　　　　　　(c)

图 2.26　防火涂料

按照作用机理分为非膨胀型防火涂料和膨胀型防火涂料。非膨胀型防火涂料主要用于木材、纤维板等板材质的防火,用在木结构屋架、顶棚、门窗等表面。膨胀型防火涂料有无毒型膨胀防火涂料、乳液型膨胀防火涂料、溶剂型膨胀防火涂料。无毒型膨胀防火涂料可用于保护电缆、聚乙烯管道和绝缘板的防火涂料或防火腻子。乳液型膨胀防火涂料和溶剂型膨胀防火涂料可用于建筑物、电力、电缆的防火。

新型防火涂料有透明防火涂料、水溶性膨胀防火涂料、酚醛基防火涂料、乳胶防火涂料、聚醋酸乙烯乳基防火涂料、室温自干型水溶性膨胀型防火涂料、聚烯烃防火绝缘涂料、改性高氯聚乙烯防火涂料、氯化橡胶膨胀防火涂料、防火墙涂料、发泡型防火涂料、电线电缆阻燃涂料、新型耐火涂料、铸造耐火涂料等。

2）防火涂料的防火原理

①本身具有难燃性或不燃性，使被保护基材不直接与空气接触，延迟物体着火和减少燃烧的速度。

②本身具有难燃性或不燃性外，其还具有较低的导热系数，可以延迟火焰温度向被保护基材的传递。

③受热分解出不燃惰性气体，冲淡被保护物体受热分解出的可燃性气体，使之不易燃烧或燃烧速度减慢。

④含氮的防火涂料受热分解出 NO、NH_3 等基团，与有机游离基化合，中断连锁反应，降低温度。

⑤膨胀型防火涂料受热膨胀发泡，形成碳质泡沫隔热层封闭被保护的物体，延迟热量与基材的传递，阻止物体着火燃烧或因温度升高而造成的强度下降。

2.3.4 阻燃木材

经阻燃处理的木材（图 2.27），提高了木材抗燃能力，降低了木材燃烧速率，减少或阻滞火焰传播速度和加速燃烧表面的炭化过程，可预防火灾的发生，或争取到更多逃生时间。

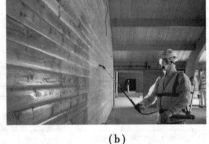

(a)　　　　　　　　　　　　(b)

图 2.27　木材阻燃

木材阻燃方法包括化学方法和物理方法。

1）化学方法

化学方法主要是用化学药剂（即阻燃剂）处理木材。阻燃剂的作用机理是在木材表面形成保护层，隔绝或稀释氧气供给；或遇高温分解，释放出大量不燃性气体或水蒸气，冲淡木材热解时释放出的可燃性气体；或阻延木材温度升高，使其难以达到热解所需的温度；或提高木炭的形成能力，降低传热速度；或切断燃烧链，使火迅速熄灭。良好的阻燃剂安全、有效、持久而又经济。

根据阻燃处理的方法，阻燃剂可分为两类，如下所述。

（1）阻燃浸注剂

用满细胞法注入木材。又可分为无机盐类和有机两大类。无机盐类阻燃剂（包括单剂和复剂）主要有磷酸氢二铵 $[(NH_4)_2HPO_4]$、磷酸二氢铵 $(NH_4H_2PO_4)$、氯化铵 (NH_4Cl)、硫酸铵 $[(NH_4)_2SO_4]$、磷酸 (H_3PO_4)、氯化锌 $(ZnCl_2)$、硼砂 $(Na_2B_4O_7 \cdot 10H_2O)$、硼酸 (H_3BO_3)、硼酸铵 $(NH_4HB_4O_7 \cdot H_2O)$ 以及液体聚磷酸铵等。有机阻燃剂（包括聚合物和树脂型）主要有用甲醛、三聚氰胺、双氰胺、磷酸等成分制得的 MDP 阻燃剂，用尿素、双氰胺、甲醛、磷酸等成分制得的 UDFP 氨基树脂型阻燃剂等。此外,有机卤化烃一类自熄性阻燃剂也在发展中。

（2）阻燃涂料

阻燃涂料喷涂在木材表面,也分为无机和有机两类。无机阻燃涂料主要有硅酸盐类和非硅酸盐类,如四氯苯酐醇酸树脂防火漆、丙烯酸乳胶防火涂料等。有机阻燃涂料主要可分为膨胀型和非膨胀型,如过氯乙烯、氯苯酐醇酸树脂等。

2）物理方法

物理方法是从木材结构上采取措施的一种方法,主要是改进结构设计,或增大构件断面尺寸以提高其耐燃性;或加强隔热措施,使木材不直接暴露于高温或火焰下;如用不燃性材料包覆、围护构件,设置防火墙,或在木框结构中加设挡火隔板,利用交叉结构堵截热空气循环和防止火焰通过,以阻止或延缓木材温度的升高等。

工业发达国家的木材防火或阻燃处理以化学方法占主要地位;中国以往则多以结构措施为主,而后来化学方法也有一定的发展。随着高层建筑、地下建筑的增多,航空及远洋运输事业的发展,以及古代建筑和文物古迹的维修保护等日益受到重视,木材防火和阻燃处理的应用和改进将成为迫切需要。

2.4　保温隔热材料

建筑中使用的保温隔热材料品种繁多,这些材料保温隔热效能的优劣,主要由材料热传导性能的高低(其指标为导热系数)决定。材料的导热系数越小,其保温隔热性能越好。一般来说,保温隔热材料的共同特点是轻质、疏松,呈多孔状或纤维状,以其内部不流动的空气来阻隔热的传导。

2.4.1　分类

按照材料成分可分为无机保温材料和有机保温材料两类。无机材料有不燃、使用温度宽、耐化学腐蚀性较好等特点,有机材料有吸水率较低、不透水性较佳等特色。

2.4.2　无机保温材料

无机保温材料有膨胀珍珠岩、泡沫混凝土、岩棉、玻璃棉、硅酸铝复合材料等。

（1）玻璃棉(图 2.28)

玻璃棉的主要特征为:属于不燃 A 级材料,燃烧性能优良;导热系数低;环保无毒;尺寸稳定性好,耐高温、耐酸碱、耐候性好;耐水防潮;自重轻;材质轻柔、易于裁剪,方便安装施工。

离心玻璃棉可生产成卷毡、板材、保温管、玻璃棉条、贴箔、憎水型、耐高温玻璃棉、高 K 值玻璃棉、低 K 值玻璃棉等产品,可用于为钢结构、空调风管及其他风管的保温与隔音。

（2）岩棉(图 2.29)

岩棉是以玄武岩及其他天然矿石等为主要原料,经高温熔融成纤,加入适量黏结剂加工而成的。具有导热系数低、施工及安装便利、节能效果显著、很高的性能价格比等优点。

岩棉是一种优质的保温隔热材料。适用于大中口径管道;中、小型储罐及表面曲率半径较小的弧面或表面不规则的设备、建筑空调管道保温防露和墙体的吸音保温。

(a)玻璃棉卷

(b)玻璃棉板

图2.28　玻璃棉

水分进入岩棉制品后,对岩棉的保温隔热性能影响很大,因此在设计和施工中需防止水分进入岩棉制品。

(3)泡沫混凝土(图2.30)

泡沫混凝土是将发泡剂用机械方式充分发泡,与水泥浆均匀混合,然后进行现浇施工或模具成型,经自然养护所形成的一种新型轻质材料。由于在混凝土内部形成了大量封闭气孔,故质量轻、保温隔热。

图2.29　岩棉图

(a)

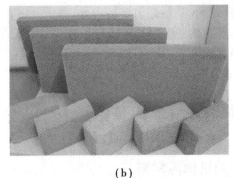
(b)

图2.30　泡沫混凝土

泡沫混凝土热阻为普通混凝土的10~20倍,密度为300~600 kg/m³,相当于普通水泥混凝土的1/8~1/5,隔音性好,环保,防火不燃,耐久性好,易于施工。

泡沫混凝土以其良好的特性,广泛应用于节能墙体、屋面保温层现浇、建筑回填等。

(4)硅酸铝复合保温涂料

硅酸铝复合保温涂料是以天然纤维为主要原料,添加一定量的无机辅料经复合加工制成的一种新型绿色无机单组分包装干粉保温涂料,是一种新型的环保墙体保温材料。施工时将保温涂料用水调配后批刮在被保温的墙体表面,干燥后可形成一种微孔网状具有高强度结构的保温绝热层。

硅酸铝复合保温涂料为新型绿色无机涂料,是单组分材料包装,无毒无害、具有优良的吸音、耐高温、耐水、耐冻性能、收缩率低、整体无缝、无冷桥、热桥形成;质量稳定可靠、抗裂、抗震性能好、抗负风压能力强、容重轻、保温性能好并具有良好的和易性、保水性、附着力强、面层不空鼓、施工不下垂、不流挂、减少施工损耗、燃烧性能为 A 级不燃材料:温度为 -40 ~ 800 ℃ 范围内骤冷骤热,保温层不开裂,不脱落,不燃烧,耐酸、碱、油等优点。弥补了传统的墙体保温涂料中存在的吸水性大,易老化,体积收缩大,容易造成产品后期强度低和空鼓开裂降低保温涂料性能等现象,同时又弥补了聚苯颗粒保温涂料易燃,防火性差,高温产生有害气体和耐候低,反弹性大等缺陷。

硅酸铝复合保温涂料是墙体保温材料中安全系数最高、综合性能和施工性能最理想的保温涂料,可根据不同介质温度抹最佳经济厚度,性价比大大优于同等性能材料。

(5)膨胀珍珠岩(图 2.31)

珍珠岩矿砂经预热,瞬时高温焙烧膨胀后,体积膨胀 10 ~ 30 倍,形成内部多孔蜂窝状结构的白色颗粒状的材料。珍珠岩根据其膨胀工艺技术及用途不同分为 3 种形态:开放孔、闭孔、中空孔。容重一般为 70 ~ 130 kg/m³。

(a)   (b)

图 2.31 膨胀珍珠岩及膨胀珍珠岩板

膨胀珍珠岩质轻、孔隙率高,保温效能良好;耐久性好,性能稳定;耐酸碱、无色、无味、无毒,属于 A 级防火材料;施工便利、易于维修。开放孔类型的膨胀珍珠岩吸水率高,耐水性差导致保温砂浆在搅拌中体积收缩变形大,产品后期保温性能降低、易开裂,与基层粘结强度低易空鼓等。

膨胀珍珠岩广泛用于建筑物屋面及墙体上作为保温隔热材料,轻质骨料、冷库填充式保温隔热材料、工业窑炉保温隔热等。

2.4.3 有机保温材料

有机保温材料(图 2.32)有聚苯乙烯泡沫塑料、聚氨酯泡沫塑料、酚醛泡沫等。

有机保温材料优点是质量轻、可加工性好、致密性高、保温隔热效果好,但缺点是:不耐老化、变形系数大、稳定性差、安全性差、易燃烧、生态环保性很差、施工难度大、工程成本较高,其资源有限,且难以循环再利用。

(1)聚苯乙烯泡沫塑料

聚苯乙烯泡沫塑料分为膨胀型和挤出型两类,加入阻燃剂后有自熄性,有聚苯乙烯泡沫颗粒及膨胀型聚苯乙烯板材两种形式。

EPG 胶粉聚苯颗粒保温系统:是以预混合型干拌砂浆为主要胶凝材料,加入适当的抗裂纤维及多种添加剂,以聚苯乙烯泡沫颗粒为轻骨料,按比例配置,搅拌均匀,采用现场成型抹灰工艺,外墙内外表面均可使用,施工方便,且保温效果较好。

该材料导热系数低,保温隔热抗结露性能好,抗压强度高,粘结力强,附着力强,耐冻融、

(a)聚苯乙烯泡沫塑料

(b)聚氨酯泡沫塑料

(c)酚醛泡沫

图 2.32　有机保温材料

干燥收缩率小,不易空鼓、开裂。

　　胶粉聚苯颗粒保温系统总体造价较低,能满足相关节能规范要求,而且特别适合建筑造型复杂的各种外墙保温工程,是普及率较高的一种建筑保温节能做法。

　　EPS膨胀聚苯板薄抹灰外墙外保温系统:采用EPS聚苯乙烯泡沫塑料板(以下简称挤塑板)作为建筑物的外墙保温材料,当建筑主体与外墙砌筑工程完成后,在底层砂浆上涂刷EPS专用界面剂,将拉毛EPS挤塑聚苯板用粘结砂浆按要求粘贴上墙,并使用塑料膨胀螺钉加以锚固。然后在挤塑板表面抹聚合物水泥砂浆,其中,压入耐碱涂塑玻纤网格布,加强以形成抗裂砂浆保护层,最后为腻子和涂料的装饰面层(如装饰面层为瓷砖,如果是瓷砖墙面,则应改用镀锌钢丝网和专用瓷砖黏结剂、勾缝剂)。

　　EPS膨胀聚苯板薄抹灰外墙外保温系统具有优越的保温隔热性能,良好的防水性能及抗风压、抗冲击性能,能有效解决墙体的龟裂和渗漏水问题。本系统技术成熟、施工方便,性价比高,得到了广泛的应用。

　　(2)聚氨酯泡沫塑料

　　聚氨酯泡沫塑料按所用原料不同,分为聚醚型和聚酯型两种,经发泡反应制成,又有软质和硬质之分。

聚氨酯硬泡体是一种具有保温与防水功能的新型合成材料,其导热系数低,仅 0.022~0.033 W/(m·K),相当于挤塑板的 1/2,是目前所有保温材料中导热系数最低的。

硬质聚氨酯泡沫塑料主要应用在建筑物外墙保温,屋面防水保温一体化、冷库保温隔热、管道保温材料、建筑板材、冷藏车及冷库隔热材等。

聚氨酯泡沫塑料燃烧是释放出大量致命有毒烟气,在建筑中使用时必须做阻燃处埋。一般通过添加阻燃剂提高阻燃性,以延缓燃烧、阻烟甚至使着火部位自熄。

民用建筑外保温材料应采用燃烧性能为 A 级的材料。聚氨酯泡沫塑料属于 B1 级难燃保温材料,在建筑外保温市场上的应用受到限制。

(3)酚醛泡沫材料

酚醛泡沫材料属高分子有机硬质铝箔泡沫产品,是由热固性酚醛树脂发泡而成,特点是:有轻质、防火、遇明火不燃烧、无烟、无毒、无滴落;使用温度范围广(−196~+200 ℃)低温环境下不收缩、不脆化;闭孔率高,导热系数低,隔热性能好;具有抗水性和水蒸气渗透性;尺寸稳定,变化率<1%;防腐抗老化,特别是能耐有机溶液、强酸、弱碱腐蚀。

酚醛泡沫是应用广泛的一种新型保温材料,通常用于宾馆、公寓、医院等高级和高层建筑中央空调系统的保温、冷藏、冷库的保冷、石油化工等工业管道和设备的保温、建筑隔墙、外墙复合板、吊顶天花板、吸音板等。

2.5　吸声隔声材料

2.5.1　吸声材料

(1)材料吸声原理

①含有大量开口孔隙的多孔材料,当声波进入孔隙时,声能与孔隙壁摩擦产生热量,使声能转化为热能,被吸收掉或消耗掉。

②含有大量封闭孔隙的柔性多孔或薄膜类材料,当声能到达材料表面时,引起材料表面的振动,声能转化为机械能消耗掉。

影响材料吸声效果的主要因素:材料的孔隙率或体积吸水率、材料的孔隙特征、材料的厚度、材料背后的状况。

(2)吸声材料的特点

孔隙率高,有较高的吸声系数;一定的强度、较好的耐水、耐候性(吸水率对吸声性能影响较大);较好的装饰性、防火性。

(3)常用的吸声材料

①纤维材料:麻、棉、毛、矿棉、岩棉、玻璃棉的板材或毡材。

②多孔材料:石膏、膨胀珍珠岩、泡沫混凝土等。

③柔性材料:柔软,内部有大量不连通的封闭孔隙:酚醛泡沫、聚氨酯泡沫、聚乙烯泡沫等。

④膜状材料:材料本身的刚度很小,聚乙烯薄木、帆布等。

⑤薄板材料:多层薄木板、石膏薄板、金属薄板。

⑥MLS 扩散吸声材料。

2.5.2 隔声材料

1)隔声材料的特点

①透射系数小。

②体积密度大:体积密度越大,声波使材料共振消耗的能量多,透射的能量就少。

③材料密实:提高材料单位面积的质量,声波不易穿透材料,隔声好。

2)常用隔声材料

①密实板材:厚钢板、混凝土板、厚木板、厚硬质塑料板。

②多孔板:各种泡沫塑料、毛毡、岩棉板、玻纤板。

③减振板(图 2.33):如阻尼板、软木板、橡胶板。

(a)阻尼板　　　　　　　　(b)软木板　　　　　　　　(c)橡胶板

图 2.33　减振板

3)隔声措施

①密实的单层结构。

②带空气间层的双层结构,间层中可做真空或填充多孔弹性材料。

③3~5 层的单板与多孔材料组成的复层结构。

④材料表面覆盖阻尼材料:固体材料表面设置弹性垫层。

⑤弹性连接:构件与结构层之间设置弹性垫层;连接件采用弹性连接。

⑥门窗隔声。

2.6　连接材料

装饰材料的连接包括焊接、拴接、铆接、钉接、粘结、胶结、榫接等方法。用到的连接材料包括各种钉子、螺钉、螺栓以及黏结剂等。

2.6.1　钉子

钉子是指尖头状的硬金属(通常是钢),作为固定木头等物用途。在工程技术发展过程中,出现各种类型的钉子。钉子选择使用时,长度应是被钉工件厚度的 2.5~3 倍。

为增加连接牢固程度,钉钉子时应有一个角度,形成燕尾式斜钉结合,产生钩扣效果。木材钉结,应先锯去过长的端头,以减少木材劈裂,硬木钉钉子时,应先钻好钉孔,孔径应比钉径略小。每个连接面,最少应钉入两个符合标准的钉子以保证连接坚固。

1)圆钉

①普通圆钉:一般只用于粗制部件、轻质木龙骨连接,如图2.34所示。

②水泥钢钉(特种钢钉):在外形上与圆钉很相似,头部略略厚一点,用优质钢材制成,强度高、坚硬、抗弯,可以直接钉入混凝土和砖墙内,规格按照长度分为20~120 mm不等,如图2.35所示。

图2.34 平头普通圆钉

图2.35 特种钢钉

③射钉:形状、性能与水泥钉相似,用射钉枪钉入工件。相对而言,射钉紧固要比人工施工更好且经济。同时比其他钉子更便于施工。射钉多用于木作工程、门窗工程,如图2.36所示。

2)排钉

采用一系列生产工艺,将钉子单体通过特殊的黏性胶进行整合,形成一整块规则排列的排钉,采用各种射钉枪施工,效率很高。种类有钢排钉、气排钉和码钉。

①钢排钉:一般用45#的中碳钢制造,设计新颖、独特、功效快、工程质量好,是普通圆钉理想的换代产品,常用于家具制作、各种木制品连接,应用广泛。规格按照长度分别为ST-18、ST-25、ST-32、ST-38、ST-45、ST-50、ST-57、ST-64,如图2.37所示。

图2.36 射钉

图2.37 钢排钉

②直钉:采用低碳钢丝进行制造加工,用气动直钉枪施工。常用于装饰现场小规格木龙骨、木质板材的连接。规格按照长度有F10、F15、F20、F25、F30等,如图2.38所示。

③纹钉:采用铜或者不锈钢制造,体积较小,无钉头,打下后无钉痕,不易看出痕迹,主要用于木制品精致连接。规格按照长度有12、15、18 mm,如图2.39所示。

图 2.38　直钉

图 2.39　纹钉

④码钉(又称骑马钉、U 形钉):采用低碳钢制造,外观像钉书钉,主要用于人造薄板的连接、家具制造、皮革软包等。型号有 4J 系列:410J、413J、416J、419J、422J;10J 系列:1003J、1004J、1005J、1006J、1008J、1010J、1013J、1016J、1019J、1022J。型号中前两个数字代表钉子的肩宽,后面两个数字代表钉子的长度,如图 2.40、图 2.41 所示。

图 2.40　码钉

图 2.41　码钉

2.6.2　螺钉

螺钉一般由金属加工而成,包括头部和螺杆两部分的一类紧固件,单独使用。螺杆为圆柱形或圆锥形,带螺纹;钉头部有圆头型、平头型、椭圆头型等,带一字槽、十字槽或六边形凹窝。

加工螺钉的材料可以有低碳钢、不锈钢、铜合金、铝合金等。常用的螺钉种类包括机械螺丝、木螺丝、自攻螺丝、特殊用途螺丝等。

1)木螺丝

木螺丝(图 2.42)是专门针对木材设计的螺丝,螺杆上的螺纹更容易与木结合,可以直接旋入木质构件(或零件)中,将金属和其他材料与木质材料紧固连接在一起。木螺钉一般后段没有螺纹,螺纹细,尖钝且软。

木螺丝的规格由杆部直径、长度及钉头形式决定,直径一般为 2~10 mm,长度为 10~100 mm。

木螺钉材质常见的有铁制及铜制,一般圆头螺钉由软钢制成呈蓝色,平头螺钉磨光处理,椭圆头螺钉通常镀镉铬,常用于安装合页、钩及其他五金配件。

图 2.42　木螺丝

2）自攻螺丝

自攻螺丝表面经过淬硬处理，硬度较高，三角形截面螺纹，间距宽，螺纹深，头尖锐，通过专用的电动工具施工，钻孔、攻丝、固定、锁紧一次完成。

自攻螺丝通常用螺钉直径级数、每英寸长度螺纹数量及螺杆长度 3 个参数来描述。螺钉直径为 3.5~6.3 mm；长度通常为 10~120 mm。

自攻螺丝主要用于一些较薄板件的连接与固定，如彩钢板与彩钢板的连接，彩钢板与檩条、墙梁的连接、纸面石膏板与龙骨的连接等，其穿透能力一般不超过 6 mm，最大不超过 12 mm。自攻螺丝常常暴露在室外，自身有很强的耐腐蚀能力；其橡胶密封圈能保证螺丝处不渗水且具有良好的耐腐蚀性。

3）特殊用途螺丝

①内六角及内六角花形螺钉：这类螺钉的头部能埋入构件中，可施加较大的扭矩，连接强度较高，可代替六角螺栓。常用于结构要求紧凑，外观平滑的连接处。

②吊环螺钉：吊环螺钉是供安装和运输时承重的一种五金配件。使用时螺钉须旋进至使支承面紧密贴合的位置，不准使用工具扳紧，也不允许有垂直于吊环平面的荷载作用在上面。

③钻尾螺丝（不锈钢钻尾螺丝，复合材料钻尾螺丝）：适用于不锈钢板、镀锌钢板、金属帷幕墙、一般角钢、槽钢、铁板与其他金属材料结合安装工程安装，如图 2.43 所示。

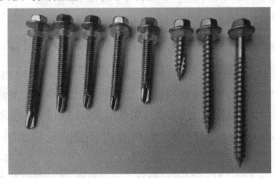

图 2.43　特殊用途螺丝

2.6.3　螺栓

螺栓由头部（螺帽）和螺杆（带有外螺纹的圆柱体）两部分组成，与螺母配合，用于紧固连接两个带有通孔的零件。这种连接形式称为螺栓连接。如将螺母从螺栓上旋下，又可以使这两个零件分开，故螺栓连接属于可拆卸连接。

螺栓按照功能包括普通六角螺栓、沉头螺栓、U 形螺栓、紧定螺栓、地脚螺栓、膨胀螺栓、扭剪螺栓、活节螺栓等。

螺栓性能等级分 3.6、4.6、4.8、5.6、6.8、8.8、9.8、10.9、12.9 等 10 余个等级，其中，8.8 级及以上螺栓材质为低碳合金钢或中碳钢并经热处理（淬火、回火），通称为高强度螺栓，其余通称为普通螺栓。

1）膨胀螺栓

由沉头螺栓、胀管、平垫圈、弹簧垫和六角螺母组成（图 2.44），是将管路支/吊/托架或设备固定在墙上、楼板上、柱上所用的一种特殊螺栓。材质有塑料和金属,适用于各种墙面、地面锚固建筑配件和物体。

膨胀螺栓直径为 6~20 mm,长度为 50~150 mm,如图 2.45 所示。

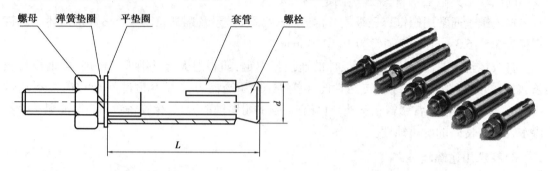

图 2.44　膨胀螺栓组成　　　　　　　　　图 2.45　膨胀螺栓

膨胀螺栓是利用挈形螺杆斜度来促使膨胀产生摩擦握裹力,以达到固定效果。螺杆一头是螺纹,一头有锥度。外面包钢皮,钢皮圆筒一半有若干切口,将它们一起塞进墙上打好的洞里,然后锁螺母,螺母把螺钉往外拉,将锥度拉入钢皮圆筒,钢皮圆筒被胀开,于是紧紧固定在墙上,一般用于防护栏、雨篷、空调等在水泥、砖等材料上的紧固。但其固定并不十分可靠,如果载荷有较大震动,可能发生松脱,因此不推荐用于安装吊扇等。

2)化学锚栓

化学锚栓是继膨胀螺栓之后的一种新型螺栓,由特制的乙烯基树脂、石英颗粒、固化剂化学黏结剂,将螺杆胶结固定于混凝土基材钻孔中,以实现对固定件锚固。

特性:耐酸碱、耐低温、耐老化、耐热性能良好,常温下无蠕变;无膨胀应力,边距间距小;耐水渍,在潮湿环境中长期负荷稳定;抗焊性、阻燃性能良好;抗震性能良好;锚固力强,形同预埋;安装快捷,凝固迅速,节省施工时间。玻璃管内装着的化学试剂易燃易爆,整个安装过程需要有严密的安全措施。

规格为 M8×110、M10×130、M12×160、M16×190、M20×260、M24×300、M30×380。

广泛应用于固定幕墙结构、钢结构、栏杆、窗户、大理石干挂施工中的后加埋件安装,也可用于设备安装,公路、桥梁护栏安装;建筑物加固改造等场合。

2.6.4　黏结剂

黏结剂将被粘结材料连接在一起,与传统的机械紧固相比,应力分布更均匀,而且粘结的组件结构比机械紧固(铆接、焊接、过盈连接和螺栓连接等方式)强度高、成本低、质量轻。适用于不同材质、不同厚度、超薄规格和复杂构件的连接。

1)黏结剂的分类

黏结剂的种类非常多,需要按照粘结对象如木材、橡胶、金属、石材、玻璃等选择合适的种类,才能达到理想粘结效果。

①按照黏结剂来源

a.动物胶:骨胶、血胶、明胶、鱼胶。

b.植物胶:淀粉、天然树脂。

c.无机物及矿物胶:水泥、石膏、水玻璃。

d.合成树脂:聚醋酸乙烯酯、丙烯酸酯、环氧树脂、聚氨酯(PU)胶、酚醛树脂。

②按照粘结反应原理:热熔型、热固型、热塑型、压敏型、快干型、慢干型。

③按照溶剂类型:水性黏结剂、溶剂型黏结剂、无溶剂型。

④按照黏结剂的形态:乳液、乳膏、胶粉、胶带、胶条、胶网等。

⑤常见黏结剂种类:

a.丙烯酸黏结剂:a-氰基丙烯酸酯瞬干胶、厌氧胶、丙烯酸结构胶、乙基丙烯酸酯胶粘剂、环氧丙烯酸酯胶、其他丙烯酸酯胶。

b.橡胶黏结剂:硅橡胶黏结剂、氯丁橡胶黏结剂、丁腈橡胶黏结剂、改性天然橡胶黏结剂、氯磺化聚乙烯黏结剂、聚硫橡胶黏结剂羧基橡胶黏结剂、丁基橡胶黏结剂、其他橡胶黏结剂。

c.热固性高分子黏结剂:环氧树脂胶、聚氨酯(PU)胶、氨基树脂胶、酚醛树脂胶、丙烯酸树脂胶、呋喃树脂胶、间苯二酚-甲醛树脂胶、二甲苯-甲醛树脂胶、不饱和聚酯胶、复合型树脂胶、聚酰亚胺胶、脲醛树脂胶、其他高分子胶。

d.密封黏结剂:室温硫化硅橡胶、环氧树脂密封胶、聚氨酯密封胶、不饱和聚酯类、丙烯酸酯类、密封腻子、氯丁橡胶类密封胶、弹性体密封胶、液体密封垫料、聚硫橡胶密封胶、其他密封胶。

e.复合型结构胶:金属结构胶、聚合物结构胶、光敏密封结构胶、其他复合型结构胶。

2)聚醋酸乙烯酯(PVAC、乳白胶)

聚醋酸乙烯酯是一种乳白色的黏稠液态聚合物,具有微酸性,有溶液型和乳液型两种,因颜色乳白通常又称为乳白胶,如图2.46所示。常用于粘结木材、墙布、墙纸,使用较为广泛。

图2.46 乳白胶

聚醋酸乙烯酯能溶于多种有机溶剂,并能耐稀酸稀碱,不怕虫蛀鼠咬,不发霉变质,对人体无害。固化后的胶层为无色透明,水溶乳液易洗涤,可随意调其稠稀,使用方便;胶层干燥后韧性好。不足的是这种黏结剂耐水性较差,耐热性也差。水分挥发达到粘结强度较慢,属于慢干型胶。

3)107胶(图2.47)

107胶黏结剂是水溶性的聚乙烯醇缩甲醛,外观为透明或微黄色透明的黏稠液。使用时,可加水搅拌而得稀释液。

107胶黏结剂的用途广泛,可以添加于水泥砂浆或纯水泥浆中增加粘结效果。

图 2.47 107 胶

4）氯丁胶（图 2.48）

氯丁胶是第一种被大量生产的合成橡胶化合物。结构比较规整,又有极性较大的氯原子,结晶性高,有较好的粘结性能和较大的内聚强度。

图 2.48 氯丁胶

氯丁胶粘结强度高,粘结速度快;耐久性好,防燃、耐光、抗臭氧和耐老化;胶层柔韧,弹性良好,耐冲击与振动;耐油、耐水、耐碱、耐酸、耐溶剂性能好;但耐热性、耐寒性不佳。

氯丁胶对金属、非金属等多种材料都有较好的粘结性,有"万能胶"之称。在装饰工程中用于粘贴金属饰面板、木饰面板、塑料、家具等。

氯丁胶会在使用过程中释放的有害气体严重污染环境,危害作业人员的身体健康。

5）玻璃胶（图 2.49）

玻璃胶用于粘结各种玻璃或玻璃与其他基材,分硅酮胶和聚氨酯胶（PU）。使用较多的是硅酮胶玻璃胶。

硅酮玻璃胶按照固化方法分为单组分和双组分。单组分硅酮胶靠接触空气中的水分产生物理性质的改变而固化;双组分硅酮胶分成 A、B 两组,任何一组单独存在都不能形成固化,但两组胶浆一旦混合就产生固化。

图 2.49 玻璃胶

硅酮玻璃胶按酸碱性质又分为酸性胶和中性胶两种。酸性玻璃胶主要用于玻璃和其他建筑材料之间的一般性粘结。而中性胶克服了酸性胶腐蚀金属材料和与碱性材料发生反应的特点,因此适用范围更广,其市场价格比酸性胶稍高。市场上比较特殊的一类中性玻璃胶是硅酮结构密封胶,因其直接用于玻璃幕墙的金属和玻璃结构或非结构性粘结装配,故质量要求和产品档次是玻璃胶中最高的,其市场价格也最高。

硅酮玻璃胶有多种颜色,常用颜色有黑色、瓷白、透明、银灰、灰、古铜 6 种。其他颜色可根据客户要求定做。

耐候型硅酮密封胶适用于各种幕墙耐候密封,如金属、玻璃、铝材、瓷砖、有机玻璃、镀膜玻璃间的接缝密封。

防霉硅酮密封胶是未来的趋势,有防霉效果的硅酮胶比一般的胶使用时间更长,更牢固,不易脱落,特别适用于一些潮湿、容易长霉菌的环境,如卫浴、厨房等。

6)石材黏结胶

①AB 胶(石材干挂胶,图 2.50):属改性环氧树脂聚合物,由环氧树脂、有机填充料、石英粉等生产加工而成,一般分为 A、B 组分。使用时,取等量 A 组分和 B 组分,充分翻拌,混合均匀、色泽一致,即可使用。

图 2.50 AB 胶

AB 胶性能卓越,固化后耐水、防潮、耐久、耐腐蚀、耐气候变化(−30~90 ℃);粘结强度高,韧性特强,抗震、抗压、抗拉、抗冲击、防火;固化后无毒,无腐蚀性、对人体无伤害;固化时间适中,不污染石材,利用率高达 90%以上,施工环境清洁、综合造价低。

AB胶玻广泛用于石材幕墙干挂、饰面挂装中的天然石材、人造石材、混凝土、木材、金属、砖、瓦、玻璃钢等常用硬质建筑材料中任何两种之间的粘结安装(包括悬挂安装);石材、木材家具的永久性粘结;建筑物结构补强、裂隙填补和锚固。

②云石胶(图2.51)。属于不饱和聚酯树脂,可以在潮湿的环境中固化,耐候性强,不黄变。硬度、韧性、快速固化、抛光性、耐腐蚀等方面的性能优良。

图2.51　云石胶

云石胶可以配成半透明无色、白、红、蓝、绿、灰、黑色等各种颜色,对不同颜色的石材及花纹石材进行填缝、修补,保持与石材色调一致及美观。

云石胶对多种石材及建材均有较好的粘结强度,适用于各类石材间的粘结定位、修补石材表面的裂缝和断痕,常用于石材加工、室内石材装饰、石材家具粘结、石材吧台、石材工艺品等的粘结。

云石胶相比环氧树脂类石材胶,粘结强度、耐久性、耐老化、耐温性较差,固化后收缩率大、性能脆,因而不能用于重载石材的粘结、室外、高建筑物、石材干挂等。另外,云石胶贮存稳定性能也较差,且随时间推移,性能有所下降。因而在选购、选用时要注意出厂日期与保质期限。

3

装修常用材料

3.1　装饰石材

　　装修用石材有天然石材和人造石材。天然石材坚固耐久,花纹美丽,性能优良,自古以来都是重要的建筑材料和装饰材料,在建筑、桥梁、景观、装饰中都得到大量应用。随着制造技术水平的提升,人造石的品种和性能也得到改善,应用也越来越广泛。总体来讲,石材属于装修材料中比较高档的材料。

3.1.1　石材的基本知识

1)石材的种类与特点

　　建筑工程中常用的天然岩石种类有花岗岩、正长岩、橄榄岩、辉绿岩、玄武岩、安山岩、石灰岩、砂岩、大理岩、石英岩和片麻岩等。花岗岩、正长岩和橄榄岩属深成岩,结晶明显,抗压强度高,吸水率小,表观密度及导热性大,坚硬难以加工。石灰岩、砂岩属于沉积岩,呈层状,外观多层理和含有动、植物化石。大理岩、石英岩和片麻岩属于变质岩,成分复杂,含杂质较多,多孔多裂纹。

　　人造石材则是以人工方法加工出来的一类装饰材料,具有类似天然石材的颜色、花纹、质感等。

2) 石材的加工

(1) 石材的加工过程

由采石场采出的大块天然石材荒料,或大型工厂生产出的大块人造石基料,体积较大,长度通常为 1 800~3 000 mm,高度为 600~2 200 mm,厚度为 1 000 mm 左右,再进行锯切、打磨、粘结等各道工序。如果需要特殊的表面效果,还可以对石材表面进行烧毛、凿毛等。

锯切是将天然石材荒料或大块人造石基料用锯石机锯成板材的作业。锯切设备主要有框架锯(排锯)、盘式锯、钢丝绳锯(图 3.1)等,锯切花岗石等坚硬石材或较大规格石料时,常用框架锯,锯切中等硬度以下的小规格石料时,则可以采用盘式锯(图 3.2)。

图 3.1　钢丝绳锯　　　　　　　　　图 3.2　盘式锯切割石材

(2) 石材的表面加工

石材的表面加工包括研磨、火烧、凿毛等方式。

锯切的板材表面粗糙,称为毛板,表面有锯纹,粗糙,可用于室外防滑地面或需要亚光石材饰面的场所。多数情况下需要对毛板进行研磨和抛光,加工成光板以后再利用。

研磨工序一般分为粗磨、细磨、半细磨、精磨、抛光 5 道工序。研磨设备有摇臂式手扶研磨机和桥式自动研磨机(图 3.3),前者通常用于小件加工,后者用于加工 1 m² 以上的板材。磨料多用碳化硅加结合剂(树脂和高铝水泥等),或者用 60~1 000 网的金刚砂。

抛光是石材研磨加工的最后一道工序。经过抛光后,石材表面具有镜面效果以及良好的光滑度,以最大限度地显示出石材固有的花纹色泽,称为光板。光板表面的镜面效果是衡量石材品质的重要标准。

烧毛加工是将锯切后的花岗板材,利用火焰喷射器(图 3.4)进行表面烧毛,使其表面的晶体炸裂,变得毛糙和凹凸不平,烧毛后的板材称为火烧板。

琢面加工是用琢石机(图 3.5)将未抛光的石材表面凿出毛糙及凹凸不平的效果,称为机凿板,表面又称荔枝面。

3) 装饰石材的分类

①按照外形分:料石、毛石、卵石、板材、块材。

②按照表面效果分:蘑菇面、火烧面、荔枝面、砂面、光面。

③按照材质分:文化石、花岗石、大理石、砂石、火山石、人造石。

④按照应用分,包括:

a.室内饰面石材:各种颜色、花纹图案、不同规格的天然花岗石,大理石、文化石及人造石材。

b.建筑外墙石材:用在建筑外墙的各类花岗石,文化石、人造石等。

c.景观铺地石材:公园、人行道、广场、挡土墙、驳岸等用各种天然石材成品、半成品、荒料块石制,如路缘石、台阶石、拼花石、屏石、花盆石、石柱、石凳、石桌等。

d.装饰型材与构件:各种异型加工材圆柱、方柱、线条石、窗台石、楼梯石、栏杆石、门套、雕塑等。

图3.3 石材表面处理　　　　图3.4 烧毛石材表面的机具

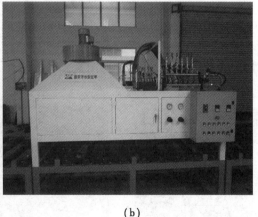

（a）　　　　　　　　（b）

图3.5 琢石机

3.1.2 文化石

文化石色泽纹路能保持自然原石风貌,质感粗粝、颜色丰富、形态自然,展现出天然石材的内涵与艺术性。文化石是人们回归自然、返璞归真的心态在室内外装饰中的一种体现。

1）文化石的种类与特点

①按照材质,文化石可分为天然文化石和人造文化石。

a.天然文化石由砂岩、石英岩、片麻岩、火山岩等加工而成,保有石材原本的特色,因此在纹理、色泽、耐磨程度上,都与石材相同。天然文化石材质坚硬、色泽鲜明、纹理丰富、风格各异,具有抗压、耐磨、耐火、耐寒、耐腐蚀、吸水率低。

b.人造文化石是采用浮石、陶粒、硅钙、石膏等材料经过专业加工而成,模仿天然石材的纹理、色泽和质感。高档人造文化石具有环保节能、质地轻、色彩丰富、不霉、不燃、抗融冻性好、便于安装等特点。

②按照外形与应用,石材包括毛石、料石、卵石、片石、板岩、蘑菇石、文化砖等。

a.毛石包括平毛石与乱毛石,平毛石形状不规则,但大致有两个平行面。乱毛石形状不规则,没有平行面。毛石常用作室外景观中砌筑生态挡土墙、护坡、驳岸、树池、花池等,如图3.6所示。

(a)   (b)   (c)

图3.6 毛石

b.料石是加工成较规则六面体及有准确规定尺寸、形状的天然石材。根据加工精细程度分为细料石(表面凹凸深度小于2 mm)、半细料石(表面凸凹深度小于10 mm)、粗料石(表面不加工或稍加修整)。料石常用来砌筑较为规则的挡土墙、护坡、驳岸、路缘石、堡坎、景观墙等,如图3.7所示。

(a)   (b)   (c)

图3.7 料石

c.卵石包括鹅卵石、砂卵石、砂砾石等。根据大小有不同用途,大块的鹅卵石常用于砌筑生态挡土墙、护坡、驳岸等,适中的卵石常用于景观铺地,规格较小的砾石、卵石常用于水刷石墙面、地面,如图3.8所示。

d.片石呈不规则长条状或不规则片状,条形片石长度为200~500 mm,厚度为7~30 mm,宽度为30~60 mm,常用作墙面层状的铺贴方式;不规则片状片石常采用虎皮纹或冰裂纹的方式铺贴墙面或地面,如图 3.9 所示。

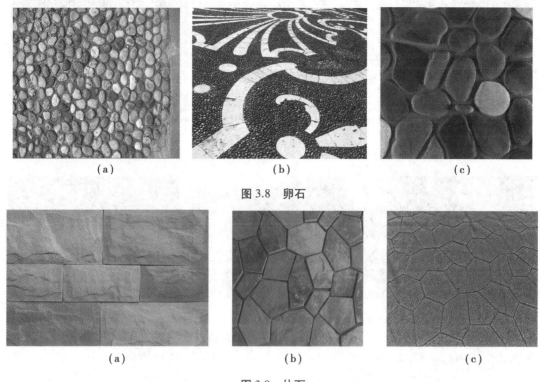

图 3.8 卵石

图 3.9 片石

e.板岩按照材质有砂岩板、木纹石板、锈石板、青石板、石英岩板等,一般外形比较规则,表面较平整。一般厚度为 7~20 mm,常见长宽规格(mm):50×200、100×200、150×300、200×400、300×300、300×600 等。这类文化石应用最多,常用来铺贴各种墙面、地面,如图 3.10 所示。

图 3.10 板岩

图 3.11 蘑菇石 1

图 3.12 蘑菇石 2

f.蘑菇石呈长方形,长宽较规则,但正面不平整,凹凸不平,按照凹凸的深浅,又分浅蘑菇、深蘑菇。厚度为 15~35 mm,常见长宽规格(mm):50×200、100×200、150×300 等,常用于铺贴墙面,如图 3.11、图 3.12 所示。

g.文化砖由人工烧制而成,表面模仿青色或红色页岩砖效果。厚度为 7~12 mm,长×宽为 50 mm×200 mm,广泛用于建筑外墙、景观墙面、室内铺地等,如图 3.13 所示。

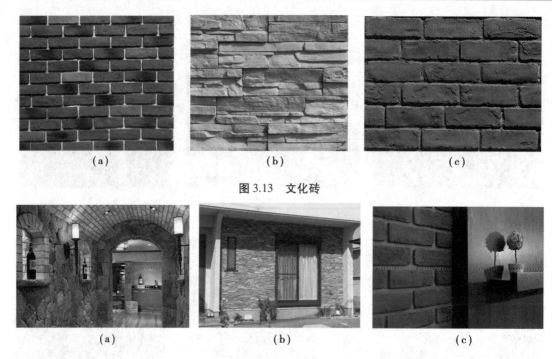

图 3.13　文化砖

图 3.14　文化石在室内的应用

2)文化石的应用

文化石常用于乡村风格或现代风格,具有自然质朴的效果,或与金属、木材、玻璃形成强烈的质感对比。在室内空间类型上,文化石常用于餐厅、酒吧、展示空间、酒店等空间,如图3.14所示。

文化石的规格、材质、施工铺贴方法较多,设计时应根据使用目的、使用部位、材料规格确定合理的构造做法。铺贴时,一般宜采用离缝、错缝的方法。

文化石表面一般较粗糙,需用防水剂或漆在表面涂刷,不易粘附灰尘受到污染,同时颜色、花纹也可以得到充分展示,以达到设计效果。

3.1.3　大理石

大理石是以大理岩为代表的变质岩、石灰岩、白云岩、泥晶灰岩等,主要成分为碳酸盐矿物,属碱性石材。

纯大理石为白色,称汉白玉,如在变质过程中混进其他杂质,就会出现不同的颜色与花纹、斑点,如含碳呈黑色,含氧化铁呈玫瑰色、橘红色,含氧化亚铁、铜、镍呈绿色,含锰呈紫色等。

1)大理石的特点

大理石容重为 2.6~2.8 t/m³,吸水率小于1%;质地致密但硬度不大,容易加工、雕琢和磨平、抛光等;大理石的花纹一般呈网状、云状、波浪状、条纹状,花纹图案较大、自然活泼而流畅,抛光后光洁细腻,色泽艳丽、色彩丰富;有些品种较容易产生裂纹和孔隙,整体性和强度较差;空气和雨中所含酸性物质及盐类对其有腐蚀作用,也容易风化和溶蚀,而使表面很快失去光泽。

2) **大理石的品种**

大理石的品种,有的以产地和颜色命名,如西班牙米黄、法国小金花等;有的以花纹和颜色命名,如大花绿、中花白、金线米黄等;有的以花纹形象命名,如玫瑰米黄、海浪花、雅士白等;有的是传统名称,如汉白玉等。因此,因产地不同常有同类异名或异岩同名现象出现。

大理石依其抛光面的基本颜色,大致可分为米黄、白色、灰色、黑色、绿色、咖啡色、红色7个系列,常用品种列举如下。

①米黄色系:莎安娜米黄(图3.15)、西班牙米黄(图3.16)、金线米黄(图3.17)、阿曼米黄(图3.18)、法国小金花(图3.19)、法国黄木纹(图3.20)。

图3.15　莎安娜米黄　　　图3.16　西班牙米黄　　　图3.17　金线米黄

图3.18　阿曼米黄　　　图3.19　法国小金花　　　图3.20　法国黄木纹

②白色系:雅士白(图3.21)、中花白(图3.22)。
③灰色系:杭灰(图3.23)、灰木纹(图3.24)、意大利灰(图3.25)。

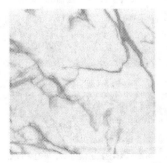

图3.21　雅士白　　　图3.22　中花白　　　图3.23　杭灰

④黑色系:黑白根(图3.26)、黑金花(图3.27)。

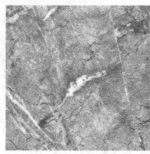

图3.24 灰木纹　　　　图3.25 意大利灰　　　　图3.26 黑白根

⑤绿色系:大花绿(图3.28)、雨林绿(图3.29)。

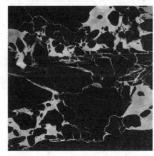
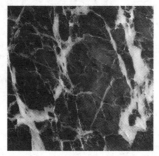

图3.27 黑金花　　　　图3.28 大花绿　　　　图3.29 雨林绿

⑥咖啡色:土耳其浅啡网(图3.30)、西班牙深啡网(图3.31)。
⑦红色系:西施红(图3.32)、橙皮红(图3.33)、挪威红(图3.34)、紫罗红(图3.35)。

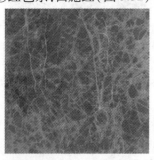

图3.30 土耳其浅啡网　　　　图3.31 西班牙深啡网　　　　图3.32 西施红

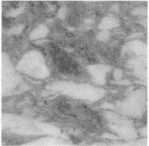

图3.33 橙皮红　　　　图3.34 挪威红　　　　图3.35 紫罗红

3）大理石的规格

普通平板一般厚 16～20 mm,弧形板不小于 20 mm,用于墙面干挂的大理石厚度不小于 25 mm。

大理石光板:品质较好或进口的大理石,长度为 1 900～2 500 mm,高度为 1 600～2 200 mm,品质一般的国产大理石,长度通常为 1 500 mm 左右,高度为 600～800 mm。光板的尺寸比较大,建筑装饰现场用到的各种规格的成品板材,还需要按照设计要求在石材加工厂用石材切割机进一步加工而成。

3.1.4 大理石的应用

大理石图案变化万千,花纹活泼,色彩艳丽丰富,装饰效果好,富于生活趣味和活跃气氛,常用于宾馆酒店、餐厅、娱乐建筑、观演建筑、展厅、高级住宅等空间室内墙面、地面、楼梯踏板、栏板。也用于家具台面、盥洗台面、窗台面、各种异型线条、门套等,如图 3.36 所示。

图 3.36 大理石的应用

大理石易于切割,便于大面积拼接、加工各类石材拼花。大理石易被酸性溶液腐蚀失光,一般不能用于建筑室外的墙面和地面装饰。大理石硬度小,耐磨性较花岗石差,少用于人流量较大的场所或需要具备经常养护打磨抛光的条件。

有些品种大理石裂纹较多(如深啡网),设计较小的装饰构件(如线条)时不宜选用。

浅色大理石粘贴时,应使用白水泥砂浆及中性黏结剂,否则会出现严重的腐蚀,污损表面。

3.1.5 花岗石

花岗石是指以花岗岩为代表的包括正长岩、玄武岩和花岗质的变质岩等在内的一类装饰石材,以石英(二氧化硅)、长石和云母为主要成分,属于酸性岩石。在习惯上人们将主要成分为二氧化硅和硅酸盐的饰面石材统称为花岗石。

1)花岗石的特点

花岗石容重为 2.5~2.7 t/m³,吸水率<1%,化学稳定性好,耐酸碱、耐气候性好;结构致密、质地坚硬、表面硬度大,耐久性强,但耐火性差;花岗石为全结晶结构的岩石,花纹呈颗粒状、结晶状,优质花岗石晶粒细而均匀、光泽明亮、色差小;某些颜色较深的花岗石含有微量放射性元素。

2)花岗石制品的品种

花岗石的品种,也常以产地、颜色、花纹等命名,如天山红、枫叶红、黑金砂、白麻、紫点金麻等。

花岗石依其抛光面的基本颜色,大致可分为白色、黄色、灰色、黑色、绿色、红色等颜色较多。常见的品种有:

①白色系:加州金麻(图 3.37)、黄金麻(图 3.38)、锈石黄(图 3.39)、啡钻(图 3.40)等。

图 3.37　加州金麻　　　　　　图 3.38　黄金麻　　　　　　图 3.39　锈石黄

②白色系:芝麻白(图 3.41)、山东白麻(图 3.42)、随州白麻(图 3.43)、美国白麻(图 3.44)等。

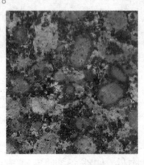 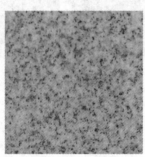 

图 3.40　啡钻　　　　　　　　图 3.41　芝麻白　　　　　　图 3.42　山东白麻

③灰色系:芝麻灰(图3.45)、蓝麻(图3.46)。

 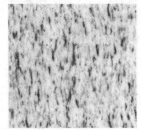 

图 3.43　随州白麻　　　　图 3.44　美国白麻　　　　图 3.45　芝麻灰

④黑色系:黑金砂(图3.47)、中国黑(图3.48)、济南青(图3.49)。

图 3.46　蓝麻　　　　　图 3.47　黑金砂　　　　　图 3.48　中国黑

⑤绿色系:邮政绿(图3.50)、米易绿(图3.51)。

图 3.49　济南青　　　　图 3.50　邮政绿　　　　图 3.51　米易绿

⑥红色系:粉红麻(图3.52)、天山红(图3.53)、沙利士红(图3.54)、印度红(图3.55)、南非红(图3.56)、枫叶红(图3.57)。

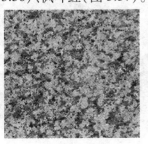  

图 3.52　粉红麻　　　　图 3.53　天山红　　　　图 3.54　沙利士红

图 3.55　印度红　　　　　图 3.56　南非红　　　　　图 3.57　枫叶红

花岗石板还可根据表面加工方式不同分为:剁斧板、机凿板、粗磨板、抛光板、火烧板等。

3)花岗石的规格

花岗石板的厚度,普通平板一般为 12~20 mm,弧形板不小于 20 mm,用于墙面干挂的石材厚度不小于 25 mm。

花岗石大板:长度为 1 500~3 000 mm,高度为 600~1 000 mm。建筑装饰现场用到的各种规格的成品板材,还需要按照设计规格将大板切割成小板。

4)花岗石的应用

花岗岩质地坚硬、耐磨、耐腐蚀,是一种优良的建筑石材,广泛用于建筑内外墙面、地面、台阶踏步、台面板以及城市广场、园林景观铺地、路缘石等,如图 3.58 所示。

图 3.58　花岗岩的应用

花岗石花纹细密、均匀、色差小,适用于办公、交通、文化类等人流量大的建筑空间。

红色及一些颜色较深的花岗石,放射性大,应避免用于室内。

3.1.6 人造石材

人造石是以各种黏结剂、配以天然大理石或方解石、白云石、硅砂、玻璃粉等无机物粉料,采用烧制或高温高压的技术方法生产出来的一类装饰板材,具有天然石材的某些特点,在建筑装饰中得到越来越广泛的应用。

1)人造石的特点

人造石色调与花纹可按需要设计,色彩花纹丰富;颜色均匀一致,色差小,光洁度高;韧性好,质量轻,容重为天然石材的40%~80%,方便运输与施工;不吸水,耐酸耐侵蚀,可广泛用于酸性介质场所;生产成本低,人造石生产工艺简单,原料易得,也可比较容易地制成形状复杂的制品,综合利用天然石材资源,保护环境。人造石的强度与硬度、耐磨性比天然石材差。

2)人造石的种类

人造石按照所用黏结剂不同,可分为有机类人造石材和无机类人造石材两类。按其生产工艺过程的不同,又可分为硅酸盐型人造石、树脂型人造石、复合型人造石、烧结型人造石4种类型。

4种人造石质装饰材料中,以有机类(聚酯型)最常用,其物理、化学性能也最好。

(1)硅酸盐型人造石

硅酸盐型人造石是以硅酸盐水泥、铝酸盐水泥为胶结剂,砂、碎大理石、花岗岩、工业废渣等为粗细骨料,经配料、搅拌、成型、加压蒸养、磨光、抛光等工序而制成。在配制过程中,混入色料,可制成彩色水泥石。用铝酸盐水泥制成的人造石具有表面光泽度高、花纹耐久、抗风化的优点,如图3.59所示。

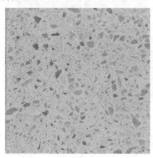

图3.59 硅酸盐型人造石

水泥型石材的生产取材方便,价格低廉,但其装饰性较差。水磨石和各类花阶砖即属此类。

(2)树脂型人造石

以不饱和聚酯为胶结剂,与天然大理石、石英砂、方解石、碎玻璃渣或其他无机填料等按一定比例搅拌混合,浇铸成型,经固化、脱模、烘干、抛光等工序制成。这种树脂的黏度低,易于成型,常温下可固化。成型方法有振动成型、压缩成型和挤压成型。其产品光泽性好,颜色鲜艳丰富,可加工性强,装饰效果好,物理、化学性能稳定,但耐磨性差,需常打磨保养,如图3.60所示。

图3.60　树脂型人造石

（3）复合型人造石

胶结剂中既有无机材料,又有有机高分子材料。先将无机填料用无机胶粘剂制成底坯,其性能稳定且价格较低;面层可采用聚酯有机单体和大理石粉制作,以达到防污及装饰效果。无机胶结材料可用快硬水泥、白水泥、铝酸盐水泥以及半水石膏等。有机单体可以采用苯乙烯、甲基丙烯酸甲酯、醋酸乙烯、丙烯腈、二氯乙烯、丁二烯等,这些树脂可单独使用或组合起来使用,也可以与聚合物混合使用,如图3.61所示。

复合型人造石材制品的造价较低,但其受温差影响后聚酯面易产生剥落或开裂。

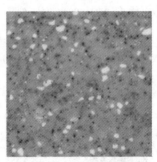

图3.61　复合型人造石

（4）烧结型人造石

生产工艺与陶瓷的生产工艺相似,是将长石、石英、辉石、石粉及赤铁矿粉和高岭土等混合,再用40%的黏土和60%的矿粉制成混浆后,采用注浆法制成坯料,用半干压法成型,经1 000 ℃左右的高温焙烧而成。

烧结型人造石材的装饰性好,性能稳定,但需经高温焙烧,因而能耗大,造价高,如图3.62所示。

3）人造石的规格

硅酸盐型人造石通常用来加工各类人行道地砖、停车场铺地砖、水磨石板等,厚度一般为20～60 mm,长宽尺寸(mm)为:150×300,300×300,树脂型人造石、复合型人造石、烧结型人造

图 3.62　烧结型人造石

石,大板厚度为 10~20 mm,长度为 1 500~2 500 mm,宽度为 600~1 500 mm。

4)人造石的应用

　　树脂型人造石、复合型人造石耐酸碱、不吸水、易清洁,常用来制作各种台面,普通台面如橱柜台面、卫生间台面、窗台、餐台、接待柜台、酒吧台等,特殊台面如医院各类台面、实验室台面等。

　　烧结性人造石常加工成室内墙面装饰板,用于办公、展览等大型空间,如图 3.63 所示。

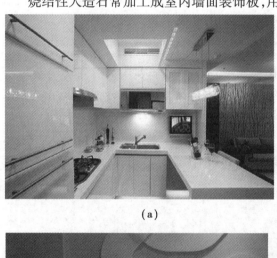

（a）

（b）

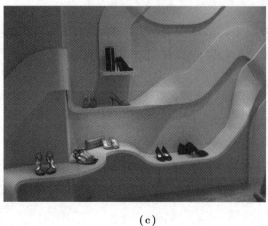

（c）

（d）

图 3.63　人造石的应用

3.2 木竹装饰材料

3.2.1 概述

1）木竹装饰材料的特点

（1）理化特点

①密度：木材质轻，密度约为 1.54 g/cm^3，不同木材之间由于构造及孔隙率有很大差别，体积密度变化较大，从 280~980 kg/m^3，最大可达到 1 200~1 300 kg/m^3，如沙漠铁木、小叶紫檀、蛇纹木等，即所谓的硬木、软木的区别。

②导热系数很小，具有良好的保温性能。

③比强度高，弹性好。

④具有干缩湿涨的特性，变形较大。

⑤木材的燃烧性能属于 B2 级可燃材料，在潮湿环境中容易腐烂，易遭受虫蛀。

（2）装饰特点

①木竹材具有天然形成的美丽纹理，色彩图案变化丰富，极富装饰性。

②质感舒适，具有易为人接受的良好触觉特性，有些木材具有特殊的芳香气味，给人带来舒适的生理感受；还有些木材具有杀虫、药用等特殊作用。

③孔隙率高的木材具有良好的吸声性能。

④木、竹材来源于自然，本身不存在污染源，与塑料、钢铁等材料相比，木、竹材是可循环利用和永续利用的材料。

2）木竹材的加工特性

（1）加工工具

木竹材的加工工具包括锯、刨、钉、剪等。传统工具包括锯子、斧头、钻、錾子、手刨等，现代使用的电动工具包括电动锯台、手提圆盘锯、电刨、电钻、电动镙机、电动曲线锯等。

（2）粘结

木材的粘结一般采用白乳胶、万能胶、环氧树脂胶等，根据作业条件、粘结面大小、与何种材料粘结等因素选用。

（3）阻燃处理

木材通过阻燃处理以后，燃烧性能可达到 B1 难燃级，即用物理或化学方法提高木材抗燃能力的方法，包括碳化法或用其他不燃材料包裹，采用溶剂型阻燃剂浸渍法和防火涂料（阻燃涂料）表面涂布法。

（4）防腐处理

通常采用表面涂覆、压力浸泡等方法对木材进行防腐处理。以使其稳定性更强，更能有效地防止霉菌、白蚁和昆虫的侵害，耐候性更好。

（5）表面处理

木材特有的色泽、纹理往往在采用油漆涂饰以后才充分展示出来,表面处理还能使木材表面具备更好的隔热、绝缘、耐水、耐腐蚀、防霉、防蛀、耐燃、导电等功能,从而提高木材的力学性能、硬度和耐磨性,提高木材的耐久性等,更有效地利用木材资源。表面处理包括染色、涂饰、贴面、转印刷、漂白、无电解电镀、表面化学装饰等方法。

在木材表面涂覆以有机物为主体的涂层,不仅可以防止木材表面受腐蚀、受脏污、受划伤、保护木材表面、提高木材的耐久性、延长木材的使用期限,保持和改变木材的色泽和纹理,使其更加美观悦目,或被赋予新的功能。木材涂饰分为透明涂饰和不透明涂饰。

贴面是木质装饰材料目前应用较为广泛的表面处理方法。木质、塑料、金属、玻璃、纺织品、无机矿、皮革、天然纤维等各种贴面装饰材料,图案色泽花样多,装饰效果很好,尤以树脂浸渍材料贴面最为风行。

3)木竹材料的装饰应用分类

①按照材质来源分类可分为木材和竹材,是木质装饰材料的主要来源。人造板材的加工也常用到甘蔗渣、麦秆、稻草等非竹木的植物类纤维。

②按照加工深度分类可分为天然木材和人造板材。木质装饰材料有些是由天然材料直接加工而成,保持天然材料的基本色彩、花纹,比如实木板、实木线条及构件、实木装饰薄皮等,有些还保持木材的基本原始状态,但通过人工进行了重新组合,如指接板、木工板、胶合板等;有些已经不具备天然材料的原始状态,甚至差异极大,如刨花板、纤维板等。

③按照产品的最终形态包括竹木地板、天然薄木皮、各种装饰板材、木线条、各种装饰构件等。装饰板材按照饰面方法又包括指接板、实木薄皮装饰、浸渍纸层压装饰板、装饰纸油漆饰面装饰板等。

木竹装饰材料分类见表3.1。

表 3.1　木竹装饰材料分类

类　别	主要系列	主要系列品种举例
竹木地板	实木地板	拼花地板块、长条企口地板、软木地板、立木地板
	多层实木集成地板	3层集成地板、5层集成地板、多层集成地板
	强化木地板	浸渍纸贴面复合强化地板
	竹地板	长条竹地板、拼花竹地板、立竹地板
装饰薄木	天然装饰薄木	水曲柳刨切薄木、红榉刨切薄木
	人造装饰薄木	仿胡桃木人造薄木、仿鸡翅木人造薄木
木质人造板	指接板	橡木指接板、水曲柳指接板
	木工板	15 mm木工板、18 mm木工板
	胶合板	3层板、5层板、9层板
	刨花板	普通刨花板、定向刨花板、华夫板
	纤维板	中密度纤维板、软质纤维板、硬质纤维板

续表

类　　别	主要系列	主要系列品种举例
装饰人造板	薄木贴面装饰板	3层板微薄木贴面装饰板
	浸渍纸层压装饰板	防火板、免漆板
	表面加工人造板	植绒装饰吸音板、浮雕装饰人造板
装饰型材	木线条	平板线、踢脚线、阴角线
	装饰木门	实木门、模压浮雕木门、薄木贴面木门
	装饰构件	实木窗花、实木雕花、栏杆、扶手

4)常用天然木材品种介绍

常用的普通木材包括杉木、松木、杨木、柳桉等;色彩纹理效果较好、常用于装饰薄木的品种有榉木、樱桃木、桦木、水曲柳、核桃木、柚木、梨木、枫木、铁刀木、橡木等;我国传统用于制作家具的木材有黄花梨、紫檀、酸枝木、鸡翅木、黄杨木、楠木、榆木、椿木、樟木、槐木等;近年来,用于实木地板的进口木材种类,有橡木、桃花芯木、甘巴豆、大甘巴豆、龙脑香、木夹豆、乌木、印茄、重蚁木、白山榄长、水青冈等。

（1）杉木

杉木的特点是生长快,材质好,木材纹理通直,结构均匀,材质轻韧,表面硬度较软,易引起的划痕,结疤也多,因此杉木一般用来制作纸浆、细木工板、密度板、刨花板,或是做成指接板用来做家具的内挡板。

（2）松木(马尾松、樟子松)

松木材质较强,纹理比较清晰,木质较好。相对于杉木,松木木纹更加漂亮,木结疤也比较少,常用来制作原木家具、防腐木。

（3）水曲柳

水曲柳(图3.64)学名白蜡木,环孔材,心材黄褐色至灰黄褐色,边材狭窄,黄白至浅黄褐色,具光泽,弦面具有生长轮形成的倒"V"形或山水状花纹,常用于装饰薄木、实木家具、实木地板等。

（4）柚木（胭脂木）

柚木,珍贵木材,主要产于缅甸、泰国等地。具有金黄褐色的色泽、丰富的油性、极佳的尺寸稳定性、不腐烂不蛀虫等特点,广泛用于装饰薄木、实木家具、实木门窗、实木地板等,如图3.65 所示。

（5）檀香紫檀

紫檀历来是名贵的木材之一。紫檀的颜色紫红到紫黑,紫檀经细砂纸打磨之后,质感光洁,不需上漆或打蜡;紫檀的纹理致密,细如发丝,有着牛毛状的卷曲纹路和金色的细丝。紫檀气干密度为 $1.05\sim1.26$ g/cm^3,木材入水即沉。紫檀木还适合精细雕刻,可以雕刻出极其精细的花纹图案,同时木质不会碎裂,如图3.66所示。

图 3.64 水曲柳

图 3.65 柚木

图 3.66 紫檀

(6)降香黄檀

降香黄檀俗称海南黄花梨,特产于中国海南岛。还有花黎、降香木、花榈木、香枝木、香红木等别称,木性极其稳定,不腐不蛀,不开裂不变形,木纹如行云流水,纹理清晰呈雨线状,或隐或现,生动多变(图3.67)。油性大的海黄老料,表面经打磨后会呈现出琥珀般金黄色的光泽,而且细看时还似乎有微微晃动的水波纹。海黄纹理的另一特征是具有"鬼脸"(图3.68),即在树的分叉处产生的木疖,形态似狸斑,花狸(梨)之名由此而生。海黄会散发出本身特有的淡淡的清香(降香味),具有药用功能。

图 3.67 海南黄花梨

图 3.68 海南黄花梨的"鬼脸"

(7)其他常用装饰木材的纹理

其他常用装饰木材的纹理如图 3.69 至图 3.80 所示。

图 3.69 黄波罗

图 3.70 胡桃木

图 3.71 橡木(白橡、红橡)

图 3.72　樱桃木　　　　　图 3.73　榉木　　　　　图 3.74　枫木

图 3.75　麦哥利　　　　　图 3.76　沙比利　　　　图 3.77　大美木豆(非洲柚木)

图 3.78　绿柄桑(黄金柚)　图 3.79　古夷苏木(巴西花梨)　图 3.80　斑马木(乌金木)

3.2.2　竹木地板

　　我国是竹材生产大国,有着丰富的竹类资源,因此近些年来采用竹材为基材的地板发展也相当快。

1)竹木地板的特点

①色泽丰富,纹理美观,装饰效果好。

②质感特别,坚实而富弹性,冬暖而夏凉,自然而高雅,舒适而安全。

③物理性能好。有一定硬度但又具一定弹性,绝热绝缘,隔音防潮,不易老化。

④干缩湿涨性强,处理与应用不当时易产生开裂变形,保护和维护要求较高。

⑤安装快捷方便,施工效率高。

⑥品种丰富,高中低各种档次都有,便于设计选用。

2)竹木地板的种类

竹木地板有多种分类方法,主要有下述几种。

①按材质分:有竹地板、实木地板、多层实木复合地板、强化木地板、软木地板等。

②按外形结构分:有条状地板、块状拼花地板、粒状地板(木质马赛克)。

③按地板的接口形式分:有平口式地板、沟槽式地板、榫槽式地板、燕尾榫式地板。

④按层数分:有单层地板、双层地板、多层地板。

由于可以用于一些特别的场所,还有地暖地板、吸音地板、防腐木地板等新品种。

3.2.3 实木地板

实木地板是用天然木材经锯解、干燥后直接加工成不同几何单元的地板,其特点是断面结构为单层,由于未经结构重组和与其他材料复合加工,充分保留了木材的天然性质。

1)实木地板的树种

实木地板以阔叶材为多,档次较高,针叶材较少,档次较低,如图3.81所示。国产阔叶材常见的有榉木、柞木、花梨木、檀木、楠木、水青冈、水曲柳、麻栎、高山栎、黄锥、红锥、白锥、红青冈、白青冈、槐木、白桦、红桦、枫桦、檫木、榆木、黄杞、槭木、楝木、荷木、白蜡木、红桉、柠檬桉、核桃木、硬合欢、楸木、樟木、椿木等。针叶材通常用于生产防腐木地板,包括红松、广东松、落叶松、红杉、铁杉、云杉、油杉、水杉等。近年来很多进口材涌入市场,包括紫檀、柚木、花

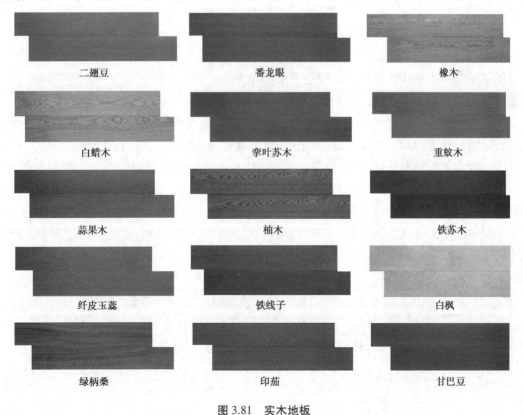

二翅豆	番龙眼	橡木
白蜡木	孪叶苏木	重蚁木
蒜果木	柚木	铁苏木
纤皮玉蕊	铁线子	白枫
绿柄桑	印茄	甘巴豆

图3.81 实木地板

梨木、酸枝木、榉木、桃花芯木、甘巴豆、大甘巴豆、重蚁木(图3.82)、二翅豆(图3.83)、龙脑香、木夹豆、乌木、维腊木(图3.84)、印茄(图3.85)、蚁木、白山榄长、水青冈和木莲(图3.86)等。

图3.82 重蚁木(南美紫檀)

图3.83 二翅豆(龙凤檀)

图3.84 维腊木(玉檀香、绿檀)

图3.85 印茄(菠萝格)

图3.86 木莲(灰木莲、金丝柚、楠木)

2)实木地板的特点

①单层纯实木结构,材质天然,绿色环保。

②色调差别较大。

③实木地板由于其取材的位置不同,纹理有直纹、山纹的区别。径向取材时,纹路为直纹;弦向取材,则为山纹。直纹细腻、间距小、图案规则,山纹凌乱、间距较大、图案活泼。

④有较大的干缩湿涨性,因此平衡含水率成为地板重要的质量指标之一。在南方潮湿的气候下,地板常常由于湿涨出现局部或大面积的隆起。在北方干燥的气候下,则由于干缩而出现接口裂缝或地板的裂纹。因此,地板在施工前的过干过湿都是不适宜的,制造和施工时应考虑当地的平衡含水率并采取一定的防隆防裂措施。高档次的实木地板所用材种一般有较小的干缩湿涨性。我国主要城市木材平衡含水率年平均值,详见表3.2。

表3.2 我国主要城市木材平衡含水率年平均值

城市	平衡含水/%	城市	平衡含水/%	城市	平衡含水/%
北京	11.4	乌鲁木齐	12.1	合肥	14.8
哈尔滨	13.6	银川	11.8	武汉	15.4
长春	13.3	西安	14.3	杭州	16.5
沈阳	13.4	兰州	11.3	温州	17.3
大连	13.0	西宁	11.5	南昌	16.0

城市	平衡含水/%	城市	平衡含水/%	城市	平衡含水/%
呼和浩特	11.2	成都	16.0	长沙	16.5
天津	12.2	重庆	15.9	福州	15.6
太原	11.7	拉萨	8.6	南宁	15.4
石家庄	11.8	贵阳	15.4	桂林	14.4
济南	11.7	昆明	13.5	广州	15.1
青岛	14.4	上海	16.0	海口	17.3

⑤有些材质外观还存在节疤、裂纹等缺陷。

3)实木地板的规格

厚度为16~18 mm,常见的长宽尺寸(mm)为:450×60、750×60、750×90、900×90。近年来,随着加工技术的发展,也出现了长度达到1 200 mm、宽度达到120 mm左右的实木地板。

4)实木地板的应用

①装饰效果好,价格高,实木地板常用于标准较高的空间,如家庭、办公、宾馆客房、高级会议室等。

②不同树种,花纹、色彩、材质差别较大,设计时应合理选择,满足预期的设计效果与风格要求,如直纹型的木地板常用于办公空间,山纹木地板用于生活型空间。同时,由于实木条板色差较大,安装前要选板分色。

③弦向变形较大,宽度方向容易弯曲,因此设计时应注意顺光源方向和行走方向排版;安装时应固定在龙骨上,极少采取直接铺贴的安装方式;一般采用花墙式安装法,即相邻两排木地板错开半张或1/3张。

④设计中要考虑防腐防虫处理措施。

⑤长度500 mm以下的实木条板可以采用不同的拼花形式进行安装,其部分拼花图案如图3.87所示。

3.2.4 多层实木复合地板

多层复合地板实际上是利用珍贵木材或木材中的优质部分以及其他装饰性强的材料作表层,材质较差或质地较差部分的竹、木材料作中层或底层,经高温高压制成的多层结构的地板。这种地板不仅充分利用了优质材料,提高了制品的装饰性,而且所采用的加工工艺也不同程度地提高了产品的物理力学性能。

1)多层复合地板的结构及规格

多层复合地板一般有二层、三层、五层和多层结构,如图3.88和图3.89所示。

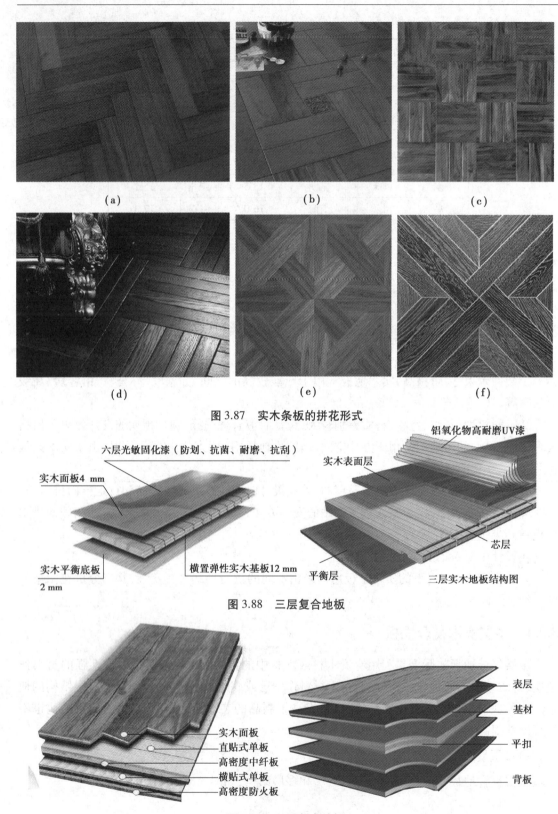

图 3.87　实木条板的拼花形式

图 3.88　三层复合地板

图 3.89　五层复合地板

（1）三层复合地板

三层复合地板分为表板、芯层、底层。三层厚度基本相同，均为 4~8 mm。表板采用珍贵树种的薄板，材质好，有时也用径级较大的竹材加工，加工的光洁度、尺寸精度都较高。中、底层木条采用木材中质量较差的部分或普通木材。三层木条组坯后采用高温胶合成板材后，再经机械加工成地板。

这种地板的厚度一般为 15.4 mm，幅面尺寸为 2 200 mm × 184 mm。

（2）五层结构的复合地板

五层结构的复合地板增加两层复合层，每层厚度为 2~4 mm。表层为花纹美观、色泽较一致的珍贵木材加工而成。表层下的芯板、平衡层、底层板材质要求不高，经过干燥处理的杉木、杨木、马尾松、湿地松均可。

（3）多层结构复合地板

多层结构复合地板一般仅表层采用厚度 1 mm 左右的珍贵木材加工而成的薄木皮，基层直接采用 15~18 mm 成品胶合板。

（4）多层实木复合地板规格

多层实木复合地板厚度一般有 12，15，18 mm，长宽尺寸更大，一般规格（mm）为 1 800×300、1 800×150、1 500×150、1 200×150 等。有时为了更好地模仿实木地板，也常常加工成与实木地板相似的规格，如 900×120 或 900×90。

2）多层复合地板的特点及应用

①充分利用珍贵木材和普通小规格材，在不影响表面装饰效果的前提下降低了产品的成本。

②结构合理，翘曲变形小，无开裂、收缩现象，具有较好的弹性。

③板面规格大，安装方便，稳定性好。

④装饰效果好，与豪华型实木大地板在外观上具有相同的效果。

⑤层数越多，稳定性越好，但是甲醛等有害挥发性有机物的释放量越高。

⑥表面饰面常常采用三氧化二铝耐磨层，较实木地板具有更好的表面耐磨性和表面耐冲击性。

⑦安装时，可以直接铺贴在水泥砂浆找平层上。

⑧价格较实木地板便宜，性能更稳定，常用于办公、宾馆、会议等场所，特别是舞台等面积较大的场所。

3.2.5　复合强化木地板

复合强化地板按国家标准，正式名称是浸渍纸饰面层压木质地板。一般采用表层纸和装饰层纸经脲醛树脂和三聚氰胺树脂浸渍、干燥，与基材层叠组坯再经热压成板材。冷却后的板材经纵横锯切和纵横向开榫即成为产品。

1）复合强化木地板的结构

复合强化木地板是多层结构地板（图 3.90），各层的材料、性质和要求等分别介绍如下。

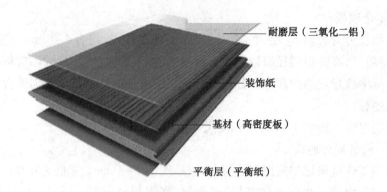

耐磨层（三氧化二铝）

装饰纸

基材（高密度板）

平衡层（平衡纸）

图 3.90　强化木地板的基本结构

（1）表面耐磨层

表面耐磨层即图中的耐磨表层纸，表层纸中含有三氧化二铝、碳化硅等高耐磨材料，其含量的高低与耐磨性成正比。但耐磨材料含量不能过高，一般不大于 75 g/m^2，否则会影响下层装饰纸的清晰，同时对加工不利。

（2）装饰层

装饰层实际上是由计算机仿真制作的印刷装饰纸，印有仿珍贵树种的木纹或其他图案，纸张为 100 g/m^2 左右的钛白纸。

（3）人造板基材

复合强化木地板的基材主要有两种：一种是中、高密度的纤维板；一种是刨花形态特殊的刨花板。市场销售的绝大多数以中、高密度的纤维板为基材。基材的优劣在很大程度上决定了地板质量的高低。

（4）平衡层

复合强化木地板的底层，是为避免变形而采用的与表面装饰层平衡的纸张，也能起到一定的防潮作用。平衡纸为漂泊或不漂泊的牛皮纸，具有一定的厚度和机械强度。平衡纸浸渍酚醛树脂，含量一般为 80% 以上，具有较高的防湿防潮能力。

2）强化木地板的规格

强化木地板的厚度一般为：8 mm 及 12 mm。

长宽尺寸：标准的宽度一般为 191～195 mm，长度 1 210 mm；加宽板宽度为可达到 300 mm 左右。有些强化木地板为了模仿实木地板，长宽尺寸也加工到近似实木地板的规格。

常见的一些尺寸（mm）如下：182×1 200、185×1 180、190×1 200、191×1 210/1 290、192×1 208/1 380、195×1 280/1 285、200×1 200、225×1 820、808×148×12、809×131×12、1 215×169×12、1 215×198×12。

3）复合强化木地板的特点

（1）优良的物理力学性能

复合强化木地板表面耐磨耗为普通油漆木地板的 10～30 倍，产品的内结合强度、表面胶合强度和冲击韧性等力学性能都较好，有好的抗静电性能，可用作机房地板，还有良好的耐污染腐蚀、抗紫外线光、耐香烟灼烧等性能。

（2）有较大的规格尺寸且尺寸稳定性好

复合强化木地板采用了高标准的材料和合理的加工手段,具有较好的尺寸稳定性,室内温湿度引起的地板尺寸变化较小。在安装低温辐射地板采暖系统的房间,是较适合的地板材料之一。

（3）安装简便,维护保养简单

地板采用泡沫隔离缓冲层悬浮铺设方法,施工简单,效率高。平时可用清扫、拖抹、辊吸等方法维护保养,十分方便。

（4）复合强化木地板的缺点

其触感或质感不如实木地板;基材和各层间的胶合不良时,使用中会脱胶分层而无法修复;地板中所含胶合剂较多,游离甲醛释放污染室内环境也要引起高度重视;基层受潮后容易鼓胀变形。

4）复合强化木地板的应用

因价格较实木地板及复合实木地板低很多,复合强化木地板广泛用于住宅、办公、会议、宾馆、商场等室内空间中,特别是一些人流量较大的场所。

3.2.6　拼花地板块

拼花地板块是将实木在工厂预先加工成不同的几何单元,可拼接成不同图案的地板块,在现场直接组合安装。

1）拼花木地板的结构

拼花木地板根据结构可分为实木拼花地板、三层拼花地板以及复合拼花地板、多层实木拼花地板。按表面工艺分曲线拼花(激光拼花地板)、直线拼花(锯切拼花地板)、镶嵌式拼花地板、组合拼花地板和混搭拼花地板。

目前使用较多的品种是多层实木拼花地板,面层均为质地优良、花纹美丽的珍贵饰面木材,双层者下层为毛板层,三层分层为表板、衬板、芯材及背板,其他层均为普通木材。

几何单元常见的有长方形、正方形、菱形、三角形、正六边形等。单元格的尺寸(mm)一般为 $450 \times 450,600 \times 600$,部分拼花地板块地图案形式如图 3.91 所示。

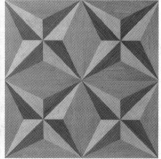

图 3.91　拼花地板块图案举例

2) 拼花木地板的特点

①拼花形式多样,图案丰富有个性。

②制造专业化、质量高。

③幅面大、安装简便、效率高。

④产品加工与安装不当时容易变形。

3) 应用

拼花地板一般价格较贵,常用于高级住宅及办公室等室内空间,为保证安装效果,一般采取按照设计图案及尺寸定做。安装时,一般固定在胶合板或木工板基层上。

3.2.7 人造板地板

利用木质胶合板、刨花板、中密度纤维板、细木工板、硬质纤维板、集成材等作地板基层,用塑料装饰板、防火板、装饰薄木、PVC 薄膜等材料贴面的地板材料,其中的刨花板贴面抗静电木质活动地板,常用作计算机机房地板。

人造板地板的特点是基材经高温高压处理,变形开裂小,力学强度高,幅面大,结构均匀,没有实木的节疤、腐朽等缺陷,色差也较小。

抗静电木质活动地板幅面尺寸(mm)为 600×600、500×500。

3.2.8 竹地板

竹地板是一种高档的地面装饰材料,我国是竹地板的主要生产国,产品销往世界各地。

1) 竹材加工地板的特点

与木材相比,竹材作为地板原料有许多特点,主要优缺点如下所述。

(1) 优点

①质地和质感良好。竹材的组织结构细密,材质坚硬,具有较好的弹性,触感舒适,装饰自然而大方。

②优良的物理力学性能。竹材的干缩湿胀小,尺寸稳定性高,不易变形开裂。竹材制成的地板强度和耐磨性高,环境温湿度的变化对其影响小。

③别具一格的装饰性。竹材色泽淡雅,色差小,这是竹材较好也是较难得的优点之一。竹材的纹理通直有规律,竹节上有点状放射性花纹,装饰性好,竹地板在地面的装饰大效果与木地板迥然不同,如图 3.92 所示。

(2) 缺点

①材料的加工性差。竹材中空、多节,头尾材质、径级变化大。从横断面看,表皮光滑疏水,不易胶合,内壁竹黄性质脆硬,强度差而不易胶合,如图 3.93 所示。

②材料的利用率低,产品价格较高。由于竹材的特殊结构,利用率往往仅 20%～30%。此外,竹地板对竹材的竹龄要求为须达 3～4 年以上,在一定程度上限制了原料的来源。

③竹材易于生霉和发生虫蛀,在加工中要进行特殊处理,也使产品成本提高,如图 3.94 所示。

图 3.92　竹地板地面

图 3.93　竹地板

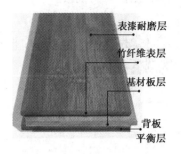

图 3.94　竹地板结构一般由耐磨层、竹表层、基材层、平衡层 4 部分组成

2)竹地板的结构

近几年开发的竹地板种类很多,按其结构可分为三层竹片地板、单层竹条地板、竹片竹条复合地板、立竹拼花地板、竹青地板等。其中采用三层竹片结构的地板较为普遍。竹子加工成 4~6 mm 的竹片,将质量高的竹片置于地板表层,质量较差的置于地板中、底层,三层竹片均按同一方向组坯,经热压胶合、齐边刨光后开榫开槽成为地板。组坯时表、底层竹片的竹青面均朝向外表面,中层竹片的竹青面上下交替变换布置,使竹材生长中形成的自然应力得到部分抵消,减小板材的变形。

3)竹地板的规格

竹地板的尺寸规格较多,厚度(mm)通常为 8、10、12、13、16、19、20、22、25、30、35、40 等,宽度(mm)通常为 80、120、160、240,长度(mm)通常为 600、800、900 等。

3.3　陶瓷材料

3.3.1　常用种类

①陶瓷主要是用陶土或瓷土,经高温烧制而成,根据陶瓷制品的结构特点又细分为陶质、瓷质、炻质和组合材质 4 大类。

a.陶质材料:以陶土为主要原料,经 800~1 000 ℃烧制而成的制品。吸水率最高可达 17%~22%,为多孔结构,强度低,断面粗糙无光,不透明,敲击声粗哑,颜色以赭红居多。

b.瓷质材料:以优质瓷土,长石粉,石英粉为主要原料,经 1 200 ℃左右的高温烧制而成的。吸水率很低,小于 0.5%,结构致密,气孔率低,强度较大,耐磨,断面细致,呈半透明,敲击有金属声。

c.炻质材料:介于陶器和瓷器之间,又称半瓷,结构比陶器致密,吸水率较小,为 1%~8%,坯体多带有颜色,不透明。常用的炻质外墙砖、地砖和陶瓷锦砖(马赛克)为粗炻,宜兴的紫砂等日用器皿为细炻。

d.组合材质:陶瓷与其他材料组合的制成品,如微晶石是玻璃与陶瓷的复合。

根据我国建筑陶瓷行业标准,以吸水率大小来划分,可以分为以下几大建筑陶瓷的类别,详见表3.3。

表3.3 建筑陶瓷的类别

吸水率	类 别	对应的产品
$E \leqslant 0.5\%$	瓷质砖	抛光砖、瓷质仿古砖
$0.5\% < E \leqslant 3\%$	炻瓷砖	广场砖、耐磨砖
$3\% < E \leqslant 6\%$	细炻砖	釉面外墙砖、仿古砖
$6\% < E \leqslant 10\%$	炻质砖	釉面地砖
$E > 10\%$	陶质砖	釉面内墙砖

②根据陶瓷材料装饰材料的使用部位,分为墙砖、地砖、陶瓦和琉璃瓦。

③依据造型,分为块状(墙地砖)、粒状(彩釉砂)和塑形制品(筒瓦)。

图3.95 陶砖　　　图3.96 炻质仿古砖　　　图3.97 瓷砖　　　图3.98 微晶石

3.3.2 理化特性

陶瓷的物理特性:不透光或低透过率,具有较高强度、高弹性模量、高断裂韧性、高热导性能、耐高温,耐磨、耐腐蚀、抗氧化、电绝缘好、强度大、硬度高等优良特性。

化学性质:其主要成分的化学式为 SiO_2,化学性质稳定,热稳定性高。根据其元素组成的不同可分为氧化物陶瓷、氮化物陶瓷、碳化物陶瓷、硅化物陶瓷和硼化物陶瓷。

3.3.3 质量要求

与陶瓷材料质量有关的国家标准为《陶瓷砖》(GB/T 4100—2015)。但在选购时,也需了解鉴别质量的一些方法,如下所述。

a.外观检查:釉面应均匀、光亮,无斑点、缺釉、磕碰现象,无色差和气泡等。

b.声音鉴别:用硬物轻敲,声音越清脆,则瓷化程度越高,质量越好。

c.滴水鉴别:将水滴在陶瓷上,看水散开后浸润的快慢。吸水越慢,说明陶瓷制品的密度越高,质量越好;反之,质量就越差。

d.几何尺寸检查:墙地砖4个边的尺寸大小应一致,对角线的尺寸也应一致,以保证是矩形和正方形,而非平行四边形。

e.平整度要求:墙地砖应无曲面或不平整现象,4角应在同一水平面上。

3.3.4　陶瓷面砖

陶瓷面砖是用于墙面、地面装饰的薄板状装修材料,也用作灶台、浴池等小型构件的贴面材料。有微晶石(图3.98)、釉面砖(图3.99)、通体砖、玻化砖(图3.100)、陶瓷锦砖(图3.101)和陶瓷壁画等主要类型。

1)釉面砖

在胚体表面加釉烧制而成的。主体分陶体和瓷体两种,用陶土烧制的背面呈红色,瓷土烧制的背面呈灰白色。釉面砖表面可以做各种图案和花纹,色彩丰富。但耐磨性不如通体砖和玻化砖。

2)通体砖

通体砖是一种不上釉的瓷质砖,材质和色彩表里一致,有很好的防滑性和耐磨性,但抗污染差。所谓“防滑地砖”大部分是通体砖,常用于室内的大厅、过道、墙面和室外的外墙、走道、广场等处。通体砖又有防滑砖、抛光砖、劈开砖、渗花砖和广场砖之分。

(1)防滑砖

防滑砖正面有褶皱条纹或凹凸点,以增加地板砖面与人脚底的摩擦力,防止打滑摔倒,如图3.102所示。

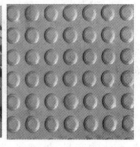

图3.99　釉面砖　　　图3.100　玻化砖　　　图3.101　陶瓷锦砖　　　图3.102　防滑砖

(2)抛光砖

抛光砖是将通体砖的表面打磨抛光后制成,表面光洁,坚硬耐磨,适合除卫生间、厨房以外的其他场所。通过渗花技术,抛光砖还可以做出各种仿石、仿木效果。抛光砖易脏,防滑性能稍差,如图3.103所示。

(3)劈开砖(劈离砖)

通体砖的一种,是坯体经切割后,形成表面带有浅凹槽的砖样,又在坯料中加颗粒,在切割时产生拉丝,使砖的表面产生了颗粒和细小孔眼,加之不施釉,成品就具备质朴的外观,如图3.104所示。

（4）渗花砖

渗花砖是利用可溶性色料和丝网印刷工艺,将图案印刷到瓷质砖坯体上,依靠坯体对色料的吸附和助渗剂对坯体的润湿作用,色料渗入坯体内部,烧成抛光后,表面会呈现色彩或花纹的陶瓷砖。因此,砖体表面美观,但不耐磨,防污性能差,仅适用于墙面装修,如图 3.105 所示。

（5）陶瓷广场砖

陶瓷广场砖适用于广场、园林绿化、屋顶、露台和阳台,以及商场超市、学校医院等人流量大的公共场合。砖体色彩简单,体积小,多采用凹凸面的形式,具有防滑、耐磨、修补方便的特点,如图 3.106 所示。

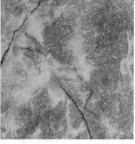

图 3.103　抛光砖　　　图 3.104　劈开砖　　　图 3.105　渗花砖　　　图 3.106　陶瓷广场砖

作为广场地面铺装的材料,还有烧结砖和水泥砖等,但都不是陶土或瓷土烧制,不是陶瓷制品。

3）玻化砖

玻化砖在瓷砖中硬度最高,也是一种通体砖,但比通体砖的密度、烧制的温度都高,能够达到全瓷化,表面光亮,更耐脏,耐磨性更高,使用广泛。安装于墙面时,须拴接、嵌固或胶粘,如图 3.100 所示。

4）微晶石砖

微晶石砖是将一层 3~5 mm 的微晶玻璃复合在陶瓷玻化石的表面,经二次烧结后完全融为一体的产品,外观晶莹剔透、雍容华贵,有着变化丰富的仿石纹理、色彩鲜明的层次,以及不受污染、易于清洗、比石材有更高的抗风化性、耐候性而广受欢迎。广泛用于宾馆、写字楼、车站机场等场所,也适用于家庭的墙面、地面、饰板、家具、台盆面板等装修,如图 3.98 所示。

5）陶瓷锦砖

陶瓷锦砖也称马赛克,是小块瓷质装修材料。分有釉和无釉两种,可制成不同颜色、尺寸和形状,一般拼成一个图案单元粘贴于纸或尼龙网上,300 mm×300 mm 大小,以便施工,如图 3.101、图 3.106 所示。

6）其他墙地砖品种

（1）仿古砖

仿古砖是上釉的瓷质砖。仿古砖特点是做旧仿古,通过样式、颜色、图案来营造怀旧的氛围,材质是从彩釉砖演化而来,有砖面造型和石墙造型,又分西式风格以及亚洲风格,釉面以亚光为主。具备透气性、吸水性、抗氧化、净化空气和易清洁等特点。

（2）花砖

釉面砖的一种,纹饰大多类似阿拉伯图案,变化丰富,尺寸不大,粘贴时可随机组合,产生无穷的变化效果,如图 3.107 所示。

（3）腰带砖

小型图案砖,用于嵌进瓷砖墙面,形成花边一样的点缀,如图 3.108 所示。

（4）仿文化石砖

表面仿文化石效果的墙砖,如图 3.109 所示。

（5）阴阳角线砖

专门用于陶瓷墙面的阴阳角处,自然衔接两个垂直墙面,如图 3.110 所示。

（6）拼花砖

抛光砖经专业计算机用水切割、拼花、割字和拼图后制成的陶瓷图案,也称陶瓷地毯,如图 3.111 所示。

图 3.107　花砖

图 3.108　腰带砖

图 3.109　仿文化石砖

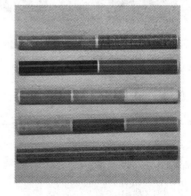

图 3.110　陶瓷阴阳角线砖

（7）陶瓷壁画

以绘画艺术与陶瓷工艺技术相结合,通过在陶瓷坯体上制板、刻画、彩绘、配釉、施釉、烧制,生产出的陶瓷艺术品。它不是原画稿的简单复制,而是艺术的再创造,如图 3.112 所示。

图 3.111　拼花砖

图 3.112　陶瓷壁画

(8)耐酸碱瓷砖

耐酸碱瓷砖砖体结构紧密,吸水率小,可耐任何浓度的酸碱性介质,抗腐作用强。但价格贵,一般不作为装饰材料,仅用于特殊场所或部位。

(9)陶瓷颗粒

为散粒状彩色瓷质颗粒,用合成树脂乳液作黏合剂,可制成彩砂涂料,涂敷于外墙面上或路面上,施工方便,不易褪色,如图 3.113 所示。

(10)陶瓦和琉璃瓦

陶瓦是以黏土为主要材料高温煅烧而成的,使用陶瓦在中国西周时期就有记载,后来又产生了色彩丰富、外表亮丽的琉璃瓦。

图 3.113　彩釉砂　　图 3.114　外墙釉面砖　　图 3.115　外墙通体砖　　图 3.116　外墙锦砖

3.3.5　墙砖规格

墙砖又分外墙砖和内墙砖,外墙砖抗压、易清洗、防火、抗水、抗冻、耐磨、耐腐蚀等性能较内墙砖好,花色品种较内墙砖少。外墙砖品质优于内墙砖,也常用于室内以求特殊效果,但内墙砖不宜用于室外。

(1)外墙砖规格

外墙砖按材质分为釉面砖、通体砖等;按成型方式分,分为挤压成型,如陶板幕墙、劈开砖以及干压成型如小规格外墙砖(锦砖)等;按表面效果分,有平面、麻面、仿石材面、水波纹面、文化石面等。其常用类型的特点及规格尺寸,详见表3.4。

表 3.4　建筑装饰常用陶瓷外墙砖

类别或名称	常用规格尺寸/mm			品种或外观	适用范围	备注
	长	宽	厚			
外墙釉面砖	95	45	5~8	色彩:各种色彩 表面肌理:平整面、仿石材、水波纹、文化石、麻面等	外墙	还有其他尺寸,未一一列举
	195	45	5~8			
	200	60	5~8			
	240	60	5~8			
	200	100	5~8			
外墙劈开砖	240	60	11~13	色彩:以暖色居多,还有灰色 表面肌理:颗粒,细小孔眼,线状条纹,仿石材,细微色差,渐变色彩等品种	外墙及内墙	有光面砖和毛面砖,劈开砖是通体砖的一种,材质表里一致,还有其他尺寸
	240	52	11~13			
	240	115	11~13			
	194	94	11~13			
	190	190	11~13			
外墙通体砖	95	45	5~10	色彩:各种色彩(除纯色外)表面肌理:麻面、水波、仿石板、仿蘑菇石、	外墙及内墙	还有其他尺寸,未一一列举
	100	100	5~10			
	195	45	5~10			
	200	100	5~10			
	200	50	5~10			
	240	60	5~10			
锦砖	300	300	5	色彩:各种色彩 表面肌理:图案,不同色块随机组合效果,条纹	内外墙面、地面	一联大小,单块大小为 18.5 mm×18.5 mm 或 39 mm×39 mm

（2）内墙砖规格

内墙瓷砖大多用于室内卫生间、厨房等处墙面,坯体以炻质的居多,釉层较厚。其次是陶瓷锦砖。也有其他类型如玻化砖、仿古砖和微晶石等,可用于所有内墙面。其常用类型的特点及规格尺寸,详见表3.5。

表 3.5　建筑装饰常用陶瓷内墙砖

类别或 名称	常用规格尺寸/mm			品种或外观	适用范围	备　注
	长	宽	厚			
釉面砖 墙砖	152	152	5~6	色彩:浅色居多,有利于提高室内亮度 表面肌理:平整面居多,有各种纹理,如木纹、皮纹、洞石、熔岩等,以及各种图案	防水防潮,易清洁,用于厨卫等潮湿环境的墙面	炻质坯体居多
	200	200	5~6			
	300	300	5~6			
	450	300	5~8			
	600	300	7~10			
仿古砖	100	100	5~8	色彩:米黄、黄色、咖啡色、暗红色、土色、灰色、灰黑色 表面肌理:仿旧砖石材料的居多	室内墙地面	瓷质和细炻质坯体居多
	150	150	5~8			
	200	200	5~8			
	300	300	5~8			
	400	400	5~8			
	500	500	7~10			
	600	300	7~10			
	600	600	7~10			
微晶石 墙砖	600	600	13~15	色彩:以白、米黄、黄、咖啡色居多 表面肌理:以仿石材纹理居多	室内墙、地面	
	800	800	13~15			
	1 000	1 000	13~15			
花砖	—	—	—	—	室内墙、地面	详见地砖列表
抛光砖	—	—	—	—	室内墙、地面	详见地砖列表
玻化砖	—	—	—	—	室内墙、地面	详见地砖列表
锦砖	—	—	—	—	内外墙地面	详见外墙砖列表

3.3.6　陶瓷地砖规格

　　常用类型有釉面砖、花砖、防滑砖、仿古砖、抛光砖、玻化砖、锦砖(马赛克)、微晶石砖、陶瓷广场砖等。坯体以瓷质居多,吸水率较低。其常用类型的特点及规格尺寸,详见表3.6。

表 3.6　建筑装饰常用陶瓷地砖

类别或名称	常用规格尺寸/mm			品种或外观	适用范围	备 注
	长	宽	厚			
釉面砖墙砖	300	300	7~10	色彩:黄色、褐色和灰色居多 表面肌理:平整面居多,图案或仿石材纹理	室内地面	瓷质坯体居多
	400	400	7~10			
	600	600	7~10			
花砖	100	100	5~8	色彩与图案变化丰富,品种多样	室内地面,墙面	
	150	150	5~8			
	200	200	5~8			
	300	300	5~8			
防滑砖	200	200	8~10	色彩:丰富多样 表面肌理:各种凹凸几何纹理	室内地面	通体砖居多
	300	300	8~10			
	600	600	8~10			
仿古地砖	—	—	—	同内墙砖列表	同内墙砖	同内墙砖列表
抛光砖	400	400	8	色彩:米黄、咖啡、赭石、灰色居多 表面肌理:表面光亮平滑,大多有仿石材或木材的纹理	用水房间外其他场所	通体砖的一种
	500	500	8			
	600	600	10			
	800	800	10~12			
	900	900	10~12			
	1 200	600	12~15			
	1 000	1 000	15~18			
	1 200	1 200	20			
玻化砖	400	400	—	色彩:白色、米黄、咖啡、灰色居多 表面肌理:表面光亮平滑,大多有仿石材或木材的纹理		外观接近抛光砖,但密度和硬度,较抛光砖高
	500	500	—			
	600	600	10			
	800	800	12			
	900	900	12			
	1 000	1 000	15			
锦砖(马赛克)	—	—	—		内外墙地面	详见外墙砖列表
微晶石地砖	—	—	—		内外墙地面	详见内墙砖列表

续表

类别或名称	常用规格尺寸/mm			品种或外观	适用范围	备　注
	长	宽	厚			
陶瓷广场砖	108	108	12	色彩:各种色彩 表面肌理:麻面居多	室内外地面	通体砖的一种
	150	150	12			
	200	200	12			
	300	300	14.5			
耐酸地砖	200	200	20~50	—	室内外地面	仅作特殊用途
	300	300	20~50			

3.3.7　陶瓦和琉璃瓦规格

陶瓦和琉璃瓦是建筑装饰工程常用材料之一,用于屋面、檐口或形似檐口的建筑构件。

(1)陶瓦

陶瓦是以黏土为材料,加入粉碎的沉积页岩成分高温煅烧而成的。类型有平瓦(图3.117)、鱼鳞瓦(图3.118)、筒瓦(图3.119)和S形瓦(图3.120)。

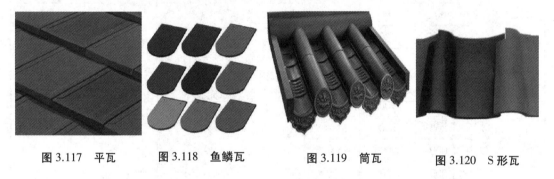

图3.117　平瓦　　　图3.118　鱼鳞瓦　　　图3.119　筒瓦　　　图3.120　S形瓦

陶瓦屋面主要的陶瓷构件,有脊瓦、盖瓦、底瓦、滴水和花沿等,详见表3.7。

(2)琉璃瓦规格

琉璃瓦是采用优质矿石原料,经过筛选粉碎,高压成型和高温烧制而成的建筑陶瓷。具有强度高、吸水率低、抗折、抗冻、耐酸、耐碱、永不褪色、永不风化等优点。我国元代时皇宫建筑大规模使用琉璃瓦,明代十三陵与九龙壁都是琉璃瓦建筑史上的杰作。琉璃瓦屋面常用的普通瓦件有:筒瓦、板瓦、勾头瓦、滴水瓦、罗锅瓦、折腰瓦、走兽、挑角、正吻、合角吻、垂兽、戗兽、宝顶等。

琉璃瓦的型号从大到小有:五样、六样、七样、八样、九样,要用多大型号的琉璃瓦,取决于建筑的用途、面积大小(古代还包括地位、身份、宗教)等。现在市场上常见的九样瓦,而饰兽等是根据所用瓦的型号配套使用的。

表 3.7　筒瓦陶瓷构件　　　　　　　　单位:mm×mm

名称	盖　瓦	底　瓦	滴　水	花　沿
筒瓦实样				
规格	1#300×180	1#350×280	1#370×280	1#300×180
	2#300×150	2#300×220	2#320×220	2#300×150
	3#260×130	3#290×220	3#280×200	3#260×130
	4#220×110	4#260×175	4#280×200	4#220×110
	5#160×80	5#210×120	5#210×120	5#160×80
	6#110×50	6#110×90	6#110×90	6#110×50

3.3.8　主要辅材

瓷砖铺贴时须用到一些重要的辅助材料,如粘结材料、防污染材料、填缝材料等。

1)粘结材料

(1)水泥砂浆

因价格低廉而广泛使用。

(2)瓷砖胶

瓷砖胶又称陶瓷砖黏合剂,主要用于粘贴瓷砖、面砖、地砖等陶瓷装饰材料,主要特点是粘结强度高、耐水、耐冻融、耐老化性能好,施工方便,适用于在混凝土、水泥砂浆等基层上粘贴瓷砖。

(3)云石胶

云石胶分为环氧树脂和不饱和树脂两种原料制作,不饱和树脂制作的云石胶可以在潮湿的环境中固化,云石胶的硬度、韧性、快速固化、抛光性、耐候、耐腐蚀等性能都较好。适用于在木基层上贴瓷砖。

(4)玻璃胶

玻璃胶适用于在木基层上贴瓷砖。

2)填缝剂

瓷砖存在热胀冷缩的问题,所以在铺贴时需要留有缝隙,铺贴完成后需要用填缝剂将其填满。常用的勾缝材料分为下述 3 种。

（1）白水泥

优点：便宜；缺点：变黑，发霉，脱落，不易擦洗清洁、颜色单一不美观。

（2）填缝剂（勾缝剂）

优点：颜色多变，防霉，粘结度高，不易脱落，清洗方便；缺点：彩色填缝剂使用后同白水泥一样，砖缝很易变脏。

（3）彩色美缝剂

优点：表面光洁、易于擦洗、方便清洁、防水防潮，避免卫生死角，可常保持原来的本色，并且在施工时不会污染瓷砖；使用美缝剂性价比最高。

3.3.9 替代材料

根据陶瓷的特点，以下材料也可替代陶瓷，以达到相似的效果。

（1）瓷釉涂料

一种装饰效果酷似瓷釉饰面的建筑涂料，其漆膜光亮、坚硬、丰满，酷似瓷釉，具有优异的耐水性、耐碱性、耐磨性、耐老化性，并且附着力极强。

（2）西德石

人造石中的西德石可以随意切割成不同形状、不同尺寸，既能将小块人造石像瓷砖一样拼贴，又可为墙面进行大面积无缝拼接。大比例的花卉和线条图案被镂刻在长条西德石上，能够带来独特的装饰效果。

（3）烤漆板

烤漆板是以密度板为基材，表面经过 6~9 次打磨，上底漆、烘干、抛光后高温烤制而成。可分亮光、亚光及金属烤漆 3 种。

（4）铝塑板

铝塑板是以经过化学处理的涂装铝板为表层材料，用聚乙烯塑料为芯材，在专用铝塑板生产设备上加工而成的复合材料，表面可以制成各种色彩和纹样。

3.4 玻璃

玻璃是现代室内装饰的主要材料之一。

玻璃制品由过去单纯作为采光和装饰功能的材料，逐渐向着控制光线、调节热量、节约能源、控制噪声、降低建筑自重、改善建筑环境和提高建筑艺术等多方面发展，具有高度装饰性和多种适用性的玻璃新品种不断出现，为室内装饰装修提供了更大的选择性。

3.4.1 装饰常用玻璃的分类

1）按玻璃的化学组成分类

①钠玻璃。又名钠钙玻璃或普通玻璃，因含有铁杂质而使其制品带有浅绿色。

②钾玻璃。含氧化钾。其硬度较大,光泽好,又称为硬玻璃。

③铝镁玻璃。含氧化镁和氧化铝。其力学性质、光学性质和化学稳定性都有所改善,用来制造高级建筑玻璃。

④铅玻璃。由氧化铅、氧化钾和少量氧化硅制成,易加工,光折射率和反射率较高,化学稳定性好。

⑤硼硅玻璃。又称耐热玻璃,是由氧化硼、氧化硅及少量氧化镁组成,具有较好的光泽和透明性,力学性能较强,耐热性、绝缘性和化学稳定性好。

⑥石英玻璃。石英玻璃是由纯净的氧化硅制成,具有很强的力学性质,热性质、光学性质、化学稳定性也很好,并能透过紫外线。

2)按制品结构与性能分类

(1)平板玻璃

①普通平板玻璃:包括普通平板玻璃、浮法玻璃等。

②表面经过加工的平板玻璃:包括磨光玻璃、磨砂玻璃、喷砂玻璃、磨花玻璃、压花玻璃、冰花玻璃(冰裂玻璃,图3.121)、蚀刻玻璃(图3.122)等。

③掺入特殊成分的平板玻璃:包括彩色玻璃、吸热玻璃、光致变色玻璃、太阳能玻璃等。

④夹物平板玻璃:包括夹丝玻璃(图3.123)、夹层玻璃、电热玻璃等。

⑤复层平板玻璃:普通镜面玻璃、镀膜热反射玻璃、激光玻璃、涂层玻璃、覆膜(覆玻璃贴膜)玻璃等。

(2)玻璃制成品

①平板玻璃制品:包括钢化玻璃、中空玻璃、玻璃磨花、雕花、彩绘、弯制等制品及幕墙、门窗制品。

②不透明玻璃制品和异型玻璃制品:包括玻璃锦砖(马赛克)、玻璃实心砖、玻璃空心砖、水晶玻璃制品、玻璃微珠制品、玻璃雕塑等。

③玻璃绝热、隔音材料:包括泡沫玻璃和玻璃纤维制品等。

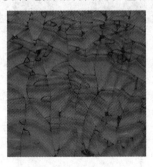  

图3.121　冰花玻璃　　　　图3.122　夹丝玻璃　　　　图3.123　蚀刻玻璃

3.4.2　玻璃的特点

1)玻璃的表面特征

玻璃制品表面光滑,可成像,有反射,透光性好。

2)玻璃的理化特征

玻璃制品抗压强度好,但是属于脆性材料,易损坏。其硬度较高,对其进行切割时需要根据玻璃硬度的不同选择相应的加工工具和方法。玻璃具有高度透明的性能,可以有效地防止紫外线。玻璃制品一般承受不了温度的急剧变化,除非是特种玻璃。在一般情况下,玻璃的化学性质较稳定,耐酸腐蚀性较高,但是耐碱腐蚀性较差,若长期经受日晒雨淋,会失去光泽,需要经常保养。

3.4.3　平板玻璃

1)产品规格

厚度:浮法玻璃按厚度(mm)分为3,4,5,6,8,10,12七类,如图3.124所示。

3 mm 厚普通平板玻璃的长宽尺寸(mm)主要有 1 200×1 100、1 200×1 500、1 000×1 500。4 mm 和 5 mm 主要有 2 000×1 500、2 100×1 650、2 200×1 650、2 200×1 800。

浮法玻璃有 2 000×1 500、2 100×1 500、2 200×1 650、2 440×1 650、2 540×1 830、3 050×1 830、3 050×2 440、3 210×2 440、3 300×2 440、3 300×2 600、3 300×2 800、3 660×2 440、3 660×2 600、3 660×2 800 等,如图3.125所示。

图 3.124　平板玻璃　　　　　　　　图 3.125　工程用平板玻璃

2)应用

主要用作交通工具的门窗风挡玻璃,建筑物的门窗玻璃,制镜玻璃以及玻璃深加工原片。

3.4.4　钢化玻璃

1)钢化玻璃的特性

具有良好的机械性能玻璃和耐热冲击性能,又称为强化玻璃。

钢化玻璃是将普通玻璃先切割成需要的形状和大小,然后加热到接近软化点的700 ℃左右,再快速均匀地冷却而制成的,制成后不能再进行切割和钻孔等加工。

钢化玻璃不易破碎,一旦破碎时会出现网状裂纹(图3.126),或分解为细小碎粒(图

3.127),不会伤人,故又称安全玻璃。在装饰工程,常用来制作门窗、幕墙、隔断和栏板等,如图 3.128 所示。

图 3.126 钢化玻璃裂纹

图 3.127 钢化玻璃破碎以后

图 3.128 钢化玻璃的利用

钢化玻璃的耐热冲击性能很好,最大的安全工作温度为 287.78 ℃,并能承受 204.44 ℃ 的温差。故可用来制造高温炉门上的观测窗、辐射式气体加热器和干燥器等。

2)钢化玻璃的常用种类

钢化玻璃有普通钢化玻璃、钢化吸热玻璃、磨光钢化玻璃等品种。其制品有平面钢化玻璃、弯钢化玻璃、半钢化玻璃和区域钢化玻璃等。

3.4.5 夹层玻璃

1)夹层玻璃的特性

夹层玻璃是两片或多片平板玻璃之间嵌夹透明塑料薄片,经加热、加压,粘合而成的平直或弯曲的复合玻璃制品。

夹层玻璃的抗冲击性比普通平板玻璃高出几倍。玻璃破碎时不裂成碎块,仅产生辐射状裂纹和少量玻璃碎屑,而且碎片仍粘贴在膜片上,不致伤人。因此夹层玻璃也属于安全玻璃,如图 3.129 所示。

夹层玻璃的透光性好,如 2 mm+2 mm 厚玻璃的透光率为 82%。夹层玻璃还具有耐久、耐热、耐湿、耐寒等性质。

生产夹层玻璃的厚片可以采用普通平板玻璃、浮法玻璃、钢化玻璃、彩色玻璃、吸热玻璃和热反射玻璃等。常用的热塑性树脂薄片为聚乙烯醇宿丁醛(PVB)等。此外,还有一些比较特殊的如彩色中间膜夹层玻璃、SGX 类印刷中间膜夹层玻璃、XIR 类 LOW-E 中间膜夹层玻璃等。在夹层玻璃内,还可加入其他材料,如内嵌装饰件(图 3.130)的玻璃和夹丝玻璃(图 3.131)等。

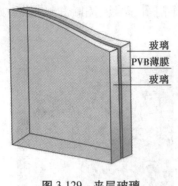

图 3.129　夹层玻璃

图 3.130　内嵌装饰件

图 3.131　夹有植物纤维的玻璃

2)夹层玻璃的种类和应用

夹层玻璃的品种很多,有减薄夹层玻璃、遮阳夹层玻璃、电热夹层玻璃、防弹夹层玻璃、玻璃纤维增强夹层玻璃、报警夹层玻璃、防紫外线夹层玻璃、隔音夹层玻璃等。

夹层玻璃主要用作汽车和飞机的风挡玻璃、防弹玻璃以及有特殊安全要求的建筑物的门窗、隔墙、工业厂房的天窗等。

3.4.6　中空玻璃

1)中空玻璃的特性

中空玻璃由两层或两层以上的平板玻璃原片构成,四周用高强度气密性复合胶黏剂将玻璃及铝合金框和橡皮条、玻璃条粘结、密封,中间充入干燥气体,还可以涂上各种颜色或不同性能的薄膜,框内充以干燥剂,以保证玻璃原片间空气的干燥度。中空玻璃的主要功能是隔热隔声,所以又称为绝缘玻璃,一般可降低噪声 30~40 dB,如图 3.132 所示。

玻璃原片可以采用普通平板玻璃、钢化玻璃、压花玻璃、热反射玻璃、吸热玻璃和夹丝玻璃等。其加工方法分为胶接法、焊接法和熔接法。

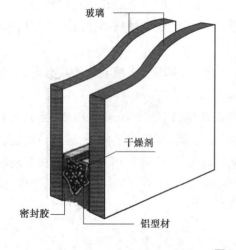

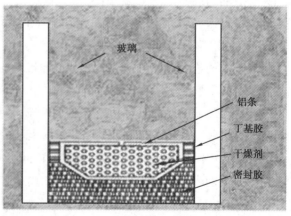

图 3.132　中空玻璃

2)中空玻璃的应用

中空玻璃广泛应用于高级住宅、饭店、宾馆、办公楼、学校、医院、商店等需要室内空调的场合,也可以用于汽车、火车、轮船的门窗等处,如图 3.133、图 3.134 所示。

图 3.133　中空玻璃屋顶　　　　　　　　图 3.134　中空玻璃门窗

3.4.7　热反射玻璃(镀膜玻璃)

热反射玻璃是将平板玻璃经过深加工处理得到的一种新型玻璃制品,主要是在玻璃表面形成金属膜。它既具有较高的热反射能力,又保持了平板玻璃的透光性,具有良好的遮光性和隔热性能,色彩品种丰富,如图 3.135 所示。

1)热反射玻璃(镀膜玻璃)的特性

(1)对太阳辐射能的反射能力较强

普通平板玻璃的太阳能辐射反射率为 7%~10%,而热反射玻璃高达 25%~40%。

(2)遮阳系数小

能有效阻止热辐射,具有一定的隔热保温的效果。

(3)单向透视性

其是指热反射玻璃在迎光的一面具有镜子的特性,而在背光的一面则具有普通玻璃的透明效果。

(4)可见光透过率低

6 mm 厚热反射玻璃的可见光透过率比相同厚度的浮法玻璃减少 75%以上,比吸热玻璃也减少 60%。

2)热反射玻璃(镀膜玻璃)的应用

热反射玻璃在应用时应注意以下几点:一是安装施工中要防止损伤膜层,电焊火花不得落到薄膜表面;二是要防止玻璃变形,以免引起影像的"畸变";三是注意消除玻璃反光可能造成的不良后果。

镀膜玻璃主要用于建筑的幕墙,如天津某建筑,采用 24 K 金镀膜的玻璃做幕墙,如图3.136 所示。

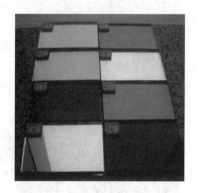

图 3.135　镀膜玻璃　　　　　　　图 3.136　镀膜玻璃幕墙

3.4.8　吸热玻璃

既能保持较高的可见光透过率,又能吸收大量红外辐射的玻璃称为吸热玻璃。

吸热玻璃按颜色分为灰色、茶色、绿色、古铜色、金色、棕色和蓝色等(图3.137);按成分分为硅酸盐吸热玻璃、磷酸盐吸热玻璃、光致变色玻璃和镀膜玻璃等。吸热玻璃具有下述特性。

(1)吸收太阳光辐射

如6 mm蓝色吸热玻璃能挡住50%左右的太阳辐射能,如图3.138所示。

(2)吸收可见光

如6 mm普通玻璃可见光透过率为78%,同样厚度的

图 3.137　吸热玻璃

古铜色玻璃仅为26%。吸热玻璃能使刺目的阳光变得柔和,起到反眩作用。特别在炎热的夏天能有效地改善室内光照,使人感到舒适凉爽。

(3)吸收太阳光紫外线

能有效减轻紫外线对人体和室内物品的损害。

(4)具有一定的透明度

能清晰地观察室外的景物。

(5)玻璃色泽经久不变

吸热玻璃已广泛用于建筑工程的门窗或外墙以及车船的风挡玻璃等,起到采光、隔热、防眩作用。

吸热玻璃还可按不同的用途进行加工,制成磨光玻璃、钢化玻璃、夹层玻璃、镜面玻璃及中空玻璃等玻璃深加制品,还可制成不同色彩的品种,如图3.139所示。

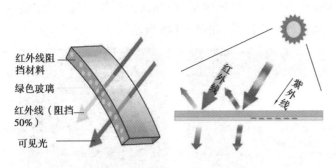

图 3.138　吸热玻璃的特性

图 3.139　吸热玻璃的色彩

3.4.9　玻璃马赛克

1)玻璃马赛克的特点

色泽丰富,呈透明或半透明状(图 3.140),质地坚硬,具有耐热、耐寒和防水特点,产品一般采用牛皮纸组成 0.3 m×0.3 m 的板块(图 3.141),施工方便,在现场采用白水泥白砂(石英砂)浆粘贴,能保持色彩的纯正。

2)玻璃马赛克的应用

玻璃马赛克适用于宾馆、医院、办公楼、礼堂、住宅等建筑的装饰,如图 3.142 所示。

图 3.140　玻璃马赛克

图 3.141　玻璃马赛克板块

图 3.142　玻璃马赛克的应用

3.4.10　其他品种玻璃

1)磨砂玻璃

磨砂玻璃又称为毛玻璃,它是将平板玻璃的表面经机械喷砂、手工研磨或用氢氟酸溶蚀等方法处理成均匀毛面而成。由于表面粗糙,只能透光而不能透视(图 3.143),多用于需要隐秘或不受干扰的房间,如浴室、卫生间和办公室的门窗隔断(图 3.144)等,也可用作黑板。

2)压花玻璃

压花玻璃又称为滚花玻璃,是在平板玻璃硬化前用带有图案的滚筒压制而成的。表面凹凸不平而产生折射,可使室内光线柔和,且有一定的装饰效果,也能减少视线干扰。常用于办公室、会议室、浴室及公共场所的门窗和各种室内隔断,如图 3.145 所示。

图 3.143　磨砂玻璃　　　　　图 3.144　磨砂玻璃用作隔断　　　　图 3.145　压花玻璃

3)夹丝玻璃

将编织好的钢丝网压入已软化的玻璃即制成夹丝玻璃。这种玻璃的抗折强度高,抗冲击能力和耐温度剧变的性能比普通玻璃好。破碎时其碎片附着在钢丝上,不致飞出伤人,常用于公共建筑的走廊、防火门、桑拿浴室、厂房天窗及各种采光屋顶等,如图 3.146 所示。

4)光致变色玻璃

光致变色玻璃也称变色玻璃,是在玻璃中加入卤化银,或在玻璃与有机夹层中加入铝和钨的感光化合物。光致变色玻璃受太阳或其他光线照射时,颜色随着光线的增强而逐渐变暗;照射停止时又恢复原来的颜色。目前,光致变色玻璃的应用已从眼镜片开始向交通、医学、摄影、通信和建筑领域发展,如图 3.147 所示。

5)泡沫玻璃

泡沫玻璃是以玻璃碎屑为原料,加少量发气剂,经发泡炉发泡后脱模退火而成的一种多孔轻质玻璃。其孔隙率可达 80%~90%,气孔多为封闭型的,孔径一般为 0.1~5.0 mm。特点是热导率低,机械强度较高,表观密度小于 160 kg/m³。不透水、不透气,能防火,抗冻性强,隔声性能好。可锯、钉、钻,是良好的绝热材料,可用作墙壁、屋面保温,或用于音乐室、播音室的隔声等,如图 3.148 所示。

图 3.146　夹丝玻璃　　　　　图 3.147　光致变色玻璃　　　　　图 3.148　泡沫玻璃

6)激光玻璃

激光玻璃是以平板玻璃为基材,采用高稳定性的结构材料,经特殊工艺处理,从而构成全息光栅或其他图形的几何光栅(图 3.149)。在同一块玻璃上可形成上百种图案,也可制成颗粒状(图 3.150)。

激光玻璃的特点在于,当其处于任何光源照射下时,都将因衍射作用而产生色彩的变化;而且,对于同一受光点或受光面而言,随着入射光角度及人的视角的不同,所产生的光的色彩及图案也将不同。

7)玻璃砖

玻璃砖又称特厚玻璃,分为实心砖和空心砖两种。实心玻璃砖是用熔融玻璃采用机械模压制成的矩形块状制品。空心玻璃砖(图 3.151)是由箱式模具压成凹形半块玻璃砖,然后再将两块凹形砖熔结或粘结而成的方形或矩形整体空心制品。

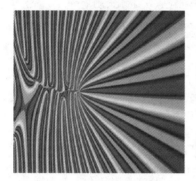  

图 3.149　平板激光玻璃　　　图 3.150　颗粒激光玻璃　　　图 3.151　中空玻璃砖

常见规格(mm)为 190×190×80,190×190×95,145×145×95 等。

玻璃砖用于建造隔墙和隔断,以及楼梯间、门厅、通道等和需要控制透光、眩光和阳光直射的场合。

3.4.11　装饰玻璃纤维制品

1)玻璃纤维简介

玻璃纤维用制造玻璃的原料,经高温熔化后,用特殊机具拉制或用压缩空气、高压蒸汽喷吹、离心成型等方法制成的玻璃态纤维或丝状物,如图 3.152 所示。

玻璃纤维具有容重小,导热系数低,吸声性好、过滤效率高、不燃烧、耐腐蚀等优良性能,用其长纤维可织成玻璃纤维贴墙布(图 3.153),玻璃纤维布经树脂粘结热压后制成玻璃钢装饰板,玻璃棉经热压加工制成玻璃棉装饰板,如图 3.154 所示。

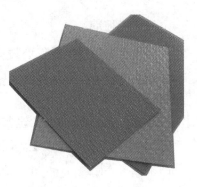

图 3.152　玻璃纤维　　　　　图 3.153　玻璃纤维布　　　　图 3.154　玻璃纤维装饰板

2）玻璃纤维贴墙布

玻璃纤维贴墙布以玻璃纤维布为基材，表面涂以耐磨树脂，印以彩色图案而成。其色彩鲜艳，花样繁多，是一种优良饰面材料。在室内使用时，具有不褪色、不老化、耐腐蚀、不燃烧、不吸湿等优良特性，而且易于施工，可刷洗，适用于建筑、车船等内室的墙面、顶棚、梁柱等贴面装饰用，如图 3.155 所示。

3）玻璃棉装饰吸声板

玻璃棉装饰吸声板以玻璃棉为主要原料，加入适量的胶黏剂、防潮剂、防腐剂等，经热压成型加工而成的板材。

玻璃棉装饰吸声板具有质轻、吸声、防火、隔热、保温、美观大方、施工方便等特点，用于影剧院、会堂、音乐厅、播音室、录音室等可以控制和调整室内的混响时间，消除回声，改善室内音质，提高语音清晰度，如图 3.156 所示。可用于旅馆、医院、办公室、会议室、商场以及吵闹场所，如工厂车间、仪表控制间、机房等，可以降低室内噪声级，改善生活环境与劳动条件。

图 3.155　玻璃纤维贴墙布　　　　　　　图 3.156　玻璃棉装饰吸声板

3.5　装饰织物

装饰织物材料是指在建筑室内外装饰工程中用到的以动植物纤维、矿物纤维及合成纤维为原料的纺织制品,装饰性很强的饰面型材料。

3.5.1 装饰织物材料概述

1)装饰织物材料的分类

①按照使用部位与用途,装饰织物材料可分为墙面装饰织物、地面铺设装饰织物、幕帘、家具装饰织物及其他装饰织物工艺品。

墙面装饰织物主要指各种墙布;地面铺设装饰织物主要指地毯;幕帘包括挂置于门、窗、墙面等部位的织物,也可用作分割室内空间的帷幕,具有隔音、遮蔽、美化环境等作用。常用的幕帘有薄型窗纱,中、厚型窗帘,垂直帘,横帘,卷帘,帷幔等。家具装饰织物是覆盖于家具之上的织物,具有保护和装饰的双重作用,主要有沙发布、沙发套、椅垫、椅套、台布、台毯等。其他装饰织物工艺品包括床上用品、卫生盥洗类纺织品、餐厨用品类纺织品、纤维工艺美术品,等等。

②按照织物原料来看,装饰织物材料可以分为天然纤维材料和化学纤维材料。

天然纤维主要包括毛、麻、丝、棉等动植物纤维;化学纤维又称为人造纤维,主要包括涤纶、腈纶、丙纶、锦纶等纤维,还有人造棉、丝、毛等。

天然纤维材料环保,富有弹性、耐磨耐久性好,耐污,不易带电,但是易被虫蛀,价格较高。化学纤维资源广泛,价格较低,且性能优越。不断的技术进步,使化学纤维的外观性能和理化性能都有了很大的改进,不仅在光泽手感方面具有天然纤维的特点,而且在吸湿、透气、印染等方面都具有良好的性能。

2)装饰织物材料的表面特征

织物装饰材料的色彩丰富、图案变化多样,纹理各色各样,可触、可视性皆很强,极富装饰性;质感柔软舒适,给人以温馨的生理感受;具有高贵、华丽、美观的装饰效果,产生柔和、温馨、浪漫、安静的空间氛围。

3)织物装饰材料的理化特征

装饰织物质量轻,孔隙多,具有良好吸声性;导热系数低、保温性好;吸湿性强,容易产生褶皱、起边,在一定程度上易被污染;防火性能低,燃烧性能属于 B2 级可燃材料,合成纤维还会产生大量有毒气体;使用织物装饰材料时,需要做相应的防火阻燃、防霉等处理。

3.5.2 地毯

1)地毯的分类与等级

①地毯的分类具体详见表3.8。
②地毯的等级:
a.轻度家用级:适用于不常使用的房间。

表 3.8 地毯的分类

分类方法	种　类
按图案	京式地毯、美术式地毯、东方式地毯、彩花式地毯、素凸地毯、古典地毯
按材质	纯毛地毯、混纺地毯、合成纤维地毯、塑料地毯、植物纤维地毯
按绒面结构	簇绒地毯、圈绒地毯
按织造方法	手工编织地毯、机织地毯、栽绒地毯、针扎地毯、粘结地毯、静电植绒地毯
按幅面形状规格	方块毯、条幅式卷毯
按铺贴方式	活动式地毯、固定式地毯

b.中度家用或轻度专业使用级:可用于主卧室和餐室等。

c.一般家用或中度专业使用级:起居室、交通频繁部分楼梯、走廊等。

d.重度家用或一般专业使用级:家中重度磨损的场所。

e.重度专业使用级:家庭一般不用,用于客流量较大的公用场合。

f.豪华级:通常其品质至少相当于 3 级以上,毛纤维加长,豪华气派。

2)地毯的性能与规格

地毯质地丰满,外观华美,装饰效果好。地毯在室内空间中所占面积较大,影响室内装饰风格的基调。选用不同花纹、不同色彩的地毯,能造成各具特色的环境气氛。

地毯纤维保温性能良好,具有良好的蓄热功能,以减少室内通过地面散失的热量,使人感到温暖舒适。地毯织物纤维之间的空隙具有良好的调节空气湿度的功能,当室内湿度较高时,它能吸收水分;室内较干燥时,空隙中的水分又会释放出来,使室内湿度得到一定的调节平衡,令人舒爽怡然。

地毯的丰厚质地与毛绒簇立的表面具备良好的吸音效果,减少脚步声及家具移动的声音,降低噪声影响,形成一个宁静的室内环境。地毯富有弹性,厚实、松软,行走时会产生较好的回弹力,脚感舒适柔软。

地毯易被污染和损坏,大型的卷毯不易更换及清洗。

3)不同材质地毯的性能差异

不同材质地毯的性能差异见表 3.9。

4)规格尺寸

我国生产的条幅式卷毯:幅宽一般为 3 660~4 000 mm,长度一般为 20 m 以上;方块毯规格(mm)有 500×500、600×600、914×914 等几种。

固定式地毯在铺设时,虽然可以拼接,但接缝太多会影响铺贴效果,同时也会造成较大损耗和浪费。因此设计时,应根据房间的尺寸、卷毯的幅宽、方块毯的铺法制作排版设计图,以指导现场施工。

表3.9 地毯的材料及特性

特性＼材料	羊毛	蚕丝	黄麻	腈纶	棉纶	丙纶	涤纶
耐磨性	好	好	好	较好	好	较好	好
弹性	好	一般	一般	较差	一般	差	好
绒头强度（产生毛球难易）	不易起球	不易起球	不易起球	易产生毛球，易起球	毛头易缠结	易产生毛球，易起球	不易起球
耐污性	好	一般	好	较差	差	差	好
去污性	好	一般	好	易去污	一般	一般	较差
带电性	不易带电	不易带电	不易带电	易带电	易带电	一般	易带电
燃烧性	不易燃烧	不易燃烧	不易燃烧	易燃熔化	易燃熔化	易燃熔化	易燃熔化
防蛀性	一般	好	好	好	好	好	好

5）地毯的应用

地毯由于优越的装饰性能及吸音性能,常用于住宅、宾馆客房、办公室、会议室、宴会厅以及有较高吸音要求的演播室、录音室等空间。不宜用在人流量较大、易被污染和损坏的空间中。

①不同材质地毯的应用:通常公共空间可以选择化纤等便于清洗和保养的地毯,而私人空间可以选择厚重、舒适的羊毛地毯(图3.159)。

纯毛地毯纤维长,拉力大,弹性好,有光泽,纤维稍粗而且有力。此类地毯手感柔和、质地相对厚实、颜色和图案丰富,同时具有良好的保暖性和隔音效果。其缺点是不易清洁,容易隐藏细菌,再加上此类地毯价格昂贵,所以使用面积一般不大,通常用于私密空间或者较为高档的场所。

化纤地毯(图3.158)生产加工方便,价格低廉,同时耐磨、耐污、防火阻燃。但缺点是弹性不够好,易产生静电。这类地毯一般用于办公空间。

混纺地毯(图3.157)在图案、质地、脚感等方面类似于纯毛地毯,但是其耐磨性、防污性以及防燃性均优于纯毛地毯,所以应用最为广泛。

橡胶地毯(图3.160)价格低廉,弹性好,耐水、防滑、易清洗,常用于卫生间、游泳池、计算机房、防滑走道等容易出水的场所。

②不同绒面结构地毯的应用:地毯的绒面结构有植绒地毯、簇绒地毯和圈绒地毯等。

图 3.157　混纺地毯　　　　　　　　　图 3.158　化纤地毯

图 3.159　羊毛地毯　　　　　　　　　图 3.160　橡胶地毯

植绒地毯是将长度为 0.03~0.5 cm 的短纤维垂直固定于涂有黏合剂的基层,立体感强、颜色鲜艳、手感柔和、豪华高贵。簇绒地毯的绒面结构呈绒头状,绒面细腻,触感柔软,绒毛长度一般为 5~30 mm。绒毛短的地毯耐久性好,步行轻捷,实用性强,但缺乏豪华感,舒适弹性感也较差。绒毛长的地毯柔软丰满,弹性与保暖性好,脚感舒适,具有华美的风格。地毯的选用,详见表 3.10。

表 3.10　不同绒面结构地毯适用场所

名　称	适用场所
高簇绒	居室、客房
低簇绒	公共场所
粗毛高簇绒	公共场所
粗毛低簇绒	居室或公共场所
一般圈绒	公共场所
高低圈绒	公共场所
圈绒、簇绒结合式	居室或公共场所
切绒	居室、客房

绒圈地毯的绒面由保持一定高度的绒圈组成,其具有绒圈整齐均匀,毯面硬度适中而光滑,行走舒适,耐磨性好,容易清扫的特点,适用于步行量较多的地方铺设。若在绒圈高度上进行变化,或将部分绒圈加以割绒,就可显示出图案,花纹含蓄大方,风格优雅。

3.5.3 墙布

墙布采用各类布面作表面材料,施以印花或轧纹浮雕,也有以大提花织成。所用纹样多为几何图形和花卉图案(图3.161、图3.162)。

图3.161 墙布材料

图3.162 墙布材料

1)墙布的分类

按照材质,包括黄麻墙布、棉纺墙布、丝绸墙布、呢料装饰墙布、化纤墙布、玻璃纤维墙布、静电植绒墙布、植物纺织墙布。按照表面效果,可分为印花墙布、压纹墙布、提花墙布、无纺墙布、仿麂皮绒墙布、发光墙布等。按照功能,可分为阻燃墙布、防静电墙布、防霉墙布、防水防油墙布、防污墙布、多功能墙布。按底基材料,大致可分为纸底、胶底、浆底、针刺棉底。

不同种类的墙布的特点详见表3.11。

表3.11 墙布种类特点对比表

名 称	定 义	特 点	用 途
玻璃纤维墙布	以中碱玻璃纤维布为基材,表面涂覆耐磨树脂,再进行印花等工序加工制成	有布纹质感、耐火、耐潮、不易老化不足之处在于:盖底能力稍差,涂层被磨破后会散出少量纤维影响美观(图3.209)	可掩盖基层裂缝等缺陷,最适宜用于轻质板材基面的裱糊装饰;由于该材料具有优良的自熄性能,故适宜用于防火要求高的建筑室内
化纤装饰墙布	以化学纤维为基材,经加工处理后印花而成	无毒、无味、透气、防潮、耐磨、无分层	其应用技术与PVC壁纸基本相同(图3.198)
棉质装饰墙布	采用纯棉平布经过前处理、印花、涂层等加工制成	无毒、无异味,吸声、耐擦拭、静电小、强度大,色彩及花型美观大方	适用于高级装饰工程(图3.199)

续表

名　称	定　义	特　点	用　途
无纺墙布	采用棉、麻等天然纤维或涤纶等合成纤维,经无纺成型、涂布树脂以及印花等加工制成	具有一定的透气性和防潮性,且裱糊方便;擦洗不褪色,且富有弹性,不易折断;纤维不易老化和散失,具有色彩鲜艳、图案雅致、表面挺括等特点	适用于各种建筑室内裱糊工程,其中涤纶棉无纺墙布尤其适宜高级宾馆及住宅的装饰(图 3.200)

2)墙布的规格

墙布的规格比较复杂。墙布一般成卷生产,每卷长度 10~50 m 不等;幅宽则在不同类型墙布之间差异较大。纸基布面墙布幅宽同普通墙纸,一般为 530 mm;化纤墙布幅宽 820~840 mm;丝绸、呢料墙布及大多数进口墙布幅宽 1 370 mm;植物纺织墙布幅宽一般为 960 mm;根据工程需要,现在也有很多棉纺墙布、化纤墙布等幅宽加工为 2 700,2 800,3 000 mm 等尺寸。

设计中应注意墙面造型的位置及尺寸与选用墙布的规格相适应,以降低损耗,节约墙布。植物纤维壁纸由于接缝明显,还应注意其排版方向与造型的关系。

3)墙布的性能与应用

墙布具有款式丰富、色彩缤纷、肌理鲜明、质感柔和、吸音透气、不易爆裂、裱贴简单、更换容易和可用水清洗等优点,并已制成了阻燃、隔热、保温、吸音、隔音、抗菌、防霉、防水、防油、防污、防尘、抗静电等环保的多功能产品。墙布的装饰性主要体现的是文化,功能性方面体现的则是多功能的聚合所表现的安全环保、节能低碳。墙布的色彩、图案、质感都可以通过精心设计,更加适应各种环境的需要和满足各层次的现代人群的审美观,从而为人们营造出豪华、温馨、舒适、健康的环境。因此,广泛用于各种建筑室内空间的墙面及吊顶饰面。

墙布施工简便,效率高,可在经找平、封闭处理的水泥砂浆、混凝土、石膏板、胶合板、纤维板及石棉水泥板等多种基层上粘贴。

墙布既可直接粘贴,也可制作软包造型。

(1)棉纺墙布

棉纺墙布是将纯棉平布经过前处理、印花、涂层制作而成。这种墙布强度大,静电小,蠕变小,无味,无毒,吸音,花型繁多,色泽美观大方。用于宾馆、饭店等公共建筑及较高级的民用住宅的装修。

(2)无纺墙布

无纺贴墙布是采用棉、麻等天然纤维或涤纶、腈纶等合成纤维,经过无纺成型、上树脂、印花而成的一种新型墙布。这种贴墙布挺括、有弹性、不易折断、耐老化、对皮肤无刺激作用、色彩鲜艳,粘贴方便,具有一定的透气性和防潮性,能擦洗而不褪色。无纺贴墙布适用于各种建筑物的内墙装饰。其中,涤纶棉无纺贴墙布还具有质地细洁、光滑等特点,尤其适用于高档宾馆及住宅的装修。

（3）化纤墙布

化纤墙布是以涤纶、腈纶、丙纶等化纤布为基材,经处理后印花而成。这种墙布具有无毒、无味、透气、防潮、耐磨、无分层等特点,适用于各类建筑的室内装修。

（4）植物纤维墙布

用扁草、竹丝或麻皮条等经漂白或染色再与棉线交织后同基纸贴合制成的植物纤维墙布,具有阻燃、吸音、散潮湿、不吸气、不变形等特点。并具有自然、古朴、粗犷的大自然之美,给人以置身于自然原野之中的感觉,适用于会议室、接待室、影剧院、酒吧、舞厅、饭店、宾馆、商店橱窗的装饰。

（5）特殊效果墙布

采用玻璃纤维或者矿物棉纤维纺织而成的防火墙纸。这类墙纸有一部分是添加了一定量的荧光剂,在夜间会发光。另外还有一种是采用吸光的印墨,白天时能吸收光能,夜间便能散发光芒。其优点是耐摩擦、耐清洗、耐高温、印花效果多样且能在夜间发光等。

（6）绸缎、丝绒、呢料装饰墙布

此类墙布属于高级墙布(图3.163—图3.169),装饰出的场景显得富贵且华丽。其特点是温暖感十足、吸声和保暖效果好,但是由于其原料的特别,施工过程较为复杂,不易清洗。

图3.163　化纤墙布　　　　　图3.164　植物墙布　　　　　图3.165　棉纺墙布

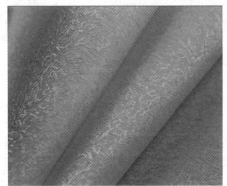

图3.166　玻璃纤维墙布　　　　　　图3.167　化纤装饰墙布效果

图 3.168　棉质装饰墙布

图 3.169　无纺墙布

3.5.4　墙纸

墙纸又名"壁纸",根据其使用材质的不同,可分为纸质壁纸、塑料壁纸、织物壁纸、金属壁纸、特殊功能壁纸等。壁纸具有色彩图案丰富、装饰效果气派、施工操作方便、安全环保、价格适宜等特点,在各个国家、地区以及场所中得到相当普遍的应用(图 3.170、图 3.171)。

图 3.170　墙纸材料

图 3.171　墙纸装饰效果

1)主要特点

不同材质的墙纸的特点及用途详见表 3.12。

表 3.12　墙纸种类特点对比表

名　称	定　义	特　点	用　途
塑料壁纸	以纸或布为基材,再以聚乙烯树脂、聚氯乙烯树脂、聚醋酸乙烯树脂、聚丙烯树脂等为面层,经印花、压花、发泡等工艺制成。有普通型、发泡型、功能型之分,且拥有众多花色品种,如浮雕装饰型(仿瓷砖、仿皮革、方织物、仿文化墙、仿碎拼大理石等外观效果)等	具有一定的伸缩性和抗裂强度,且耐折、耐磨、耐老化,装饰效果好。缺点是某些品种会散发异味,遇火产生具有一定危害的烟。发泡壁纸有发泡印花、低发泡印花和高发泡印花等品种,比普通壁纸显得厚实、松软。其中低发泡壁纸是在发泡平面上印有花纹图案,具有形如浮雕、木纹等效果;高发泡壁纸表面呈凹凸状且富有弹性,对声波有发散、吸收功能	适用于各种建筑物的内墙、天棚、梁柱等贴面装饰(图 3.172)

名　称	定　义	特　点	用　途
纸质壁纸	将表层纸和基层纸通过施胶、层压后复合到一起,再经印刷、压花、涂布等工艺制成	造价低,无异味,火灾事故发烟低,不产生有毒有害气体。该类产品耐水刷洗、透氧性好,可适当调节室内温度,且具有多种花色品种	适用于宾馆、饭店、办公室、民用住宅的室内装饰(图3.173、图3.174)
织物壁纸	由棉、毛、麻、丝等天然纤维、化学纤维制成各种花色的粗细纱或织物与纸质基材复合而成;亦包括用扁草、竹丝、麻条与棉线交织后同纸基贴合制成的植物纤维壁纸	大部分品种具有无毒、环保、吸声、透气及一定的调湿和保温功效,饰面视觉效果独特,尤其是天然纤维的质感淳朴、生动。缺点是防污及可擦洗性能较差,易受机械损伤,保养要求较高	适用于宾馆、饭店等重要房间以及接待室、会议室、商用橱窗等室内墙面装饰(图3.175)
金属壁纸	主要是以铝箔为面层,并与纸质基材复合的壁纸产品。其表面可进行各种处理,亦可印花或压花	壁纸表面具有金属饰面质感(如镜面不锈钢和黄铜等)以及鲜明的光泽效果,且耐老化、耐擦洗、抗玷污,使用寿命长	用于酒吧、宾馆、多功能厅顶棚面、柱面等局部,与其他饰面配合进行贴覆装饰(图3.176)
特殊功能壁纸	具有某种独特性能的塑料墙纸	耐水墙纸:聚氯乙烯是一种防水材料,采用玻璃纤维基层,增强其防水性能。防火墙纸:用石棉纸为基层,同时在面层PVC涂塑材料中掺和阻燃剂,具有一定的防火性能。防霉墙纸:PVC树脂加入防霉剂	耐水墙纸:卫生间、浴室等室内装修。防火墙纸:有防火要求的室内或未经防火处理的木材、塑料的表面。防霉墙纸:易潮湿部位

图 3.172　塑料壁纸

2)规格及质量要求

根据国家标准《聚氯乙烯壁纸》(GB 8945)中的规定,每卷壁纸的长度为 10 m 者,每卷为 1 段;每卷壁纸的长度为 50 m 者,其每卷的段数及每段长度应符合表 3.13 中的要求。墙纸的幅宽一般为 530 mm。

图 3.173　纸质壁纸

图 3.174　纸质壁纸装饰效果

图 3.175　织物壁纸

图 3.176　金属壁纸

表 3.13　50 m/卷壁纸的每卷段数及段长

级　别	每卷段数	每小段长度
优等品	≤2 段	≥10 m
一等品	≤3 段	≥3 m
合格品	≤6 段	≥3 m

塑料壁纸的外观质量要求应符合表 3.14 中的要求;塑料壁纸的物理性能应符合表 3.15中的规定。

表 3.14　塑料壁纸的外观质量要求

缺陷名称	等级指标		
	优等品	一等品	合格品
色差	不允许有	不允许有明显差异	允许有差异,但不影响使用
伤痕和皱褶	不允许有	不允许有	允许基纸有明显折痕,但壁纸表面不许有死折
气泡	不允许有	不允许有	不允许有影响外观的气泡
套印精度偏差	偏差≤0.7 mm	偏差≤1 mm	偏差≤2 mm
露底	不允许有	不允许有	允许有 2 mm 的露底,但不允许密集
漏印	不允许有	不允许有	不允许有影响外观的漏印
污染点	不允许有	不允许有目视明显的污染点	允许有目视明显的污染点,但不允许密集

表 3.15　塑料壁纸的物理性能要求

项　目			等级指标		
			优等品	一等品	合格品
褪色性(级)			>4	≥4	≥3
耐摩擦色牢度试验(级)	干摩擦	纵向横向	>4	≥4	≥3
	湿摩擦	纵向横向	>4	≥4	≥3
遮蔽性(级)			4	≥3	≥3
湿润拉伸负荷 N/15 mm		纵向横向	>2.0	≥2.0	≥2.0
黏合剂可拭性 *		横向	20次无外观上的损伤和变化	20次无外观上的损伤和变化	20次无外观上的损伤和变化

注:* 可拭性是指施工操作中粘贴塑料壁纸的胶黏剂附在壁纸的正面,在其未干时,应有可能用湿布或海绵拭去,而不留下明显痕迹。

3)适用范围

壁纸作为能够美化环境的装饰材料,在很多场所都适用,如家庭空间(客厅、卧室、餐厅、儿童房、书房、娱乐室等)、商业空间(宾馆酒店、餐厅、百货大楼、商场、展示场等)、行政空间(办公楼、政府机构、学校、医院等)、娱乐空间(餐厅、歌舞厅、酒吧、KTV、夜总会、茶馆、咖啡馆等)等等。

4)替代材料

(1)液体壁纸

液体壁纸是一种新型艺术涂料(如图 3.177,图 3.178),也称壁纸漆和墙艺涂料,液体壁纸采用丙烯酸乳液、钛白粉、颜料及其他助剂制成,也有采用贝壳类表体经高温处理而成。黏合剂选用无毒、无害的有机胶体,是真正天然的、环保的产品。

图 3.177　某品牌液体壁纸漆

图 3.178　液体壁纸装饰效果

液体壁纸具有独特的优点,体现在如下几个方面:

①光泽度好。其采用高科技和独特的材料,不仅色彩均匀、图案完美,而且极富光泽,无

论是在自然光下,还是在灯光下,都能显示出卓越不凡的装饰效果。

②施工简便迅速。研制出的模具和施工方法使得产品的施工速度更快、效果更好、材料更省,尤其是独创的印花施工方法。

③产品系列齐全。产品有印花、滚花、夜光、变色龙、浮雕等五大产品系列、上千种图案及专用底涂,花色不仅有单色系列、双色系列,还有多色系列,能够最大程度上满足不同的需求。

④浓度高,施工面积大。据相关检测得出,印花漆的浓度较高,1.5 kg 印花涂料可以施工 $80 \sim 100 \ m^2$,2 kg 辊花涂料可以施工 $100 \sim 150 \ m^2$,配合专用液体壁纸底漆使用。

⑤产品别具特色。新换代的印花壁纸漆图案效果栩栩如生,除此之外,还有滚花系列、夜光系列、变色龙系列及浮雕系列。

⑥清洗。液体壁纸不容易刮坏,易清洗,防潮不开裂。

液体壁纸与传统壁纸比起来(如表 3.16),有其独特的物化性质。

表 3.16　液态壁纸与传统壁纸的区别

液体壁纸	传统壁纸
与基层乳胶漆附着牢靠,永不起皮	采用粘贴工艺,黏结剂老化即起皮
无接缝不开裂	接缝处容易开裂
液体壁纸性能稳定耐久性好,不变色	壁纸易氧化变色
防水耐擦洗,并且抗静电,灰尘不易附着	壁纸怕潮,需专用清洗剂清洗
二次施工时涂刷涂料即可覆盖	二次施工揭除较困难
颜色可随意调,色彩丰富	色彩相对稳定
图案丰富且可个性设计	色彩图案选择被动
以珠光原料为色料,产生变色效果	部分壁纸产品有变色效果

(2)肌理壁膜

肌理壁膜由水基性聚合树脂、颜填料、助剂等原料组合而成。其"壁膜浆+工艺"构成的肌理壁膜装饰效果(图 3.179、图 3.180)酷似壁纸,但与壁纸不同的是更为环保、更加节能、性价比更可观,具有绿色环保、耐水防霉、附着力好、经磨耐擦、装饰性强、施工简便等特点。

图 3.179　肌理壁膜装饰效果展示

图 3.180　肌理壁膜纹理图案施工

肌理壁膜适应范围:绿色环保,适用于住宅、写字楼、宾馆、娱乐场所、学校、幼儿园、医院病房等环境条件要求高的墙面装饰;附着力好,适用于砖砌墙体、混凝土、石材、陶瓷砖、玻璃、金属、木材、胶片等表层装饰;耐水防霉,适用于卫生间、厨房、户外走廊、桑拿房等潮湿环境的墙面装饰;经磨耐擦,适用于商场、车站、机场、港口等多人流环境的墙面装饰;装饰性强,适用于文化、艺术、休闲等个性化特点强的墙面装饰;施工简便,适用于不同文化程度、不同年龄、不同性别的人掌握施工。

(3)集成墙面

集成墙面是 2009 年针对家装污染以及工序烦琐等弊端,提出的集成化全屋装修解决方案。其采用铝合金、隔音发泡材料、铝箔三层压制而成(图 3.181、图 3.182),表面除了拥有墙纸、涂料所拥有的彩色图案,还有其最大特色就是立体感很强,拥有凹凸感的表面,是墙纸、涂料的换代产品,被应用于墙面和吊顶装修中。

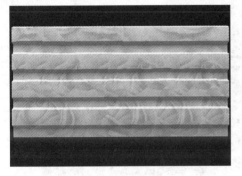

图 3.181　集成墙面

图 3.182　集成墙面装饰效果

集成墙面具有鲜明的优点:

①保温隔热。

②隔音。

③防火。

④超强硬度。

⑤防水防潮。

⑥绿色环保。

⑦安装便利。

⑧易擦洗不变形。

⑨时尚空间。

3.5.5　装饰布料

这里主要是指用于幕帘、软家具的布料,特点是在装饰设计中会选用,装饰工程中会选购的材料。

(1)根据工艺分类

布料根据工艺有印花、色织、提花、染色等种类。

印花布:在素色胚布上印上色彩、图案的布料。其特点是色彩艳丽,图案丰富、细腻。

色织布:先将纱布分类染色,再经交织构成色彩图案称其为色织布。其特点是色牢度强,色织纹路鲜明,立体感强。

提花印布:将提花和印花两种工艺结合在一起的布料。这特点是结实耐用,质地较厚,具有很好的遮光效果。

染色布:在白色胚布上染上单一的颜色称其为染色布。普通的窗帘花色都是利用这种工艺完成的,其特点是素雅、自然。

(2)按材质分类

布料按材质分有棉、麻、涤纶、真丝、无纺布等种类,也可1种原料混织而成。棉质面料质地柔软、手感好;麻质面料垂感好,肌理感强;真丝面料高贵、华丽、飘逸、层次感强;涤纶面料挺括、色泽鲜明、不褪色、不缩水。不同材质布料的特点:

①绒布(图3.183):手感柔软,垂坠感强,染料与纤维发生化学反应,颜色牢度较强;但是吸尘力强,厚重不易清洗。

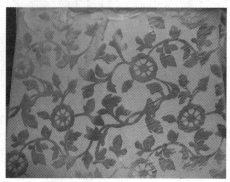

图3.183　绒布

②棉麻布(图3.184):吸湿透气性能好,光泽柔和、朴实自然。缺点:缺乏弹性,清洗后易有褶皱、易缩水走形,容易褪色。

图3.184　棉麻布

③涤纶(图3.185):防水防油,无毒凉爽,耐晒、耐酸碱。缺点:吸湿性、透气性、染色性能较差。

④纱(图3.186):飘逸轻盈,美观凉爽,吸湿性好。缺点:不遮光,缩水易皱,易掉色。

(3)布料的规格尺寸

布匹的长度不受限制,幅宽一般有2 800,1 500 mm两种规格,有些特殊的宽度可以达到3 000 mm。

图 3.185 涤纶

图 3.186 纱

3.6 皮革

3.6.1 皮革的特点

皮革是经脱毛和鞣制等物理、化学加工所得到的已经变性不易腐烂的动物皮,用于装修的皮革,分为真皮与人造皮革两大类。

皮革表面还可深加工,如刺绣、镂空、雕刻、印染等。

在装饰工程中,皮革可用于家具制作,墙面装修等。如制作灯罩、软家具或家具的局部处理、墙面软包、隔音门制作等,使其具备色泽美观、质地柔软、保温节能、隔音吸声、易清洁、使用寿命长等优点。

皮革的安装方式主要是钉固(气钉、电化铝帽头钉等)、嵌固(型条,也称卡条)和粘结(yht806 特种胶水),如墙面软包施工,这些方式和辅材都可能用上。

常用皮革的特点及其在装修中的应用,详见表 3.17。

表 3.17　常用皮革的特点

皮革种类	特　点	效　果	适用范围
猪皮	弹性好、抗拉、耐磨、价格便宜、较透气和吸湿、延伸性差	毛孔粗大、纹理交错、粗狂、自然	沙发等软家具
山羊皮	柔软、弹性好、较薄	皮面口凸纹清晰、细致、真皮感强	日用品、陈设、灯罩、墙面软包、台面蒙皮
绵羊皮	特别松软、延伸性大、手感丝绒样,但强度低、容易烂	表面汗腺较多	垫套、装饰件
黄牛皮	厚实、弹性好、抗拉、延伸性较小	纹理细腻	家具、床上用品
水牛皮	皮毛稀疏、粘面粗糙		沙发、床上用品
人造皮革	质地轻软、耐磨、保暖	毛孔及花纹不明显	墙面软包、构件表面硬包、软家具、隔音门

3.6.2　真皮

经过加工后的真皮,有水染皮、开边牛皮、滚皮、修面皮、压花皮、印花后烙花皮、磨砂皮、反绒皮、再生皮、镭射皮、人造皮等品种。

①水染皮是用猪、牛、马、羊等头层皮漂染各种颜色,并上光加工而成的各种软皮。

②开边牛皮是修去肚腩和四肢部分的牛皮,在其表面贴合各种净色、金属色、荧光珍珠色或多色的 PVC 薄膜加工而成的。

③漆皮。用头层或二层皮坯喷涂各色化工原料后压光或消光加工而成的皮革。

④修面皮。是较差的头皮坯,表面进行抛光处理,磨去表面的疤痕和血筋痕,用各种流行色皮浆喷涂后,压成粒面或光面效果的皮。

⑤压花皮(图 3.187)。一般选用修面皮或开边珠皮来压制或各种花纹或图案等,比如仿鳄鱼纹、蜥蜴纹、鸵鸟皮纹、蟒蛇皮纹、水波纹、美观的树纹、荔枝纹、仿麂纹等,还有各种条纹、格仔、立体国案或反映各种品睥形象的创意图案等。

⑥印花或烙花皮。选料同压花皮样,只是加工工艺不同,常印制或烫烙成各种花纹或图案的头层或二层皮。

⑦磨砂皮(图 3.188)。将皮革表面进行抛光处理,并将粒面疤痕或粗糙的纤维磨蚀,露出整齐匀润的皮革纤维组织后再染成各种流行颜色而成的头层或二层皮。

⑧反绒皮(图 3.189)。也称掠皮,是将皮坯表面打磨成绒状,再染出各种流行颤色而成的头层皮。

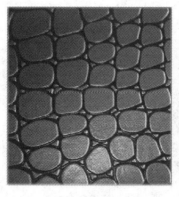

图 3.187　压花皮

图 3.188　磨砂皮

图 3.189　反绒皮

⑨再生皮。将各种动物的废皮及真皮下脚粉碎后,调配化工原料加工制作而成其表面加工工艺同真皮的修面皮、压花皮样,其特点是皮张边缘较整齐、利用率高、价格便宜但皮身般较厚,强度较差,只适宜制作平价公文箱、拉杆袋、球杆套定型工艺产品和平价皮带,其纵切面纤维组织均匀一致可辨认出流厦物混合纤维的凝固效果。

⑩镭射皮。也称激光皮,引用激光技术在皮革表面蚀刻各种花纹图案的最新皮革品种。

3.6.3　人造革

1)常用种类

用于装饰工程较多的,还是人造革,特别是 PVC 革(主要成分是聚氯乙烯)、PU 革(主要成分是聚氨酯)。人造皮革是在纺织布基或无纺布基上,由各种不同配方的 PVC 和 PU 等发泡或覆膜加工制作而成,具有花色品种繁多、防水性能好、边幅整齐、利用率高和价格便宜的特点,有的已在各方面和真皮相差无几。

(1)聚氯乙烯人造革(PVC 人造革)

装饰工程目前采用较多的"装饰革",属于这一类。常用以下一些产品:

①普通人造革,又称不发泡人造革。成品手感较硬、耐磨。主要用于制作耐磨包装袋,建筑及工业配件等。

②发泡人造革(图 3.190)。手感丰满、柔软,多用于制作手套、包、袋、服装及软家具如沙发等。

③绒面人造革(图 3.191)。俗称人造麂皮,适于制作包装袋及装饰品。

④海绵复合皮革(图 3.192)。人造皮革上复合了一层人造海绵,通常用于家具,也可用于装修,产生类似软包的效果。

⑤皮雕软包(图 3.193)。固定规格为 400 mm×400 mm,通过模具压花成型,大量用于墙面装修。

图 3.190　发泡人造革　　　　　图 3.191　绒面人造革　　　　　图 3.192　海绵复合皮革

（2）聚氨酯人造革（PU 人造革）

质地轻软、耐磨、透气、保暖、手感不受冷暖变化的影响,适于制作服装、较高级的包、袋和装饰用品（图 3.194）。

都市蓝调系列EA2022-08#　　都市蓝调系列EA2022-06#　　都市蓝调系列EA2022-04#

精品典藏系列EA2022-03#　　精品典藏系列EA2017-10#　　精品典藏系列EA2017-09#

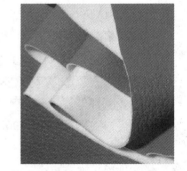

精品典藏系列EA2017-05#　　精品典藏系列EA2017-04#　　都市蓝调系列EA2020-10#

图 3.193　皮雕软包　　　　　　　　　　　　　　　　　图 3.194　聚氨酯人造革

2）人造革的规格

一般宽幅为 36、48 和 54 英寸,即 914,1 220,1 371 mm,长度可自定,厚度为 0.6~1.2 mm。

3.6.4　传统皮革装饰软包的做法及构造层次

①面层:皮革,其材质、纹理、颜色、图案、幅宽应符合设计要求,应进行阻燃或防火处理。

②内衬材料:一般采用环保、阻燃型泡沫塑料做内衬。

③基层及辅助材料:基层龙骨,宜采用不小于 20 mm×30 mm 实木方材,底板采用环保细木工板,钉面层用的气钉应使用蚊钉,胶、防腐剂、防潮剂等均必须满足环保要求。

3.6.5 相关标准

有关皮革检测的国家标准和行业标准,已有 60 个左右。

3.6.6 毛皮

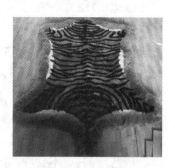

动物毛皮是室内重要陈设之一,历史上曾经用虎皮、豹皮和斑马皮等纹理美观的动物皮毛置于室内,起到和地毯一样的作用(图 3.195)。目前,采用羊毛皮或经过印染的羊毛皮替代珍稀动物的,用于室内陈设,作为地毯、挂毯等,效果独特。

图 3.195　毛皮

3.7　油漆及涂料

国家标准《涂料产品分类、命名和型号》(GB 2705—92),将油漆分为 17 大类,统称为涂料。明确表示"涂料产品的分类是以涂料漆基中主要成膜物质为基础。若成膜物质为多种树脂,则以在漆膜中起主要作用的一种树脂为基础",详见表 3.18。

表 3.18　涂料产品分类、命名和型号

代号	涂料类别	代号	涂料类别
Y	油脂漆类	X	烯树脂类
T	天然树脂类	B	丙烯酸漆类
F	酚醛漆类	Z	聚酯漆类
L	沥青漆类	H	环氧漆类
C	醇酸漆类	S	聚氨酯漆类
A	氨基漆类	W	元素有机漆类
Q	硝基漆类	J	橡胶漆类
M	纤维素漆类	E	其他漆类
G	过氯乙烯漆类		

但在装饰工程中,一般称上述材料为油漆,特点是主要适用于木质或金属基层。为便于区别,其他施用于建筑或建筑构件表面(例如墙面和地面等混凝土或水泥砂浆基层),以提高其相关性能的材料,被称为涂料,如防水涂料、阻燃涂料、地面涂料等。但也有例外,如乳胶漆。

3.7.1 装饰常用的油漆种类

1）以面漆分类

①清漆：又名凡立水，是由树脂为主要成膜物质再加上溶剂组成的涂料，涂在物体表面，干燥后形成光滑透明薄膜，显出物面原有的纹理。

②原漆：又名铅油，是由颜料与干性油混合研磨而成，多用以调腻子。

③调合漆：又名调和漆，分为油脂漆和天然树脂漆两类。

④硝基漆：是比较常见的木器及装修用涂料。硝基漆的主要成膜物是以硝化棉为主，配合醇酸树脂、改性松香树脂、丙烯酸树脂、氨基树脂等软硬树脂共同组成。包括手扫漆、硝基磁漆等，因加入各种颜料而呈现不透明。

⑤硝基清漆：是不含颜料的硝基漆。可用于金属、木材表面涂装及罩光，透明漆，挥发性强。具有干燥快、光泽柔和等特点。硝基清漆分为亮光、半哑光和哑光3种。

⑥聚酯漆：是以聚酯树脂为主要成膜物。高档家具常用的为不饱和聚酯漆，俗称"钢琴漆"。

⑦聚酯清漆：产品分亮光面漆、半哑面漆、哑光面漆和透明底漆。广泛用于室内外各类木材，铁艺表面的装饰和保护。使用方便，不会引起乳胶漆墙面泛黄。

⑧聚氨酯漆：聚氨酯漆分为单组分与双组分。聚氨酯漆的漆膜强韧，光泽丰满，附着力强，耐水耐磨、耐腐蚀性。被广泛用于高级木器家具，也可用于金属表面。不足是漆膜有遇潮起泡，漆膜粉化、易变黄的问题。

⑨聚氨酯漆的清漆品种称为聚氨酯清漆。

⑩醇酸漆：主要是由醇酸树脂组成，是目前国内生产量最大的一类涂料。价格便宜、施工简单、对施工环境要求不高、涂膜丰满坚硬、耐久性和耐候性较好、装饰性和保护性都比较好等优点。缺点是干燥较慢、涂膜不易达到较高的要求，主要用于普通木器、家具及家庭装修的涂装。

⑪丙烯酸漆：丙烯酸漆主要由丙烯酸树脂、体质颜料、助剂、有机溶剂等配制而成。漆膜干燥快，附着力好，耐热性、耐候性能好，一般用于钢材，铝材金属表面涂装。

⑫大漆：又名土漆、生漆、中国漆。为一种天然树脂涂料，是割开漆树树皮，从韧皮内流出的一种白色黏性乳液，经加工而制成的涂料。是属于纯天然的产品。漆膜耐热性高，耐久性好，具有防腐蚀、耐强痠、强碱、耐溶剂等优点，但紫外线作用差。红木家具一般用大漆涂装，在各种器物的表面上所制成的日常器具及工艺品、美术品等，一般称为"漆器"。

⑬氟碳漆：以氟树脂为主要成膜物质，耐候性、耐热性、耐低温性、耐化学药品性好，而且具有独特的不粘性。一般用于钢材、铝材、非金属材料等，氟碳漆包括PTFE（聚四氟乙烯）、PVDF（聚偏二氟乙烯）、PEVE（氟烯烃-乙烯基醚共聚物）3大类型。

2）以工艺和效果分类

①清水漆：漆膜透明无色，常用于材质优良细密的木构件、家具等，木纹清晰。

②混水漆：漆膜不透明，可经处理呈现各种所需色彩，用于一般木质构件，不见木纹。

③半混水：涂刷完毕后木材本身的纹理清晰，可见并且还有着色的效果。这类产品适用于木纹清晰但木质比较疏松的家具等。

3.7.2 装饰常用油漆的辅料

油漆辅料主要包括腻子、稀释剂、固化剂、底漆、添加剂等。不同油漆有各自的辅料,使用时不可混淆,详见表 3.19。

表 3.19 装饰常用油漆的辅料

油漆类型	效果	适用基层	腻子	可用底漆	稀释剂	固化剂	添加剂
油性调和漆	不透明	一般木器、金属表面	普通腻子		松节油、汽油		
硝基磁漆	不透明	高档木器	原子灰	硝基底漆	天那水		
硝基清漆	透明	高档木器	透明腻子	各色硝基底漆	天那水	天那水	化白水
聚酯漆	不透明	高档木器	透明腻子	专用底漆	环己酮、醋酸丁酯、天那水	甲苯二氰酸酯	专用色精
聚酯清漆	透明	高档木器	透明腻子	专用底漆	环己酮、醋酸丁酯	甲苯二氰酸酯	
聚氨酯漆	不透明	高档木器,金属,玻璃钢	原子灰	硝基、聚氨酯	二甲苯、丙酮	聚异氰酸酯	PU防白剂
聚氨酯清漆	透明	高档木器,金属,玻璃钢	透明腻子	PU 聚氨酯清漆底漆	二甲苯、丙酮	聚异氰酸酯	PU防白剂
醇酸清漆	透明	室外木器	透明腻子	醇酸、酚醛、环氧酯	醇酸漆稀释剂		
醇酸磁漆	不透明	金属	醇酸腻子	醇酸、酚醛、环氧酯	醇酸漆稀释剂		颜料
丙烯酸磁漆	不透明	金属,木器,建筑表面等	耐水腻子	聚氨酯或丙烯酸底漆	丙烯酸稀释剂	脂肪族聚异氰酸酯	
丙烯酸清漆	透明	木器	耐水腻子	聚氨酯或丙烯酸底漆	丙烯酸稀释剂	脂肪族聚异氰酸酯	
大漆		木器	大漆腻子		松节油		
凡立水(酯胶清漆)		木器	透明腻子		汽油、松节油		
氟碳漆	不透明	金属、建筑表面等	专用腻子	专用底漆	专用稀释剂,甲苯		

1)腻子

腻子的主要作用是使用油漆或涂料前,补平构件表面、保证油漆质量,甚至降低成本。

①普通腻子:由漆料、填料(如滑石粉)和颜料组成,漆料化学成分应与漆膜一致。

②透明腻子:采用透明漆膜时,配套使用。可以填充木材的棕眼、增加漆膜的丰满度(厚度)、减少刷面漆的成本。

③原子灰:一种新型高档腻子,主要成分是不饱和聚酯树脂和填料。具有灰质细腻、易刮涂、易填平、易打磨、干燥速度快、附着力强、硬度高、不易划伤、柔韧性好、耐热、不易开裂起泡、施工周期短等优点,在各行业,原子灰几乎都取代了其他腻子。

2)底漆

底漆是油漆的第一层,用于提高面漆的附着力、增加面漆的丰满度、提供抗碱性、提供防腐功能等,同时可以保证面漆的均匀吸收,使漆膜效果达到最佳。

3)稀释剂

稀释剂主要作用是降低油漆浓度和黏度,改善其工艺性能,也用于油漆工具的清洗等。

4)固化剂

固化剂主要作用是使油漆发生不可逆的固化过程,能快速促成漆膜达到强度和增加光泽等。

5)添加剂

油漆的添加剂众多,详见表3.20。

表3.20 油漆添加剂

涂料使用过程	使用的添加剂
涂装	着色剂、消泡剂、触变剂、静电喷涂改进剂
涂膜成型时	防流挂剂、防分色剂、消泡剂、流平剂、固化促进剂
涂膜形成后	防粘连剂、紫外线吸收剂、防静电剂、防擦伤剂、消光剂、防腐剂、防霉剂、阻燃剂、防锈剂、增塑剂

3.7.3 常用于墙、顶和木器的装饰涂料种类

(1)乳胶漆

乳胶漆是乳液性涂料,按照基材的不同,分为聚醋酸乙烯乳液和丙烯酸乳液两大类。乳胶漆以水为稀释剂,是一种施工方便、安全、耐水洗、透气性好的漆种,其可根据不同的配色方案调配出不同的色泽。

(2)丙烯酸涂料

以耐候树脂丙烯酸作主要成膜剂,耐候性、保光性、保色性好,装饰性能强,涂层丰满,平整光亮、耐摩擦、易去污、耐冲击,色彩多样,美观悦目。适用于建筑内外墙和地坪等。采用弹涂法施工的丙烯酸浮雕漆还具备美观的人工肌理,如图3.196所示。

(3)海藻泥和硅藻泥涂料

海藻泥和硅藻泥涂料是以海藻类沉积矿物质为主的粉末装饰涂料,是目前较为环保的涂料品种之一,不易沾染灰尘,遇水可还原成泥,便于修补。施工时采用抹涂,可做出众多不同的变化和肌理,如图3.197所示。

（4）真石漆

真石漆主要采用各种颜色的天然石粉与水性乳液配制而成，可用于多种基层的涂装。具有天然石材的质感，能提供各种立体形状的花纹结构，如图 3.198 所示。

图 3.196　丙烯酸浮雕漆　　　图 3.197　硅藻泥涂料　　　图 3.198　真石漆涂料

（5）多彩漆

多彩漆是以丙烯酸硅树脂乳液和氟碳树脂乳涂为基料，结合优质无机颜料和高性能助剂而成的水性多彩涂料。有石质感、防水抗裂性、耐候性好，色彩鲜艳、抗沾污性更佳、施工更简便，更适用于外墙的保温基材上，如图 3.199 所示。

（6）环氧树脂涂料

环氧树脂涂料以环氧树脂为主要成膜物质，具有良好的耐磨、耐压、耐冲击、防尘、防腐和防静电性能。常作为商场、车间和车库等场所的地面涂料，如图 3.200 所示。

（7）低档水溶性涂料

低档水溶性涂料主要产品有 106、107、803 内墙涂料。这类涂料的缺点是不耐水、不耐碱，涂层受潮后容易剥落，适用于一般内墙装修。但该类涂料具有价格便宜、无毒、无臭、施工方便等优点。

（8）仿瓷涂料

仿瓷涂料装饰效果细腻、光洁、淡雅。仿瓷涂料又称瓷釉涂料，是一种装饰效果酷似瓷釉饰面的建筑涂料，其溶剂型树脂类品种，涂膜光亮、坚硬、丰满，酷似瓷釉，具有优异的耐水性、耐碱性、耐磨性、耐老化性，并且附着力极强，如图 3.201 所示。

图 3.199　多彩漆　　　　　图 3.200　环氧树脂涂料　　　图 3.201　仿瓷涂料

（9）液体壁纸

液体壁纸采用高分子聚合物与珠光颜料及多种配套助剂精制而成,无毒无味、绿色环保、有极强的耐水性和耐酸碱性、不褪色、不起皮、不开裂,使用寿命长,如图 3.202 所示。

（10）荧光漆

荧光漆是一种颜色特鲜艳的快干磁漆,漆膜平整光滑,在承受一些能源刺激时,会将其转变成可见光。有大红、蓝色、绿色、橘黄色、橘红色、金黄色、白色、黑色、柠檬黄色等色彩,如图 3.203 所示。

图 3.202　液体壁纸

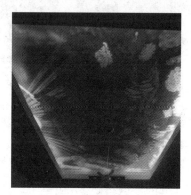

图 3.203　荧光漆

3.7.4　常用于楼地面的涂料种类

①环氧地坪漆:通常由环氧树脂,溶剂和固化剂、颜料和助剂构成,这类涂料中包含无溶剂自流平地坪漆,防腐蚀地坪漆,耐磨地坪漆,防静电地坪漆和水性地坪漆等,其主要特征是与水泥基层的粘结力强,能够耐水性及其他腐蚀性介质的作用以及具有非常良好的涂膜物理力学性能等。适应各种工厂、修理厂、球场、停车场、仓库、商场等地面场所。

②聚氨酯地坪漆:以聚醚树脂、聚醚树脂、丙烯疫酯树脂或环氧树脂为甲组分,因涂膜硬度和与基层的粘结力等不如环氧树脂类涂料,其品种较少。主要用于有弹性地坪漆和防滑地坪漆场所。

③防腐蚀地坪漆:除了具有可载重地坪漆各种强度性能外,还能够耐受各种腐蚀性介质的腐蚀作用,适应于各种化工厂地面的涂装。

④弹性地坪漆:采用弹性聚氨酯制成,涂膜因具有弹性而具有行走舒适性。适应于各种体育运动场所,公共场所和某些工厂车间地面涂装。

⑤防静电地坪漆:能够排泄静电荷,防止因静电积累而产生事故,以及屏蔽电磁干扰和防止吸附灰尘等,可用于各种需抗静电的地面涂料。适应于电厂、电子厂车间火、工产品厂、计算机室等。

⑥防滑地坪漆:涂膜具有很高的摩擦系数,有防滑性能,用于各种具有防滑要求的地面涂装,是一类正处于快速应用与发展阶段的地坪漆。用于各种具有防滑要求的地面涂装。

⑦可载重地坪漆:这类地坪漆与混凝土基层的黏结强度高,拉伸强度和硬度均高,并具有

很好的抗冲击性能,承载力和耐磨性。适应于需要有载重车辆和叉车行走的工厂车间和仓库等地坪涂装。

3.7.5　其他常用漆

①铁红防锈漆:即醇酸铁红底漆,主要用作钢铁件的底层,具有很高的防护能力,同面漆的结合力也高。以前曾大量使用红丹防锈漆作为钢铁件的防锈,现因其毒性重,已停止使用。

②环氧锌黄防锈漆:用于镀锌钢材和铝材(含铝合金材)的防锈蚀。

③银粉漆:是铝粉加入油漆里制成的。适用于金属表面的防腐,以及各种物件的银色装饰。

3.7.6　油漆饰面做法

常用油漆饰面做法见表3.21。

表 3.21　常用油漆饰面做法举例(以木基层和金属基层为主)

基层材质	名　称	做　法	效果及适用范围
木质	油性调和漆	木材表面清扫,除污;铲去脂囊,修补,砂纸打磨,漆片点节疤;干性油打底,局部刮腻子,打磨,满刮腻子,打磨,湿布擦净,刷首遍油性调和漆;复补腻子,磨光,湿布擦净,刷第二遍油性调和漆;磨光,湿布擦净,刷第三遍油性调和漆	适用于木装修构件,该漆耐候性较酚醛调和漆、酯胶调和漆好,不宜粉化龟裂,但漆膜较厚,干燥慢
木质	硝基磁漆	木材表面清扫,除污,砂纸打磨,润粉,打磨,满刮腻子,打磨,刷油色,首遍硝基磁漆;拼色,复补腻子,磨光,刷第二遍硝基磁漆;磨光,刷第三遍硝基磁漆;水磨,刷第四遍硝基磁漆;水磨,刷第五遍硝基磁漆	不透明
木质	硝基清漆(木器漆)	木材表面清扫,除污,砂纸打磨;润粉,打磨,刮透明腻子,打磨;刷油色,首遍硝基木器漆;拼色,复补透明腻子,磨光,刷第二遍硝基木器漆;磨光,刷第三遍硝基木器漆;水磨,刷第四遍硝基木器漆;水磨,刷第五遍硝基木器漆;磨退,擦净,打砂蜡,擦光	透明,适用于高级木装修,干燥快,坚硬,光亮,耐久,耐磨,有高度耐水性.机械强度高
木质	醇酸清漆	木材表面清扫,除污,砂纸打磨,润粉,打磨,满刮腻子,打磨,刷油色,刷首遍醇酸清漆;拼色,复补腻子,磨光,刷第二遍醇酸清漆;磨光,刷第三遍醇酸清漆	适用于显示木纹的装修,光泽持久,耐久性好,附着力强,耐汽油,耐候性好

续表

基层材质	名　称	做　法	效果及适用范围
木质	醇酸磁漆	木材表面清扫,除污;铲去脂囊,修补,砂纸打磨,漆片点节疤;干性油打底,局部刮腻子,打磨;满刮腻子,打磨,湿布擦净,刷首遍醇酸磁漆;复补腻子,磨光,湿布擦净,刷第二遍醇酸磁漆;磨光,湿布擦净,刷第三遍醇酸磁漆	适用于室内木装修,光泽和机械强度较好,耐候性、耐久性、保光性均比一般调和漆及酚醛漆好,但耐水性稍差
木质	丙烯酸清漆	木材表面清扫,除污,砂纸打磨;润粉,打磨,满刮腻子,打磨;第二遍满刮腻子,磨光,刷油色,首遍醇酸清漆;拼色,复补腻子,磨光,刷第二遍醇酸清漆;磨光,刷第三遍醇酸清漆;磨光,刷第四遍醇酸清漆;待5~7天后用水砂磨去刷纹,湿布擦净;第一遍丙烯酸清漆,磨光,擦净;第二遍丙酸清漆(两遍当天连续刷),水砂纸磨光,擦净;打砂蜡,擦光	适用于高级木装修,如硬木的木门、木墙裙、硬木家具等。漆膜光亮度及硬度均好,但韧性和耐寒性稍差
木质	大漆(广漆)	木材表面清扫,除污;刷豆腐底,刮广漆腻子,打磨,复补腻子,磨光;刷较稀豆腐底,零号砂纸轻磨;刷首遍广漆,水磨,湿布擦净,刷第二遍广漆;水磨,湿布擦净,刷第三遍广漆	适用于木扶手,台面、地板及其他木装修。耐久,耐酸,耐水,耐晒,耐化学腐蚀
木质	酯胶地板漆	木材表面清扫,除污,铲去脂囊,修补,砂纸打磨,漆片点节疤;干性油打底;局部刮腻子,打磨;满刮腻,砂纸打磨;刷首遍酯胶地板漆;复补腻子,磨光,湿布擦净,刷第二遍酯胶地板漆;磨光,湿布擦净,刷第三遍酯胶地板漆	适用于木地板,扶手,漆膜为铁红色或棕色,干燥快,遮盖率大,附着力强,耐磨性耐水性好
木质	酯胶清漆(凡立水)	木材表面清扫,除污,砂纸打磨,润粉,满刮腻子,打磨,湿布擦净;刷油色,首遍酯胶清漆;拼色,复补腻子,磨光,湿布擦净,刷第二遍酯胶清漆;磨光,刷第三遍酯胶清漆	适用于木门、窗家具木装修,漆膜光亮,耐火性好,但次于酚醛清漆
木质	聚酯清漆	基层打磨;刮透明腻子一遍,打磨;刷二遍透明底漆;磨光,湿布擦净,刷清面漆二遍	色浅、快干、易于施工,漆膜透明性高、坚韧丰满、手感细腻。适用于室内外各类木材,铁艺表面的装饰和保护

续表

基层材质	名　称	做　法	效果及适用范围
木质	聚酯漆	打磨基层,透明腻子补平,打磨,擦净;喷(刷)底漆一遍;打磨,擦净,喷(刷)中层漆三遍;打磨,擦净,喷(刷)面漆二遍	漆膜硬,耐磨性好,漆膜亮度高,附着力强,耐酸碱腐蚀性较好,价格较高。用于高档家具,钢琴面等
木质	聚氨酯清漆	基层处理干净,去除毛刺,透明腻子补平,砂光;涂底漆三遍,每次打磨,砂光;刷(喷)面漆二遍	漆膜光亮丰满、坚硬耐磨,耐油、耐酸,适用于金属、水泥、木材等材料的涂饰
金属	银粉漆	金属表面除锈,清理,打磨,刷红丹防锈漆两遍;局部刮腻子,打磨;满刮腻子,打磨,刷两遍银粉漆	适用于暖气片,管道,粘着力好,防潮湿,干燥快
金属	油性调和漆	金属表面除锈,清理,打磨,刷红丹防锈漆两遍;局部刮腻子,打磨;满刮腻子,打磨,刷第一遍调和漆;复补腻子,磨光,刷第二遍调和漆;磨光,湿布擦净,刷第三遍调和漆	适用于钢门窗,钢栏杆等
金属	醇酸磁漆	金属表面除锈,清理,打磨,刷丙苯乳胶金属底漆两遍;局部刮丙苯乳胶腻子,打磨;满刮丙苯乳胶腻子,打磨;刷第一遍醇酸磁漆;复补丙苯乳胶腻子,磨光,刷第二遍醇酸磁漆;磨光,湿布擦净;刷第三遍醇酸磁漆	适用于金属结构栏杆,花格、镀锌铁皮
金属	丙烯酸磁漆	除锈,用稀释剂去污;原子灰刮腻子,打磨;喷醇酸底漆二遍;细砂纸打磨,擦净,喷面漆二遍	
金属	聚氨酯漆	除锈,丙烯酸聚氨酯稀释剂擦拭底材去除油污;锌黄环氧底漆一遍;打磨,擦净,喷涂面漆二遍	对水泥、金属等无机材料的附着力很强;聚氨酯漆本身非常耐腐蚀;机械性能优良,耐磨,耐冲击,耐热,耐水;耐候性差,光泽差。不同基层须采用不同底漆
金属基层	氟碳漆	基层除锈,去油污;喷涂氟碳漆专用底漆一遍;打磨,擦净,喷涂面漆二遍	耐候性、耐化学腐蚀性好,装饰性好
水泥基层	氟碳漆	基层打磨平整,刮粗腻子二遍,磨平;防水细腻子二遍;抛光腻子二遍,水砂纸打磨;水泥透明底漆一道;白底漆一道;氟碳漆面漆喷涂二遍	耐候性、耐化学腐蚀性好,装饰性好,水泥抹灰墙面

3.8 塑料及有机玻璃

3.8.1 常用种类

1)以成分分类

常用于建筑及室内的塑料(含有机玻璃)有聚丙烯类、聚乙烯类、有机玻璃类、聚苯乙烯类、聚氨酯类、PVC(聚氯乙烯)类、三聚氰胺等。

(1)聚氯乙烯(PVC)

聚氯乙烯塑料机械强度较高,电性能优良,耐酸碱,化学稳定性好。其缺点是热软化点低。聚氯乙烯是家具与室内装饰中用量最大的塑料品种,软质材料用于装饰膜及封边材料,硬质材料用于各种板材、管材、异型材和门窗。半硬质、发泡和复合材料用于地板、天花板、壁纸等。

(2)聚苯乙烯(PS)

聚苯乙烯具有一定的机械强度和化学稳定性,电性能优良,透光性好,着色性佳,并易成型。缺点是耐热性太低,只有80℃,不能耐沸水;性脆不耐冲击,制品易老化出现裂纹;易燃烧,燃烧时会冒出大量黑烟,有特殊气味。聚苯乙烯的透光性仅次于有机玻璃,大量用于低档灯具、灯格板及各种透明、半透明装饰件。硬质聚苯乙烯泡沫塑料大量用于轻质板材芯层和泡沫包装材料。

(3)聚乙烯(PE)

聚乙烯有优良的耐低温性和耐化学药剂侵蚀性,突出的电绝缘性能和耐辐射性以及良好的抗水性能。但它对日光、油类影响敏感,而且易燃烧。聚乙烯常用于制造防渗防潮薄膜、给排水管道,在装修工程中,可用于制作组装式散光格栅、拉手件等。

(4)聚酰胺(PA)

聚酰胺俗称"尼龙",聚酰胺坚韧耐磨,抗拉强度高,抗冲击韧性好,有自润滑性,并有较好的耐腐蚀性能。可用于制作各种建筑小五金、家具脚轮、轴承及非润滑的静摩擦部件等,还可喷涂于建筑五金表面起到保护装饰作用。

(5)ABS塑料

ABS塑料是由丙烯腈,丁二烯和苯乙烯三种单体共聚而成的。ABS为不透明的塑料,呈浅象牙色,具有良好的综合机械性能:硬而不脆,尺寸稳定,易于成型和机械加工,表面能镀铬,耐化学腐蚀。缺点是不耐高温,耐热温度为96~116℃,易燃、耐候性差。

ABS塑料可用于制作压有美丽花纹图案的塑料装饰板材及室内装饰用的构配件;可制作电冰箱、洗衣机、食品箱、文具架等现代日用品;ABS树脂泡沫塑料尚能代替木材,制作高雅而耐用的家具等。

(6)聚甲基丙烯酸甲酯(PMMA)

聚甲基丙烯酸甲酯俗称"有机玻璃",是透光率最高的一种塑料,透光率达92%,但它的表面硬度较低,容易划伤。PMMA 具有优良的耐候性,易溶于有机溶剂中。

PMMA 塑料在建筑中大量用作窗玻璃的代用品,用在容易破碎的场合。此外,PMMA 尚可以用作室内墙板,中、高档灯具等。

(7)酚醛塑料

酚醛塑料具有很好的绝缘性,化学稳定性和粘附性。酚醛塑料的主要缺点为色深,装饰性差,抗冲击强度小,主要用于生产层压制品及配制黏结剂和涂料等。

(8)氨基塑料

有脲醛树脂和三聚氰胺甲醛树脂等,三聚氰胺甲醛树脂坚硬,耐划伤,无色半透明,用做热固性树脂层压装饰板的面层材料,也可用做一些浅色装饰模压件。脲醛树脂价格低廉,是木材胶粘剂中使用量最大的一类,也可制作浅色装饰模压配件。

(9)不饱和聚酯树脂

不饱和聚酯树脂具有优良的耐有机溶剂性能,良好的耐热、隔热性,但不耐浓酸与碱。液态不饱和聚酯树脂用作涂料和胶粘剂,也用来制造玻璃钢和人造大理石等树脂型混凝土。固化后的不饱和聚酯树脂具有优良的装饰性能和耐溶剂性能。

2)以形状分类

①薄膜:如塑料墙纸、印刷饰面薄膜等。

②板材:如装饰板材、门面板、铺地板、防滑垫、彩色有机玻璃、异型板材,如阳光板、玻璃钢屋面板、内外墙板等。

③管材:如给排水管、阻燃导管、塑料门窗型材和塑料扶手等。

④发泡塑料:如保温绝热材料和造型填充料。

⑤模制品:如卫生洁具和管道配件等。

⑥复合板材:如塑钢门窗型材、铝塑板、吊顶材料等。

⑦溶液或乳液:如胶黏剂和建筑涂料等。

3.8.2　塑料的主要理化特点及适用范围

1)主要理化特点

①容重小,塑料的密度为 $0.8 \sim 2.2 \ g/cm^3$,是钢的 $1/4 \sim 1/3$,铝的 $1/2$,与木材近似。

②导热系数是混凝土的 $1/40$,普通砖的 $1/20$,绝热性能好。

③耐腐蚀,化学稳定性好。

④电绝缘性好,可与橡胶和陶瓷媲美。

⑤易于加工。

⑥易燃。

⑦耐热差。

⑧易老化。

2)适用范围

适用于轻型屋面、墙面、吊顶、地面、家具、造型表面等。

3.8.3 加工、安装方法及主要黏结剂和连接方式

1)加工、安装方法

加工改形常用锯、刀、电热丝等工具,一般采用钉固、粘结、热熔连接等。

2)主要黏结剂和连接方式

①聚丙烯类,用 JL-406AB 剂 PP 快干胶、JL-655PP 塑料胶水、JL-6608 耐高温聚烯烃塑料胶水等。

②聚乙烯类,JL-420AB 剂快干胶水、JL-655PE 塑料胶水等。

③有机玻璃,用三氯甲烷(氯仿)、丙酮等。

④聚苯乙烯类,用聚苯乙烯胶水、TS8210 聚苯乙烯粘铁板胶水、丙酮和二甲苯等粘结。

⑤聚氨酯类,熔融粘结、氯丁橡胶、聚氨酯胶黏剂、丁酯橡胶胶黏剂、环氧树脂胶黏剂等。

⑥PVC(聚氯乙烯)塑料类,JL-6284 硬 PVC 专用胶水、JL-6283T 高浓度软 PVC 专用胶、JL-6806 PVC 专用胶等。

3.9 装饰金属材料

金属材料在建筑上的应用,具有悠久的历史。金属材料耐久、轻盈,易加工、表现力强、不燃,还具有精美、高雅、高科技并成为一种新型的所谓"机器美学"的象征。随着加工手段的进步,不断出现一些新型的金属装饰材料的新品种。

3.9.1 金属装饰材料的种类与加工形式

1)种类

金属装饰材料包括各种金属及合金制品,如普通钢材、不锈钢、铝和铝合金、铜和铜合金、锌和锌合金、锡和锡合金以及金、银等贵重金属,作为装饰应用最多的是铝材、不锈钢、各种普通钢材,在需要时也会用到金、银等贵重金属。铜、锌、锡等目前多用于门窗、五金等,大面积使用较少。

2)加工形式(图 3.204)

金属作为装饰材料的加工形式包括型材、管材、棒材、板材、金属箔、花饰、五金件等。型材包括圆形、U 形、工字形以及异形门窗型材等;板材包括平板、花纹板、波纹板、压型板、冲孔板、复合板、蜂窝板等。其中波纹板可增加强度,降低板材厚度以节省材料,也有其特殊装饰风格。冲孔板主要为增加其吸声性能,大多用作吊顶材料。金属装饰箔极薄,幅面常在100 mm 以下。

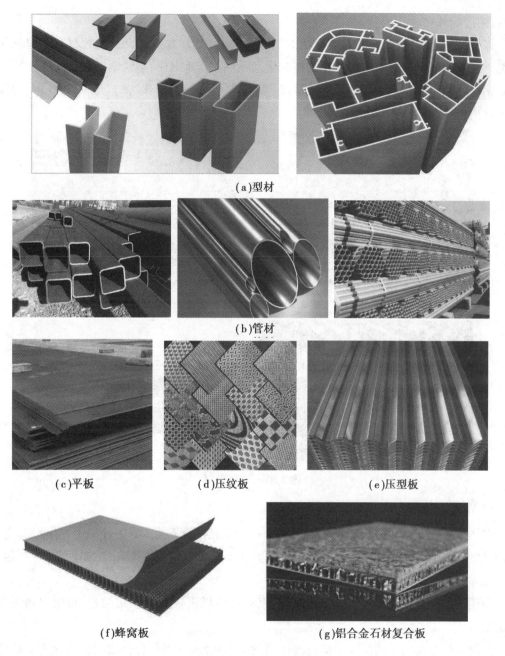

(a)型材

(b)管材

(c)平板　　　　　(d)压纹板　　　　　(e)压型板

(f)蜂窝板　　　　　(g)铝合金石材复合板

图 3.204　金属加工形式

3.9.2　钢材

1)钢材的特性

钢材属于黑色金属,密度为 7.85 g/cm³。钢材抗拉、压、弯、剪强度高;耐冲击、性能可靠;塑性及韧性好,易于加工成板材、型材和线材;便于焊接、铆接、切割,运输安装方便;与其他金属材料相比,钢材原料丰富,价格低廉;钢材可回收重复利用。钢材的缺点是易锈蚀、维护费用高、生产能耗大。

　　钢材品种繁多,按照成品材的形状的不同,钢材一般分为型材、板材、管材和金属制品四大类。建筑装饰中广泛应用到各种钢材制品,如型钢、普通钢板、不锈钢板、龙骨、门窗等。

　　钢材的加工手段包括切割、焊接、铆接、弯曲、剪板、折边(图3.205)、压型、冲压等,表面的加工方法包括镀锌(图3.206)、涂层等。

图3.205　钢材剪板与折边

图3.206　镀锌钢材

2)型钢

　　型钢是有一定截面形状和尺寸的条形钢材。根据断面形状,型钢分工字钢、槽钢、角钢、方钢、圆钢、扁钢、六角钢等(图3.207),还有更复杂断面型钢(异型钢)比如钢轨、窗框钢、弯曲型钢等。

　　型钢一般按照断面尺寸规定型号。工字钢、槽钢以腰板高度规定型号,角钢以角边宽度规定型号。

　　型钢可按结构的不同需要组成各种不同的受力构件,也可作构件之间的连接件。广泛地用于各种建筑结构和工程结构,如梁、柱、楼板、幕墙钢挂龙骨、吊顶龙骨、隔墙骨架等、台面支撑架等。

3)彩色涂层钢板

　　彩色涂层钢板,俗称彩钢板,以优质冷轧钢板、热镀锌钢板或镀铝锌钢板为基板,经过表面脱脂、磷化、铬酸盐处理转化后,涂覆有机涂层后经烘烤制成。基板材料和厚度决定彩钢板的强度,镀层(镀锌量318 g/m²)和表面涂层决定耐久性,涂层有聚酯、硅性树脂、氟树脂等,涂层厚度达25 μm以上,使用年限根据环境大气不同可为10~20年。

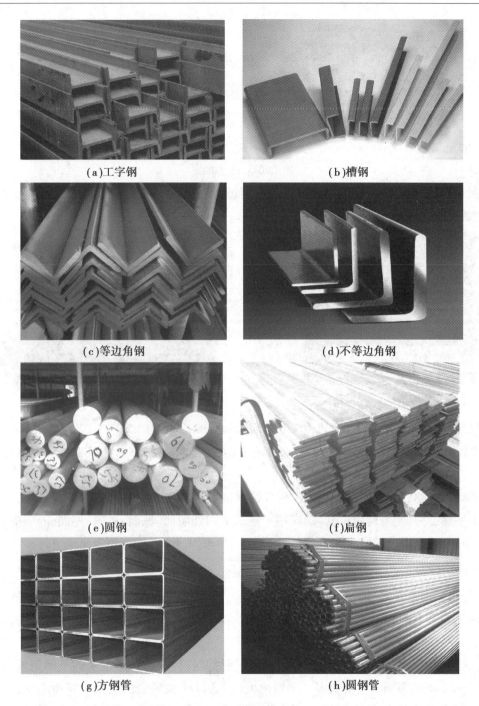

(a)工字钢   (b)槽钢

(c)等边角钢   (d)不等边角钢

(e)圆钢   (f)扁钢

(g)方钢管   (h)圆钢管

图 3.207　型钢断面分类

将彩钢板通过专用冷轧设备,制成断面折线形、波形、双曲波形、肋形、V 形、加劲形等形状,称为压型钢板(图 3.208),增加了彩钢板的抗冲击强度以及承受水平荷载的能力,抗震性能好、施工快速、外形美观等优点,是良好的建筑材料和构件,主要用于围护结构、楼板,也可用于其他构筑物。

以彩色涂层钢板作为上下两层金属面板,中间夹聚苯乙烯板(图 3.209)、岩棉(图

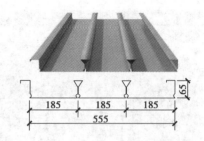

图 3.208　压型钢板

3.210)、玻璃棉、空心玻镁板等制成的夹心彩钢板,是集承重、防火、防水、隔热、保温、隔音于一体的新型墙体材料。

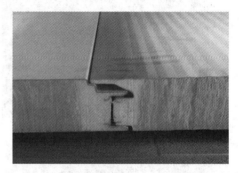

图 3.209　聚苯乙烯夹心彩钢板　　　　　　　　　图 3.210　岩棉夹心彩钢板

单层彩钢板厚度一般为 0.426,0.476,0.50,0.60 mm,宽度为 1 000,1 200 mm,压型彩钢板宽度尺寸有 750,850,900,990,1 025 mm 等规格;夹心彩钢板厚度为 50~200 mm,宽度为 960,1 000,1 200 mm。

彩钢板轻质高强、抗腐性、耐候性、耐久性好、色彩丰富鲜艳、装饰效果好,且无需二次装修,安装快捷方便,施工周期短,广泛应用于建筑室内外墙面、柱面、吊顶、屋面、隔墙等,特别用于工业厂房、仓库、轮船、冷库、实验室、医院、洁净车间、超市、体育馆等建筑空间。

4)不锈钢

不锈钢是加铬元素为主并加其他元素的合金钢,铬含量越高,钢的抗腐蚀性越好。除铬外,不锈钢中还含有镍、锰、钛、硅等元素,这些元素都能影响不锈钢的强度、塑性、韧性和耐蚀性。

建筑装饰用不锈钢制品包括薄钢板、管材、型材及各种异型材。主要的是薄钢板,其中,厚度小于 2 mm 的薄钢板用得最多。不锈钢板(图 3.211)按照表面效果有镜面不锈钢、发纹不锈钢、亚光不锈钢,按照颜色有银白色、蓝色、灰色、红色、金黄色、茶色等多种颜色。

不锈钢薄板的厚度为 0.2~4 mm,宽度为 1 000,1 219 mm,成品板的长度为 2 439,3 048,4 000 mm 等,也可根据需要定长度加工。

不锈钢板及型材强度高、耐冲击、耐腐蚀性好、经不同表面加工可形成不同的光泽度和反射能力、安装方便、装饰效果好,具有强烈的时代感,由于其反射作用,可取得与周围环境中的各种色彩、景物交相辉映的效果。同时,在灯光的配合下,还可形成晶莹明亮的高光部分,从

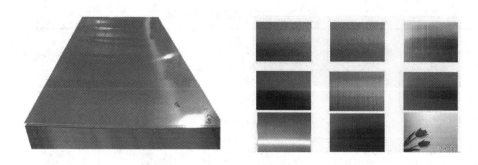

图 3.211　不锈钢板

而有助于在这些共享空间中,形成空间环境中的兴趣中心,对空间环境的效果起到强化、点缀和烘托的作用。因此,不锈钢板、不锈钢型材常用在现代风格空间中。

不锈钢板及型材广泛用于建筑屋面、幕墙、门、窗、室内墙面、吊顶、家具台面、栏杆扶手等。

5)轻钢龙骨

轻钢龙骨是以镀锌钢带或薄钢板为原材料,由特制轧机以多道工艺轧制而成的建筑用金属骨架系统。

轻钢龙骨按断面形式有 U 型、C 型、T 型及 L 型(图 3.212);按用途有吊顶龙骨和隔墙龙骨,吊顶龙骨代号 D,隔断龙骨代号 Q。吊顶龙骨分主龙骨(又叫大龙骨、承重龙骨),副龙骨(又叫覆面龙骨,包括中龙骨和小龙骨)。隔墙龙骨则分竖龙骨、天地龙骨和通贯龙骨等。

吊顶轻钢龙骨又分暗装龙骨系列和明装龙骨系列。暗装龙骨系列包括传统 U 型装配式龙骨和直卡式龙骨;明装龙骨一般为 T 型烤漆龙骨。

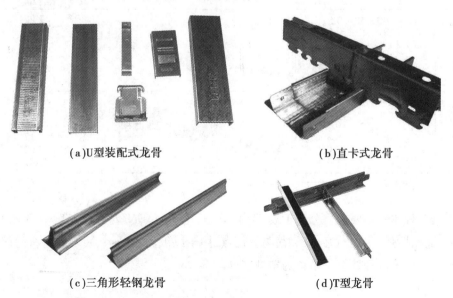

(a)U型装配式龙骨　　　　　　　　(b)直卡式龙骨

(c)三角形轻钢龙骨　　　　　　　　(d)T型龙骨

图 3.212　轻钢龙骨

隔墙龙骨的规格型号有 Q50 型、Q75 型、Q100 型、Q150 型(表 3.22)。

表 3.22　隔墙龙骨规格型号表

名称	规格	断面	实物图片	质量/(kg/支)
50 竖 龙 骨	3 000 × 50 × 30 × 0.4 0.45 0.5 0.6			0.95 1.09 1.23 1.50
50 地 龙 骨	3 000 × 50 × 20 × 0.4 0.45 0.5 0.6			0.74 0.84 0.95 1.16
75 竖 龙 骨	3 000 × 75 × 30 × 0.35 0.4 0.45 0.5 0.6			0.95 1.11 1.27 1.43 1.74
75 地 龙 骨	3 000 × 75 × 22 × 0.35 0.4 0.45 0.5 0.6			0.81 0.94 1.08 1.22 1.49
75 竖 龙 骨	3 000 × 75 × 40 × 0.45 0.5 0.6 0.7 0.8			1.47 1.66 2.03 2.40 2.77
75 地 龙 骨	3 000 × 75 × 40 × 0.45 0.5 0.6 0.7 0.8			1.41 1.58 1.94 2.29 2.64
100 竖 龙 骨	3 000 × 100 × 50 × 0.5 0.6 0.7 0.8 1.0 1.2			2.22 2.72 3.21 3.70 4.69 5.68
100 地 龙 骨	3 000 × 100 × 40 × 0.5 0.6 0.7 0.8 1.0 1.2			1.90 2.33 2.75 3.17 4.02 4.87

　　吊顶暗龙骨体系主要规格分为 D38 型、D45 型、D50 型、D60 型、D75 型（表 3.23）。它具有强度大、通用性强、耐火性好、安装简易等优点,用于以纸面石膏板、装饰石膏板等轻质板材做饰面的非承重墙体和建筑物吊顶的造型装饰。

表 3.23　U 型暗装吊顶龙骨系列

	不上人吊顶	上人吊顶		备注
主龙骨	12 38　~1.2 0.45 kg/m **38主龙骨**	15 50　1.2 0.70 kg/m **50主龙骨**	27 60　1.2 1.09 kg/m **60主龙骨**	承载龙骨
副龙骨	(19)20　0.5~0.6 50 0.39 kg/m **50副龙骨**	27　0.6 60 0.58 kg/m **60副龙骨**		覆面龙骨
吊件	20　25 95　2　50 20 **38吊件**	25　25 120　3　75 24 **50吊件**	20　40 (2)130　88 35 **60吊件**	主龙骨吊挂件
主连接	10 25　120 **38主连接**	13 35　120 **50主连接**	56 1.5　120 22 **60主连接**	主龙骨接长
吊挂件	54　23 50 45 **38吊挂件**	54　23 64 45 **50吊挂件**	54　52 74 59 **60吊挂件**	主副龙骨连接
副连接	0.5　17 49　90 **50副连接**	0.5　25 59　100 **60副连接**		副龙骨接长
支托	0.5 17 47 25 **50支托**	0.5 25 57 25 **60支托**		水平件
备选配件				

吊顶明龙骨体系(图 3.213)有平面系列、凹槽系列,型号有 32 型、38 型,适合各种矿棉天花板、铝质方块天花板、硅酸钙板等配套施工。

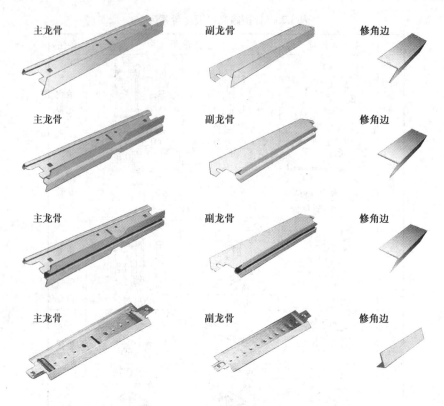

图 3.213　T 型明装吊顶龙骨系列

3.9.3　铝及铝合金

1)铝的特性

铝属于轻金属,密度为 2.7 g/cm³,为钢的 1/3。铝的熔点低,为 660 ℃。铝呈银白色,反射能力很强,很好的导电性和导热性,铝具有良好的延展性、塑性,强度和硬度较低,易加工成板、管、线及箔(厚度 6~25 μm)等。

纯铝强度较低,在铝中加入适量的铜、镁、锰、硅、锌等元素组成铝合金,如 Al-Cu 系合金、Al-Cu-Mg 系硬铝合金(杜拉铝)、Al-Zn-Mg-Cu 系超硬铝合金(超杜拉铝)等。铝合金机械性能明显提高,并仍具有重量轻、比强度高、不燃烧、耐腐蚀、经久耐用、不易生锈、加工及施工方便、装饰华丽等优点。

铝合金原料通过挤压法,生产成各类型材、板材,在通过阳极氧化、表面着色等表面处理工艺,生产出各种装饰材料。

建筑上常用的铝合金装饰制品有铝合金门窗型材、幕墙型材、装饰板、复合铝塑板、铝箔,以及铝合金吊顶龙骨等。另外,家具设备及各种室内装饰配件也大量采用铝合金。随着工艺技术的进步,不断出现新型的铝合金装饰材料,如蜂窝铝板、泡沫铝板等。

2)型材

铝合金型材(图 3.214)按照用途包括门窗型材和幕墙型材。

门窗型材包括框料、扇料、连接件等,根据门窗的形式、部位又分平开门窗料、滑拉门窗料、边框、扁管、上滑料、下滑料等。为了节能,又有断桥式铝合金门窗型材。宽度型号有38系列、40系列、60系列、70系列、90系列等。外观可着成银白色、古铜色、暗灰色、黑色等多种颜色。

铝合金型材拼装的门窗质量轻、密封性好、外观美丽、耐腐蚀、强度高、坚固耐用、便于工业化生产。

幕墙型材有竖挺、横担、附框、连接件等。按立柱的进深尺寸,型号有100、120、140、150、160、180等系列。

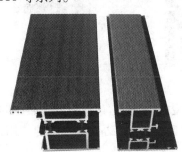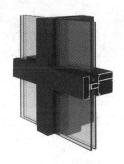

图 3.214　铝合金型材

3)铝合金花纹板(图3.215)

花纹板是采用防锈铝合金坯料,用特制的花纹轧制而成的,花纹美观大方,不易磨损,防滑性能好,防腐蚀性强,便于冲洗。通过表面处理可以得到不同的颜色。花纹板材平整,裁剪尺寸精确,便于安装,广泛用于墙面装饰及楼梯踏板处。

花纹铝板厚度为1.5~8 mm,宽度为1 000,1 200 mm,长度为2 000,2 400 mm或定尺加工。

图 3.215　铝合金花纹板

图 3.216　铝合金波纹板

4)铝合金波纹板(图3.216)

波纹板是将平板轧制成波纹状,与平板相比,具有更好的强度。表面经化学处理可以有各种颜色,有较好的装饰效果,经久耐用,并且可重复使用。主要用于墙面和屋面。

波纹板厚度为0.6~1.0 mm,波峰为18~33 mm,宽度为825,1 008,1 115 mm,长度为2 000~10 000 mm。

5)铝合金平板(图 3.217)

装饰应用中,各种类型的平板最为常见。用于吊顶时,常称为铝扣板,用于室内外墙面时,称为铝单板。

铝扣板按形状有方形或长条形,按照功能有普通平板和冲孔吸音板,按照表面装饰涂层有烤漆、滚涂、粉末静电喷涂、氟碳漆、覆膜、热转印、釉面、油墨印花、镜面等多种类型。

 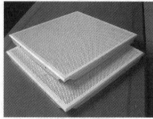 

图 3.217　铝合金平板

冲孔吸音板是各种铝合金平板经机械穿孔而成。孔型根据需要有圆孔、方孔、长圆孔、长方孔、三角孔,大小组合孔等。微孔板对高频音有较好的吸收作用,结合吸音棉的使用,具有很好的吸音降噪效果。

方形铝扣板一般采用三角形龙骨或人字形龙骨安装,条形铝扣板采用专用卡式龙骨安装。

铝单板用于墙面、柱面,可以根据设计造型需要,加工成各种形状、规格,表面装饰涂层要求防腐、耐磨,粉末静电喷涂、氟碳漆。铝单板墙面要有较好的抗冲击性,厚度比扣板更厚,安装的龙骨骨架强度也更高。

铝合金装饰平板质轻、耐高温、耐腐蚀、防火、防潮、防震、化学稳定性好,造型美观,色彩丰富,装饰效果好,且施工安装简便,广泛用于建筑室内外吊顶及墙柱面,特别是潮湿环境的吊顶及大型会议室、影院、播音室等对音质要求较高的公共建筑吊顶。

铝扣板厚度为 0.6~1.5 mm,方形扣板常见尺寸(mm)有:300×300、300×450、300×600、600×600、800×800、300×1 200、600×1 200;条形铝扣板常见宽度 100,150,200,300 mm 等,长度在工厂加工成 4 000~6 000 mm,再根据现场房间尺寸加工成需要长度。

铝单板厚度 2~3 mm,大板最长可至 4 000 mm,宽度 1 200 mm。

6)铝塑复合板(图 3.218)

铝塑复合板是以经过化学处理的涂装高纯度铝合金板为上下层表层材料,用无毒低密度聚乙烯(PE)为芯材,加工而成的复合材料。上下铝板起装饰、增加强度作用,中间聚乙烯层起到加厚、隔热的作用。

铝塑板品种比较多,按用途可分为建筑幕墙用铝塑板、外墙装饰与广告用铝塑板、室内用铝塑板;按产品功能分为防火铝塑板、抗菌防霉铝塑板、抗静电铝塑板;按表面装饰效果分为涂层装饰铝塑板、氧化着色铝塑板、贴膜装饰复合板、彩色印花铝塑板、拉丝铝塑板、镜面铝塑板。

铝板表面装饰性涂层类型有氟碳漆、聚酯漆、丙烯酸漆等,颜色有金属色、各种素色、珠光色、荧光色等。阳极氧化着色铝塑板有玫瑰红、古铜色等别致的颜色;贴膜板是将彩纹膜按设定的工艺条件,贴在铝板,有石材岗纹、木纹板等。

A39 挪威红　　A40 紫罗红　　A41 啡网

A42 大花白　　A43 大花绿　　A44 莎安娜米黄

图 3.218　铝塑复合板

幕墙铝塑板上、下表层铝板厚度不小于 0.50 mm,总厚度 4 mm,采用氟碳树脂涂层。外墙装饰与广告用铝塑板,上、下表层铝板厚度不小于 0.20 mm,总厚度 4 mm,采用氟碳涂层或聚酯涂层。室内用铝塑板上、下表层铝板厚度为 0.12~0.30 mm,总厚度一般为 3 mm,采用聚酯涂层或丙烯酸涂层。

铝塑板宽度 1 220 mm,长度 2 440 mm,用量较大时,长度可定尺加工。

由性质截然不同的两种材料(金属和非金属)组成,它既保留了原组成材料(金属铝、非金属聚乙烯塑料)的主要特性,又克服了原组成材料的不足,进而获得了众多优异的材料性质,如豪华性、艳丽多彩的装饰性、耐候、耐蚀、耐冲击、防火、防潮、隔音、隔热、抗震性;质轻、易加工成型、易搬运安装等特性。因此,被广泛应用于建筑外墙、室内墙面及吊顶、柱面、家具、广告招牌、展示台架、净化防尘工程等,已成为三大幕墙中(天然石材、玻璃幕墙、金属幕墙)金属幕墙的代表。

7)吊顶龙骨(图 3.219)

铝合金吊顶龙骨一般呈 T 型,属于明龙骨吊顶系统。由主龙骨、次龙骨、边龙骨组成。龙骨按照造型又有平面龙骨和凹槽龙骨。安装方式是用主次龙骨组合成 600 × 600 的方格,方格里再搁置硅酸钙板、矿棉板等成品吊顶板。

铝合金龙骨不锈、质轻、防火、抗震、安装方便,广泛用于办公、文教、餐饮等建筑空间室内吊顶装饰。

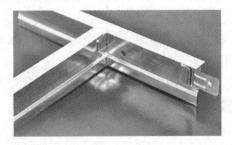

图 3.219　吊顶龙骨

8)金属吊顶

铝合金还可以加工成铝格栅、铝方通等,用于开放式吊顶,如图 3.220。

3.9.4　铜和铜合金

铜是紫红色金属,密度为 8.96 g/cm³。其导热性和导电性在所有金属中仅次于银。铜材较软,易加工可制成管、棒、线、带以及箔等型材。

铜易与许多元素组成合金,如青铜(铜锡合金)、黄铜(铜锌合金)、白铜(铜镍合金)等。

图 3.220　金属吊顶

铜也是一种古老的建筑材料,并广泛应用作建筑装饰及各种零部件。在古建筑中,铜材是一种高档的装饰材料,用于宫廷、寺庙、纪念性建筑以及商店铜字招牌等。在现代建筑装饰方面,铜材集古朴和华贵于一身。可用于外墙板、执手或把手、门锁、纱窗(紫铜纱窗)、西式高级建筑的壁炉。在卫生器具、五金配件方面,铜材具有广泛的用途:洗面器配件、浴盆配件、妇洗器配件、坐便器配件、蹲便器配件、小便器配件、洗涤盆配件、淋浴器配件等一般都选用铜材。经铸造、机械加工成型,表面处理用镀镍、镀铬工艺,具有抗腐蚀、色泽光亮、抗氧化性强的特点,可用于宾馆、旅社、学校、机关、医院等多种民用建筑中,铜材还可用于楼梯扶手栏杆、楼梯防滑条等。有的西方建筑用铜包柱,光彩照人,美观雅致,光亮耐久,多在本色基础上抛光。高级宾馆、饭店、古建筑、楼、堂、殿、阁中采用此装饰方式,可体现出一种华丽、高雅的气氛。另外,在一些高级宾馆中,选用紫铜编织成网,网孔为方形,幅面宽度一致,数目不同,可用作纱门、纱窗、防护罩等。

黄铜粉俗称"金粉",常用于调制装饰涂料,代替"贴金"。此外,铜的合金还有锡青铜、铝青铜、特殊黄铜等。

4

特殊构造

4.1 变形缝装修构造

建筑的变形缝有伸缩缝、沉降缝和防震缝,是为防止因温度变形、建筑不均匀沉降和地震作用导致损坏而设。装修的要点是既要加以修饰,又不会影响其正常发挥作用,要点是缝内不能填塞硬质刚性材料。

变形缝的构造做法,有传统的现场制作方法,如采用弹性材料填充和封缝;还有就是采用成品的封缝构件现场安装的方法,其工效和质量更高。

4.1.1 楼地面变形缝

传统做法是用沥青麻丝、嵌缝油膏等弹性材料填充,上铺活动盖缝板、金属调节片或橡皮条等(图4.1),金属调节片要做防锈处理,盖缝板形式和色彩应和室内装修协调;还可采用成品封缝构件现场安装的方法,板面封缝详图(图4.2)。板底封缝详图(图4.3),阴角处的处理详图(图4.4)。

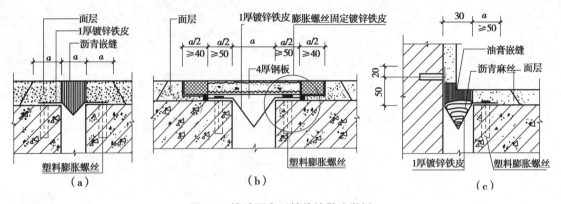

图 4.1　楼地面变形缝传统做法举例

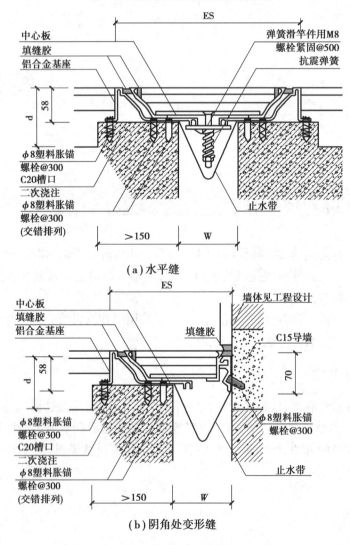

（a）水平缝

（b）阴角处变形缝

图 4.2　楼地面变形缝封缝构件举例

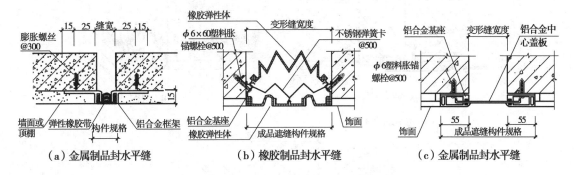

图 4.3 板底采用成品封缝构件

（a）金属制品封水平缝　（b）橡胶制品封水平缝　（c）金属制品封水平缝

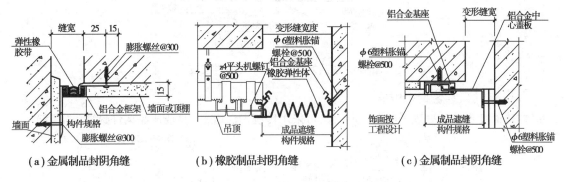

图 4.4 阴角处变形缝封缝构件

（a）金属制品封阴角缝　（b）橡胶制品封阴角缝　（c）金属制品封阴角缝

4.1.2 墙(柱)处变形缝构造

1)外墙变形缝构造

外墙主要考虑防风雨侵入并注意美观,内墙以美观和防火为主。变形缝外墙一侧可用传统做法,以沥青麻丝、泡沫、塑料条等有弹性的防水材料填缝,当缝较宽时,缝口可用镀锌铁皮、彩色薄钢板等材料做盖缝处理(图 4.5)或采用成品构件封缝(图 4.6)。

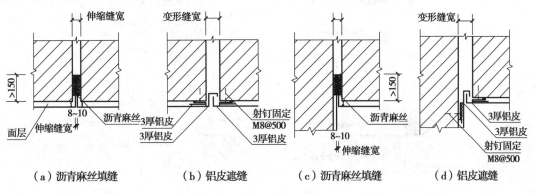

（a）沥青麻丝填缝　（b）铝皮遮缝　（c）沥青麻丝填缝　（d）铝皮遮缝

图 4.5 外墙变形缝传统做法

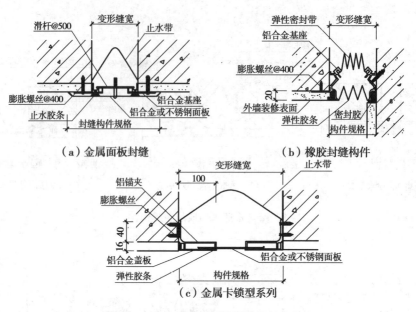

图 4.6　成品外墙变形缝封缝构件安装

2)内墙(柱)处变形缝构造

内墙面变形缝的处理,同楼地面一样,可采用传统做法(图 4.7)或成品构件封缝(图 4.8)。

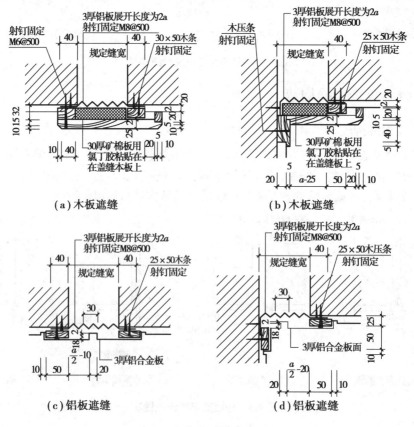

图 4.7　内墙变形缝现场制作

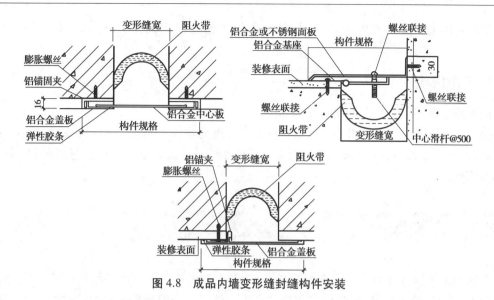

图 4.8 成品内墙变形缝封缝构件安装

4.2 装修隔热构造

4.2.1 屋顶隔热

装修增强屋顶隔热的手段,主要是利用吊顶来设置通风层。顶棚通风层应有足够的高度,仅作通风隔热用的空间净高一般为 500 mm 左右(图 4.9)。吊顶板朝上一面有铝箔时,隔热效果更好。

图 4.9 吊顶通风隔热层

4.2.2 内外墙隔热

①热桥处理。热桥是热量传递的捷径,不但会造成大的冷热量损失,而且会产生局部结露(图 4.10)。在设计施工时,应当对门窗洞、阳台板、圈梁及构造柱等部位采取构造措施,将其热桥阻断,达到较好的节能效果。

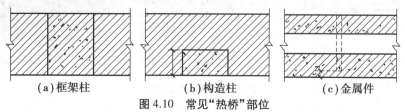

(a)框架柱　　　(b)构造柱　　　(c)金属件

图 4.10 常见"热桥"部位

②尽可能减少传入室内的热量,如外墙采用浅色且较为反光材料,采用热反射玻璃幕墙等。

4.2.3 门窗隔热

门窗隔热重点是加强门窗的隔热性能。

提高门窗的隔热性能主要有 4 个途径:采用合理的建筑外遮阳、设计挑檐、遮阳板、活动遮阳等;选择遮蔽系数合适的玻璃;采用对太阳红外线反射能力强的热反射材料贴膜;提高门窗的气密性。

4.3 建筑保温

在寒冷的地区或装有空调设备的建筑中,热量会通过建筑的外围护结构(外墙、门、窗、屋顶等)向外传递,使室内温度降低,造成热的损失。外围护结构所采用的建筑材料必须具有保温性能,以保室内适宜的环境,减少能量消耗。

4.3.1 建筑保温对材料的要求

建筑常用保温材料如下所述。

①板材:憎水性水泥膨胀珍珠岩保温板、发泡聚苯乙烯保温板、挤塑型(或称挤压型)聚苯乙烯保温板、硬质和半硬质的玻璃棉或岩棉保温板等。

②块材:水泥聚苯空心砌块等。

③卷材:玻璃棉毡和岩棉毡等。

④散料:膨胀蛭石、膨胀珍珠岩、发泡聚苯乙烯颗粒等。

4.3.2 外墙保温构造

1)外墙内保温

外墙内保温是将保温材料置于外墙体的内侧。优点是做法简单,造价较低,但是在热桥的处理上容易出现问题,造成局部结露和较多能耗,如图 4.11 所示。

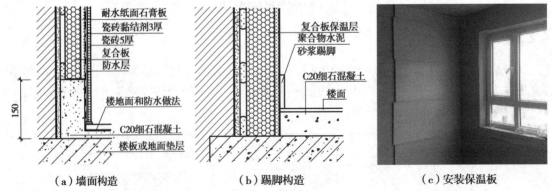

(a)墙面构造　　　　　(b)踢脚构造　　　　　(c)安装保温板

图 4.11　外墙内保温

还可以采用发泡聚氨酯作为墙体的保温材料,如图 4.12 所示。

（a）发泡聚氨酯施工 　　　　　　　　　（b）发泡聚氨酯保温墙面

图 4.12　发泡聚氨酯材料的墙体保温

2）外墙外保温

外墙外保温是将保温材料置于外墙体的外侧,优点是基本上可以消除建筑物各个部位的热桥和冷桥效应,还可在一定程度上阻止风霜雨雪等的侵袭和温度变化的影响,保护墙体和结构构件,是目前采用最多的方法。而且既适用于北方需冬季采暖的建筑,也适用于南方需夏季隔热的空调建筑,如图 4.13 所示。

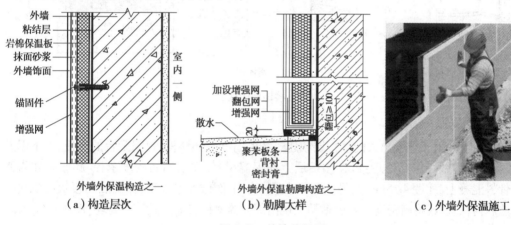

（a）构造层次 　　　　　（b）勒脚大样 　　　　　（c）外墙外保温施工

图 4.13　外墙外保温

3）外墙中保温层

外墙中保温层是将保温材料置于外墙的内、外侧墙片之间,内、外侧墙片可采用混凝土空心砌块。

优点:对内侧墙片和保温材料形成有效的保护,对保温材料的选材要求不高,聚苯乙烯、玻璃棉以及脲醛现场浇注材料等均可使用,大型冷藏库内部装修采用较多。

4.3.3　门窗保温

1）外墙保温门

旋转门用于北方地区,由于密闭效果较好,保温性能好。或采用成品保温门用于建筑出入口处。

2)外墙保温窗

外墙窗的保温要点:一是选用中空玻璃和好的框料;二是处理好缝隙。

4.3.4 楼地面的保温

1)地面保温

保温层可以减少能耗和降低温差,对防潮也起一定作用。保温层常用两种做法:一种是地下水位较高的地区,可在面层与混凝土垫层间设保温层,如满铺或在距外墙内侧 2 m 范围内铺 30~50 mm 厚的聚苯乙烯板,并在保温层下做防水层;另一种是地下水位低、土壤较干燥的地区,可在垫层下铺一层 1:3 水泥炉渣或其他工业废料做保温层,如图 4.14 所示。

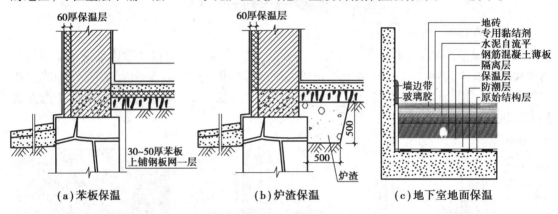

(a)苯板保温   (b)炉渣保温   (c)地下室地面保温

图 4.14　楼地层的保温

2)楼板面保温

在寒冷地区,对于悬挑出去的楼板层或建筑物的门洞上部楼板、封闭阳台的底板、上下温差大的楼板等处需做好保温处理:可在楼板层上面保温材料,如采用高密度苯板、膨胀珍珠岩制品、轻骨料混凝土等[图 4.15(a)];另一种是在楼板层下面做保温处理,保温层与楼板层浇筑在一起,然后再抹灰,或将高密度聚苯板粘贴于挑出部分的楼板层下面做吊顶处理[图 4.15(b)]。

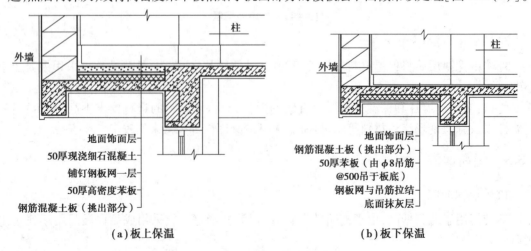

(a)板上保温   (b)板下保温

图 4.15　楼板的保温处理

4.4 建筑的防水、防潮

建筑物防水防潮的重点部位是屋面、外墙、地下室、用水房间和其他会被水侵袭的部位。

4.4.1 外墙外防水

外墙防水是保证建筑物内部和结构不受水侵袭一项分部防水工程。

外墙防水工程的目的,是使建筑物能在设计耐久年限内,免受雨水、生活用水的渗漏和地下水的侵蚀,确保建筑结构、内部空间不受污损。

1)外墙墙体防水

①外墙防水的砌筑要求:砌筑时避免外墙墙体重缝、透光,砂浆灰缝应均匀。

②应封堵墙身的各种孔洞,不平整处用水泥砂浆找平,如遇太厚处,应分层找平。

③面层采用防渗性好的材料装修。

2)外墙墙面防水

外墙墙面详图如图 4.16 所示。

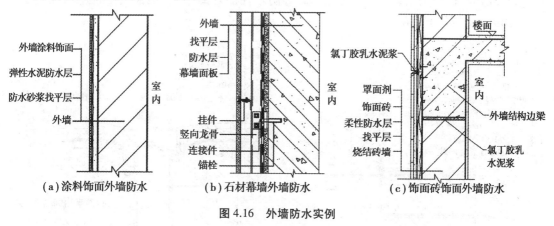

图 4.16 外墙防水实例

4.4.2 门窗防水

外墙窗框固定好后,须用聚合物防水砂浆对窗框周边进行塞缝,塞缝要压实、饱满,绝不能有透光现象出现。门窗安装、粉饰成型后,要进行成品保护,不能被破坏。

4.4.3 楼地面防潮

一般在混凝土垫层与地面面层之间,铺设热沥青或防水涂料形成防潮层,以防止潮气上升到地面,如图 4.17 所示。

4.4.4 楼地面防水

用水频繁和容易积水的房间如卫生间、厨房、实验室等,应做好楼地面的排水和防水。在布设于楼地面的给排水管道等安装到位,楼面垫层完工干燥后,应做涂料防水层,防水层应沿四周墙面向上涂刷且高于用水设备高度,例如高于花洒或浴盆高度,且不小于 150[图 4.18(a),图 4.19(a)],在此基础上做面层。为防积水外溢,地面应比其他房间或走道低 30～50 mm,或在门口设 20～30 mm 高的门槛[图 4.18(b)]。地面应设地漏,并用细石混凝土从四周向地漏找 0.5%～1%的坡。

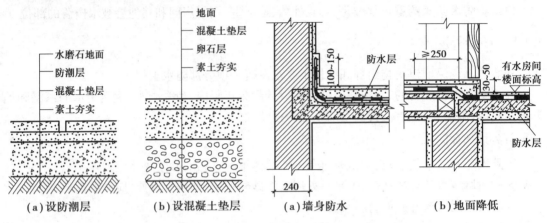

（a）设防潮层 （b）设混凝土垫层

图 4.17　地面的防潮

（a）墙身防水 （b）地面降低

图 4.18　楼层的防潮处理

该类房间宜采用缸砖、瓷砖、陶瓷锦砖等防水性能好的面层,地漏周围也应增强防水处理,详图如图[4.19(b)]所示。

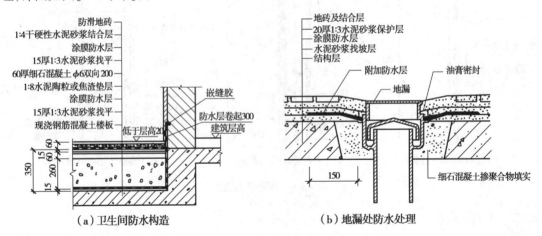

（a）卫生间防水构造 （b）地漏处防水处理

图 4.19　卫生间防水

4.5　吸声与隔声构造

建筑隔声的目的是阻止环境噪声干扰,为人们的生活和工作提供安静的环境。声能的传递是借助固体、气体和液体等媒介,通过振动波的方式进行的。建筑隔声就是阻隔声能在空气和固体中的这种传递。主要途径是增强门窗和隔墙的密闭性,削弱固体(包括门窗)的振动传声。

4.5.1 楼板层的隔声

楼板层的隔声处理有两条途径:一是采用弹性面层或浮筑层;二是吊顶增加隔声效果。

1)楼板及板面的处理

如图 4.20(a)所示,是先在楼板层结构上做 50 mm 厚 C7.5 炉渣混凝土垫层,再做面层;图 4.20(b)是在楼板结构层上加橡胶垫一类的弹性材料,再于其上设置龙骨,龙骨上另做木地板。

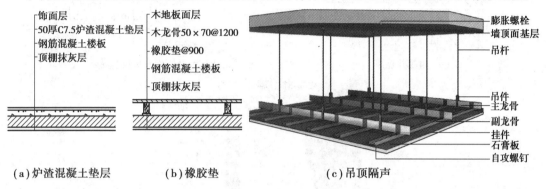

(a)炉渣混凝土垫层　　(b)橡胶垫　　　　　　(c)吊顶隔声

图 4.20　楼板层隔声处理

2)吊顶隔声

采用密闭材料吊顶,可隔绝声能的传播,常用轻钢龙骨纸面石膏板吊顶隔声,如图 4.20(c)所示。

4.5.2 墙体隔声

相互贯通的空间之间的隔声,可以用屏风或挡墙等隔绝部分。隔离开的相邻空间之间,可采取下述构造方式。

1)单层隔声墙

单层隔声墙是板状或墙状的隔声构件,墙的单位面积质量越大,隔声效果越好。对于低频声(小于 500 Hz),隔声效果与隔墙的刚度有关,频率越高刚度应该越低;对于中频(500 Hz),一般采用阻尼构件(如在钢板上刷沥青);对于高频声(大于 500 Hz),可加大墙的质量来隔绝。

2)多层墙的隔声特性

①双层隔声墙(包括轻质隔墙)的隔声效果比单层墙好,因为一般夹有空气层或隔声材料。当声波透过第一墙时,经空气与墙板两次反射会衰减,加之空气层的弹性和附加吸收作用加大了衰减;声波传至第二墙,再经两次反射,透射声能再次衰减。例如图 4.21(a)所示为钢筋混凝土墙+岩棉+纸面石膏板墙;图 4.21(b)所示为砖墙+岩棉+纸面石膏板墙;图4.21(c)所示为砖墙+隔声毡+轻质隔板。

②多层复合板隔声。多层复合板是由几层面密度或性质不同的板材组成的复合隔声构件,通常用金属或非金属的坚实薄板做面层,内侧覆盖阻尼材料或填入多孔吸声材料或设空气层等组成。多层复合板质轻和隔声性能良好,广泛用于多种隔声结构中,如隔声门(窗)、隔声罩、隔声间的墙体等,如图 4.22 所示。

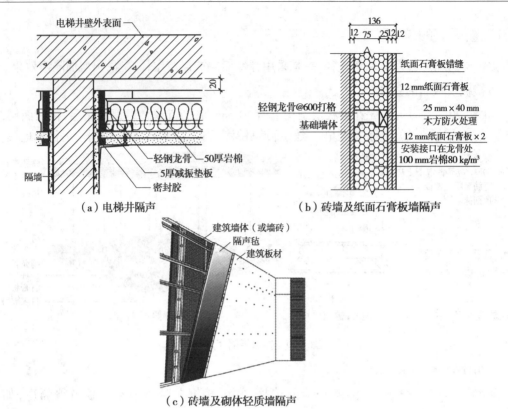

（a）电梯井隔声　　　　　　　　（b）砖墙及纸面石膏板墙隔声

（c）砖墙及砌体轻质墙隔声

图 4.21　墙体隔声构造

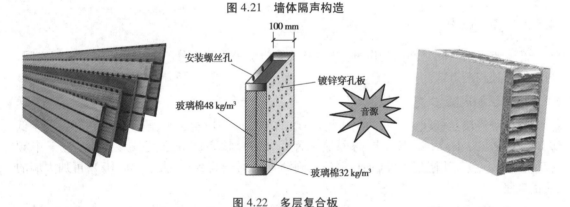

图 4.22　多层复合板

4.5.3　门（窗）的隔声和缝隙的处理

1）缝隙的处理

门窗与边框的交接处应尽量加以密封，密封材料可选用柔软而富有弹性的材料，如细软橡皮、海绵乳胶、泡沫塑料、毛毡等，橡胶类密封材料老化应及时更换。

2）门窗的隔声构造

要点是隔绝声传播和传导。要求密闭，减少多层玻璃间的共振，如图 4.23 和图 4.24 所示。

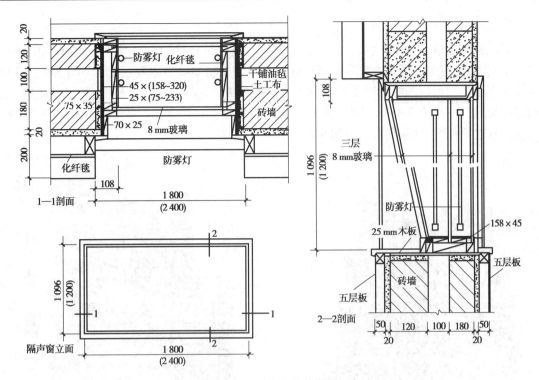

图 4.23　隔声窗构造举例

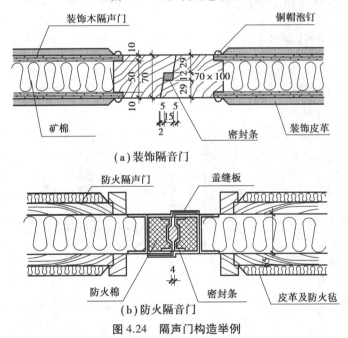

（a）装饰隔音门

（b）防火隔音门

图 4.24　隔声门构造举例

4.5.4　吸声构造

视听要求较高的室内,如会议室、电影院、剧场、卡厅和歌舞厅等。

1)表面处理

如采用吸音板吊顶,地毯地面、墙面软包等,对墙、地和顶棚进行处理。

2)吸声材料

吸声材料是指平均吸声系数大于0.2的材料。吸声材料品种众多,装修一般的视听场所如会议室等,常用 MLS 扩散体(图4.25),或各类吸声板材如吸声木丝板等。MLS 即"二进制最大长度序列",可以理解为通过计算机优选出的扩散体,是一系列不同深度的凹凸组合,凹凸深度均通过专业计算所得,具有良好的扩散和吸声效果。其构造示意图详如图4.26、图4.27所示。木丝板吸声墙面构造,详见图4.28。

图 4.25　MLS 吸声扩散体

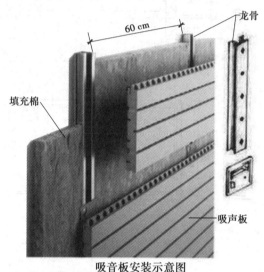

吸音板安装示意图

图 4.26　扩散体墙面构造举例

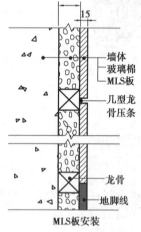

MLS板安装

图 4.27　扩散体墙面构造剖面

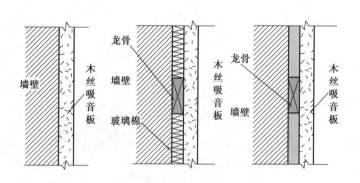

图 4.28　木丝板吸声墙面构造

3)吸声结构

吸声结构由穿孔板或金属网、吸声材料或空腔组成,用于视听要求更高的厅堂。设计、选材和布局等,由建筑物理专家决定,之前会经过详细的计算和设计调整,详见图4.29。

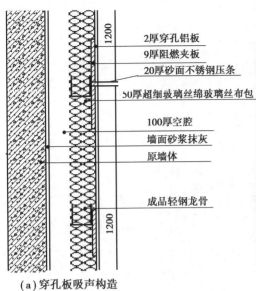

2厚穿孔铝板
9厚阻燃夹板
20厚砂面不锈钢压条
50厚超细玻璃丝绵玻璃丝布包
100厚空腔
墙面砂浆抹灰
原墙体

成品轻钢龙骨

(a)穿孔板吸声构造　　　　　　(b)金属网遮饰矿棉包吸声构造

图 4.29　吸声构造

5 隔墙隔断材料与构造

5.1 概述

隔墙是分隔室内空间的非承重构件,隔断顾名思义是"隔而不断"的建筑构件,特点是透风或不隔视线。在现代建筑中,大量采用隔墙以适应建筑功能的变化。由于隔墙不承受任何外来荷载,且本身质量还要由楼板或小梁来承受,因此有下述要求。

①自重轻,有利于减轻楼板的荷载。

②厚度薄,增加建筑的有效空间。

③便于拆卸,能随使用要求的改变而变化。

④有一定的隔声能力,使各个使用空间互不干扰。

⑤满足使用部位的要求,如卫生间的隔墙要求防水、防潮,厨房的隔墙要求防潮、防火等。

隔墙的类型众多,有砌块隔墙、板材隔墙、骨架隔墙、玻璃隔墙、PVC 隔墙、钢板网抹灰隔墙等。

5.2 烧结砖和砌块隔墙

这类隔墙的特点,是以水泥砂浆为胶结材料,将小块的砖和砌块砌为墙体。

砌块隔墙厚度由砌块尺寸决定,一般为 90~240 mm。砌块墙大多具有质轻、孔隙率大、隔热性能好等优点,但吸水性强,故在有防水、防潮要求时应先在墙下部实砌 3~5 皮黏土砖再砌砌块。砌块不够整块时宜用普通粘土砖填补。砌块隔墙的其他加固构造方法同普通砖隔墙。

5.2.1 砖的砌筑方式

组砌要求:砂浆饱满、横平竖直、错缝搭接,避免通缝。常用砌筑方法,见图5.1。

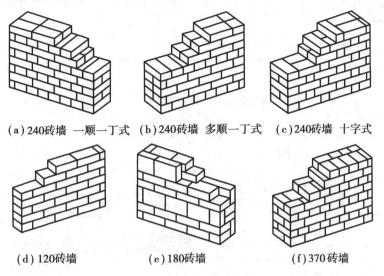

(a)240砖墙 一顺一丁式　(b)240砖墙 多顺一丁式　(c)240砖墙 十字式

(d)120砖墙　　　　　(e)180砖墙　　　　　(f)370砖墙

图 5.1　烧结砖的砌筑方式

5.2.2 砌块的砌筑方式

砌块组砌与砖不同的是:由于砌块规格较多、尺寸较大,为保证错缝以及砌体的整体性,应先做排列设计,并在砌筑中采取加固措施,见图5.2。要求:

①砌块整齐、统一,有规律性;

②大面积墙面上下皮砌块应错缝搭接,避免通缝;

③内、外墙的交接处应咬接,使其结合紧密,排列有序;

④尽量多使用主要砌块,并使其砌块总数的70%以上;

⑤使用钢筋混凝土空心砌块时,上下皮砌块应尽量孔对孔、肋对肋,以便于穿钢筋灌注构造柱。墙厚:12墙,18墙,24墙,37墙,49墙;

⑥砌块墙为保持稳定,底部和顶部,应采取必要的加固措施,例如斜砌立砖(图5.3)或增加锚固钢筋(图5.4)。

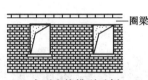

(a)小型砌块排列示例

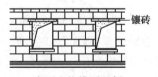

(b)中型砌块排列示例

图 5.2　砌块砌筑方式

5.2.3 墙体尺度

砌体尺度主要指厚度和长度,除应满足结构和功能要求之外,砌体尺度还需符合块材的规格。根据块材尺寸和数量,再加上灰缝,可组成不同的墙厚和墙段。断面较小的砌体,在设计和施工时,要注意其尺寸必须符合砌块的模数,以免施工时过多"砍砖"。

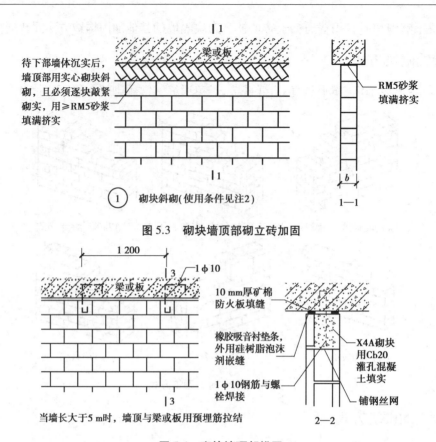

待下部墙体沉实后，墙顶部用实心砌块斜砌，且必须逐块敲紧砌实，用≥RM5砂浆填满挤实

梁或板

RM5砂浆填满挤实

① 砌块斜砌(使用条件见注2)

1—1

图5.3 砌块墙顶部砌立砖加固

1200

1φ10

梁或板

10 mm厚矿棉防火板填缝

橡胶吸音衬垫条，外用硅树脂泡沫剂嵌缝

X4A砌块用Cb20灌孔混凝土填实

1φ10钢筋与螺栓焊接

铺钢丝网

当墙长大于5 m时，墙顶与梁或板用预埋筋拉结

2—2

图5.4 砌块墙顶部锚固

5.3 骨架隔墙

骨架隔墙也称龙骨隔墙，主要用木料或钢材构成骨架，再在两侧做面层。面层材料通常用的有纤维板、纸面石膏板、硅钙板、胶合板、钙塑板、塑铝板、纤维水泥板等。面板和骨架的固定方法，可根据不同材料，采用钉子、膨胀螺栓、铆钉、自攻螺丝或金属夹子等，如图5.4所示。

骨架隔墙是由骨架和面层两部分组成。

1)骨架

骨架分为木骨架、轻钢骨架、石膏骨架、石棉水泥骨架和铝合金骨架等。常用的有木骨架和轻钢骨架。骨架由上槛、下槛、墙筋、横撑或斜撑组成。

2)面层

骨架的面层有人造板面层和抹灰面层。

(1)人造板面层骨架隔墙

常用的人造板面层(即面板)有胶合板、纤维板、纸面石膏板等。

(2)板条抹灰隔墙

板条抹灰隔墙是先在木骨架的两侧钉灰板条，然后抹灰。

5.3.1 抹灰饰面骨架隔墙

抹灰饰面骨架隔墙,是在骨架上加钉板条、钢板网、钢丝网,然后做抹灰饰面,还可在此基础上另加其他饰面,这种隔墙采用较少。

5.3.2 木骨架面板隔墙

木骨架隔墙质轻、壁薄、拆装方便,但防火、防潮、隔声性能差,并且耗用木材较多。

1)木骨架

通常采用 50 mm×(70~100)mm 的方木。立柱之间沿高度方向每 1.5 m 左右设横挡一道,两端与立柱撑紧、钉牢,以增加强度。立柱间距一般为 400~600 mm,横挡间距为 1.2~1.5 m。木骨架的固定多采用金属胀管、木楔圆钉、水泥钉等。另外,木骨架还应作防火、防腐处理。

2)面板

面板多为胶合板、纤维板等木质板。面板的固定方式有两种:一种是将面板封于木骨架之外,将骨架全部掩盖,称为贴面式。贴面式的饰面板要在立柱上拼缝,常见的拼缝方式有明缝、暗缝、嵌缝和压缝。另一种是将面板镶嵌或用木压条固定于骨架中间,称嵌装式。

5.3.3 金属骨架隔墙

金属骨架一般采用薄壁轻型钢、铝合金或拉眼钢板做骨架,两侧铺钉饰面板,如图5.5所示。

1)金属骨架

金属骨架由沿顶龙骨、沿地龙骨、竖向龙骨、横撑龙骨和加强龙骨及各种配件组成。构造做法是将沿顶和沿地龙骨用射钉或膨胀螺栓固定,构成边框,中间设竖向龙骨,如需要可加横撑和加强龙骨,龙骨间距为 400~600 mm,需与面板规格协调,如图5.6所示。

图5.5 金属骨架隔墙

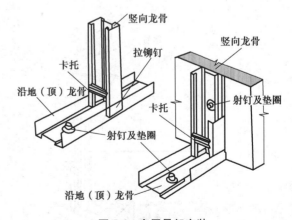

图5.6 金属骨架安装

2)饰面板

金属骨架的饰面板采用纸面石膏板、金属薄钢板或其他人造板材。目前应用最多的是纸面石膏板、防火石膏板和防水石膏板。

5.4 中空玻璃砖隔墙

中空玻璃砖隔墙(图 5.7)主要采用中空玻璃砖(图 5.8)砌筑,最常见的玻璃砖的长、宽、厚度为 190 mm×190 mm×80 mm/95 mm、145 mm×145 mm×80 mm/95 mm、240 mm×240 mm×80 mm 和 240 mm×115 mm×80 mm。

图 5.7 中空玻璃砖隔墙

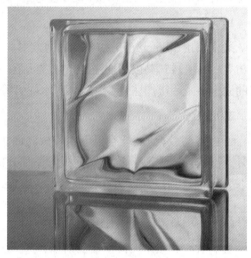

图 5.8 中空玻璃砖

砌筑中空玻璃砖隔墙所需材料有玻璃砖、水泥、普通硅酸盐白水泥、白砂、石膏粉、胶粘剂,以及钢筋、丝毡、槽钢、金属型材框等(图 5.9),其主要构造大样详图如图 5.10 所示。

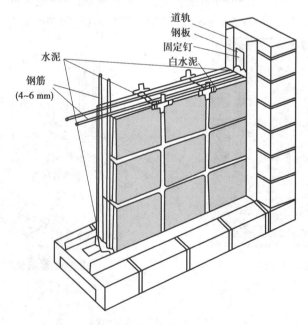

图 5.9 砌筑中空玻璃砖隔墙

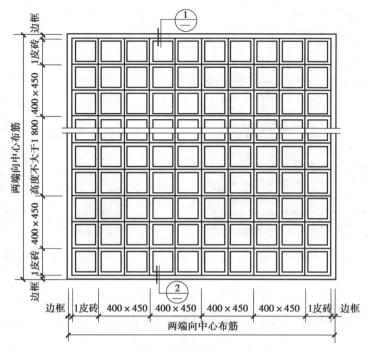

图5.10　中空玻璃砖墙构造节点大样

5.5　PVC隔墙

　　PVC中空内模隔墙板是以PVC为主要原料,经加工而成带有空腔的条形内模板,如图5.11所示。模板上下由"U"形槽铁固定,水平向由销键插接,外挂铁网连成整体。

　　PVC隔墙板具有隔音、抗震、防火、防潮、节能、环保、综合造价低,使用面积高等特点。具备隔音性能、抗震性、防火性、保温节能、防水防潮效果好以及墙体轻、占地少的特点。

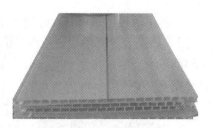

图5.11　PVC隔墙板

　　PVC中空内墙板容重为:100 mm,厚墙体100 kg/m²,120 mm厚墙体120 kg/m²,成墙质量轻、厚度低,有效降低建筑结构承重,提升使用面积。

5.6　轻钢龙骨钢板网抹灰隔墙

　　钢板网抹灰隔墙质轻,防火防潮,塑形方便,镶贴瓷砖容易,常用下述几种钢板网。

1)喷塑钢板网

　　喷塑钢板网是经选用优质的钢板冲拉成形以后,表面经过浸塑处理,色泽光亮,不生锈,经久耐用,如图5.12所示。

2)镀锌钢板网

板厚:1~8 mm,孔型:菱形孔、六角孔、圆孔、美格孔等。电镀锌一层约5 μm、热镀锌一层约12 μm金属锌的钢板,有防腐蚀的作用,如图5.13所示。

 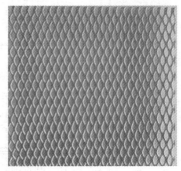

图5.12　喷塑钢板网　　　　　　　　　　　图5.13　镀锌钢板网

5.7　板材隔墙

板材隔墙是指单板高度相当于房间净高,面积较大,且不依赖骨架,直接装配而成的隔墙。目前,采用的大多为条板,如各种轻质条板、蒸压加气混凝土板和各种复合板材等。

5.7.1　轻质条板隔墙

常用的轻质条板有玻纤增强水泥条板(图5.14)、钢丝增强水泥条板、增强石膏空心条板(图5.15)、轻骨料混凝土条板(图5.16)。条板的长度通常为2 200~4 000 mm,常用2 400~3 000 mm。宽度常用600 mm,一般按100 mm递增,厚度最小为60 mm,一般按10 mm递增,常用60、90、120 mm。

图5.14　玻纤增强水泥条板　　　图5.15　增强石膏空心条板　　　图5.16　轻骨料混凝土条板

增强石膏空心条板不应用于长期处于潮湿环境或接触水的房间,如卫生间、厨房等。轻骨料混凝土条板用在卫生间或厨房时,墙面须作防水处理。

条板墙体厚度应满足建筑防火、隔声、隔热等功能要求。单层条板墙体用作分户墙时其厚度不宜小于120 mm;用作户内分隔墙时,其厚度不小于90 mm。由条板组成的双层条板墙体用于分户墙或隔声要求较高的隔墙时,单块条板的厚度不宜小于60 mm。

轻质条板墙的限高为:60 mm厚度为3.0 m;90 mm厚度为4.0 m;120 mm厚度为5.0 m。

条板在安装时,与结构连接的上端用胶粘剂粘结,下端用细石混凝土填实或用一对对口木楔将板底楔紧。在抗震设防6~8度的地区,条板上端应加L形或U形钢板卡与结构预埋件焊接固定,或用弹性胶连接填实。对隔声要求较高的墙体,在条板之间以及条板与梁、板、墙、柱相结合的部位应设置泡沫密封胶、橡胶垫等材料的密封隔声层。确定条板长度时,应考虑留出技术处理空间,一般为20 mm,当有防潮、防水要求在墙体下部设垫层时,可按实际需求增加,图5.17所示为轻质条板的安装实例。

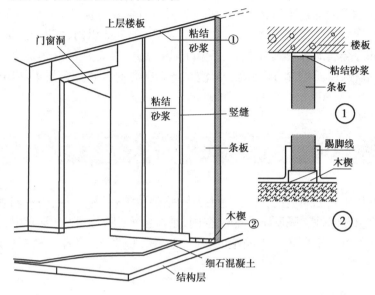

图5.17　轻质条板的安装实例

5.7.2　蒸压加气混凝土板隔墙

蒸压加气混凝土隔板墙(图5.18)自重较轻,可锯、可刨、可钉、施工简单,防火性能好。用于内板墙的板材宽度通常为500、600 mm,厚度为75、100、120 mm等,高度按设计要求进行切割。安装时板材之间用水玻璃砂浆或108胶砂浆粘结,与结构的连接详见图5.19。

图5.18　蒸压加气混凝土隔板墙

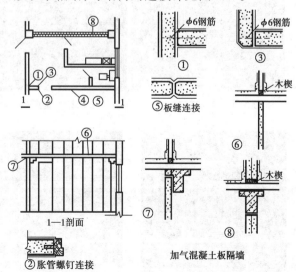

图5.19　蒸压加气混凝土隔板墙结构

5.7.3　复合板材隔墙

由几种材料制成的多层板材,面层有石棉水泥板、石膏板、铝板、树脂板、硬质纤维板、压型钢板等。夹芯材料有矿棉、木质纤维、泡沫塑料和蜂窝状材料等。

复合板材具有强度高、耐火性、防水性、隔声性能好的优点,且安装、拆卸方便,有利于建筑工业化。我国生产的有金属面夹芯板,其上下两层为金属薄板,芯材为具有一定刚度的保温材料,如岩棉、硬质泡沫塑料等,板的长度一般在 12 000 mm 以内,宽度为 900、1 000 mm,厚度为30~250 mm。金属夹芯板具有高强、保温、隔热、隔声、装饰性能好等优点,既可用于内隔墙,还可用于外墙板、屋面板、吊顶板等。但泡沫塑料夹芯的金属复合板不能用于防火要求高的建筑。

5.8　隔断构造

隔断的主要作用是分隔空间,丰富空间层次,增强装饰效果。与隔墙不同,隔断的特点是尺度小,通透,讲求艺术性。隔断不会隔绝空间,是"隔而不断"。以下要素中,总有一种或更多种是隔断刻意保留或不介意是否隔绝的,即光线、视线、气流、声音。隔断也用于分隔小空间,例如厕位的隔断。

5.8.1　隔断的类型

隔断的类型如图 5.20 至图 5.28 所示。

图 5.20　金属棂格

图 5.21　金属剪板隔断

图 5.22　铜艺云纹隔断

图 5.23　磨砂玻璃隔断

图 5.24　磨花玻璃隔断

图 5.25　中空玻璃砖隔断

图 5.26 木质落地花罩

图 5.27 方木隔断

图 5.28 硬木隔断

①以设置方式分,有固定隔断、活动隔断和灵活隔断等,活动隔断如屏风等,因归于陈设一类。活动隔断可以挪走;灵活隔断虽然固定安装,但可以改变大小和形状。

②以制作材料分,有金属隔断(钢铁、不锈钢、铜和铝等)、玻璃隔断、塑料(塑钢)隔断、竹木材料隔断和混合材料(例如木玻材料混搭)隔断等。

5.8.2 常用隔断构造

(1)金属隔断构造

金属隔断大多在工厂制作,借助金属脚、角码、膨胀螺栓、预埋件等,在现场安装牢固,如图 5.29 所示。

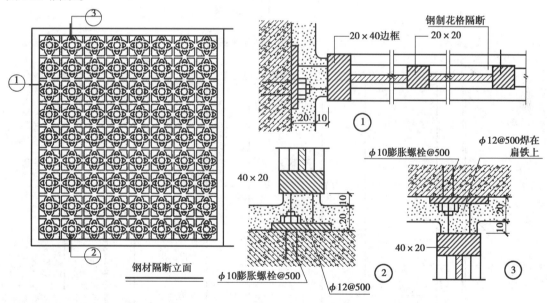
图 5.29 金属隔断构造实例

(2)卫生间 UPVC 塑料隔断

塑料隔断具备轻便,防潮防水,易清洁,不易老化,不挤占空间等特点,大量用于公共卫生间和浴室等场所。其组成构件及安装等,详见图 5.30,常用规格尺寸详图如图 5.31 所示。

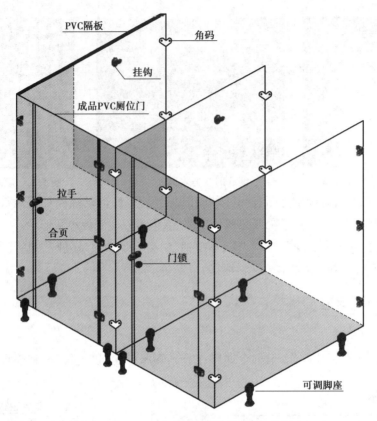

图 5.30　塑料隔断安装实例

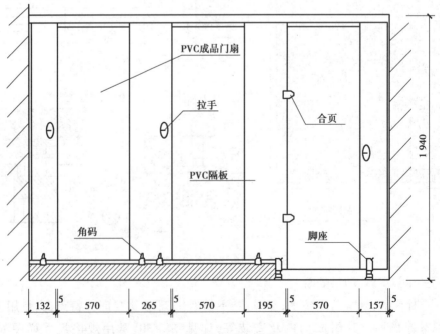

图 5.31　成品塑料隔断常用尺寸

（3）全玻落地隔断

全传落地隔断类似下端支承式玻璃幕墙,特点是不用金属框,以嵌固安装为主,隔板的稳定主要借助玻璃肋板,其构造做法详见图5.32。

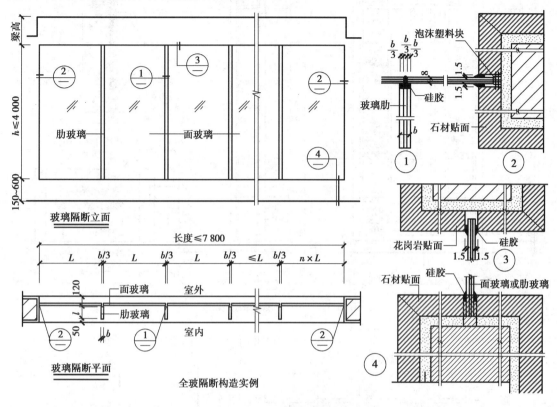

图 5.32　全玻隔断构造实例

（4）装饰木隔断

装饰木隔断主要由木方、木条、木刻花板（雕花板）等木构件组成,构造实例如图5.33所示。

（5）铝玻隔断

由铝合金型材和玻璃材料构成,构造实例详如图5.34所示。

（6）木博古架隔断

博古架用于布置艺术品、工艺品和文物等,也可作为分隔空间的手段,装饰性极强,是中国传统的室内装饰构件和家具。其构造实例,详见图5.35。

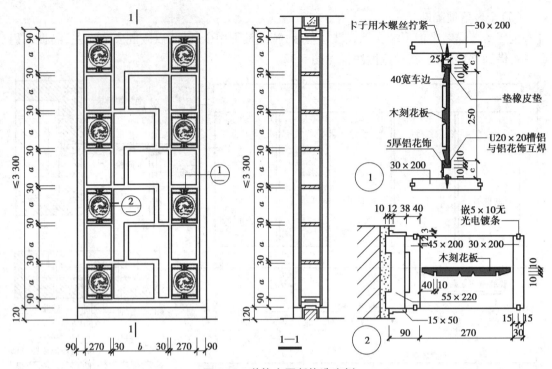

图 5.33 装饰木隔断构造实例

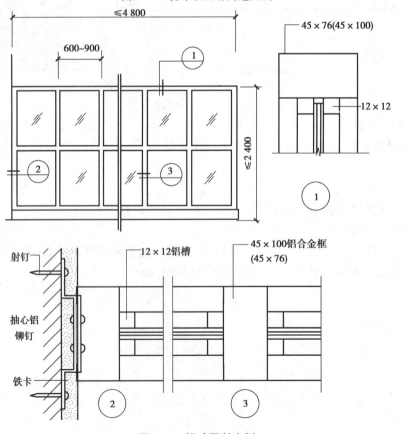

图 5.34 铝玻隔断实例

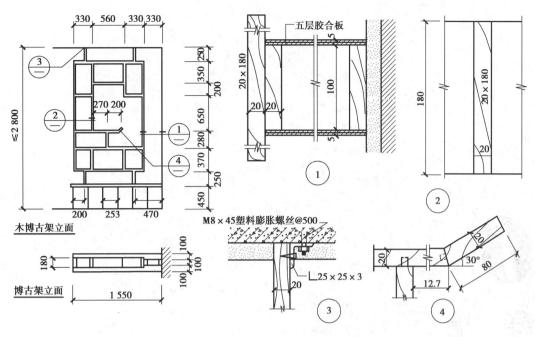

图 5.35 木博古架隔断实例

幕　墙

　　由面板与支承结构体系(支承装置与支承结构)组成的、可相对主体有一定位移能力或自身有一定变形能力、不承担主体结构所受作用的建筑外围护墙或装饰性结构。幕墙是建筑物的外围护构件,不承重,像幕布一样挂上去,故又称为悬挂墙,是现代大型和高层建筑常用的带有装饰效果的轻质墙体。对幕墙进行分类的方法繁多,一般按照材料、构造体系、施工方法等几方面分类。

　　按面板材料分为玻璃幕墙、金属幕墙、石材幕墙、人造板材幕墙,以及上述材料组合而成的组合幕墙。

6.1　玻璃幕墙

　　玻璃幕墙根据支承方式分为框支承式、全玻幕墙、点支承式(图6.4),根据各自特点分为双层(通风)玻璃幕墙、光电玻璃幕墙等。

　　框支承式玻璃幕墙又分为明框玻璃幕墙(图6.1)、半隐框玻璃幕墙(图6.2)、隐框玻璃幕墙(图6.3)。

　　(1)明框玻璃幕墙

　　明框玻璃幕墙的玻璃镶嵌在四周有铝框的构件内,成为四边有铝框的幕墙构件,幕墙构件镶嵌在横(竖)梁上,形成横(竖)梁隐蔽,四边铝框分格明显外露的立面,其构造图详图6.5。

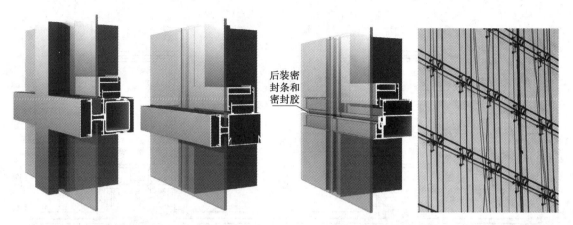

图 6.1 明框玻璃幕墙　图 6.2 半隐框玻璃幕墙　图 6.3 隐框玻璃幕墙　图 6.4 点支承式玻璃幕墙

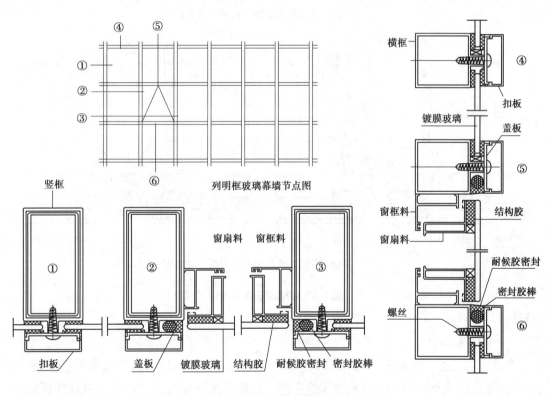

图 6.5 明框玻璃幕墙构造图

（2）隐框玻璃幕墙

隐框玻璃幕墙是将玻璃用硅酮结构胶粘结在铝框上，在大多数情况下，不再加金属连接件。因此，铝框全部隐蔽在玻璃后面，形成大面积全玻璃镜面，其构造图详见图 6.6。

（3）半隐框玻璃幕墙

半隐框玻璃幕墙分横隐竖不隐或竖隐横不隐两种。不论是哪种半隐框幕墙，均为一对应边用结构胶粘结成玻璃装配组件，而另一对应边采用铝合金镶嵌槽玻璃装配的方法，如图 6.7

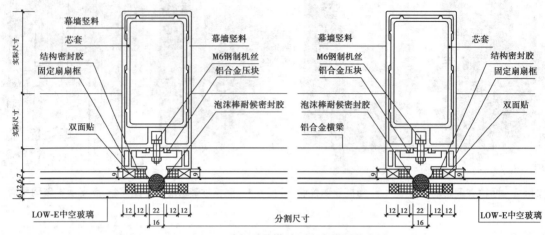

（a）隐框玻璃幕墙固定扇横剖节点图

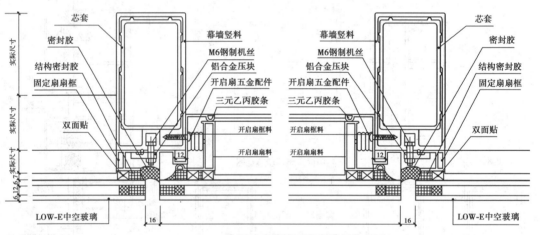

（b）隐框玻璃幕墙开启扇横剖节点图

图6.6　隐框玻璃幕墙构造

所示。

（4）全玻幕墙

全玻幕墙是由玻璃肋和玻璃面板构成的玻璃幕墙（图6.8、图6.9），肋玻璃垂直于面玻璃设置，起抵抗风载及限制面板水平位移的作用。玻璃采用下部支承式或上部悬挂式固定，当面板高度小于4.5 m时，采用下部支承式，大于等于4.5 m时，采用上部悬挂式。全玻玻璃幕墙只能现场组装，常用于大型公共建筑。

①下部支承式全玻幕墙。全玻幕墙高度小于4.5 m时，面板不会因自重而自行损害，采用这种构造方式较合理，因玻璃面板与肋板通过硅酮结构胶粘结，不会用到驳接构件，施工较简便，其主要节点详见图6.10、图6.11。

②上部悬挂式全玻幕墙。全玻幕墙高度超过4.5 m，不再适合采用下部支承式构造。

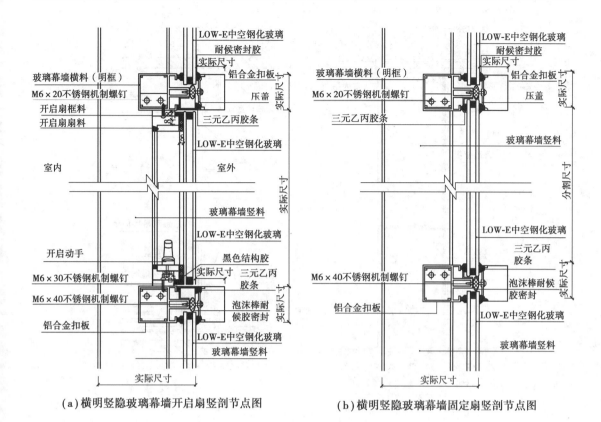

（a）横明竖隐玻璃幕墙开启扇竖剖节点图　　　　（b）横明竖隐玻璃幕墙固定扇竖剖节点图

图 6.7　半隐框玻璃幕墙构造

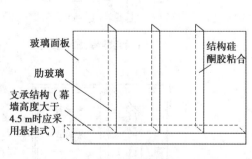

图 6.8　全玻幕墙示意

图 6.9　全玻幕墙外观

　　上部悬挂式全玻幕墙的特点,是幕墙面板和肋板由专门的吊挂件悬挂,安装于建筑结构或金属架上(图 6.13—图 6.16),面板与地面之间的缝隙,以胶垫和密封胶处理,水平约束靠玻璃肋板。

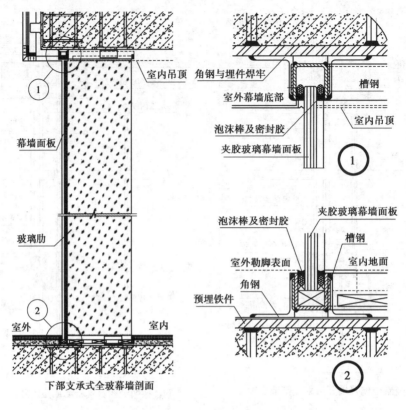

图 6.10 下部支承式全玻幕墙构造大样

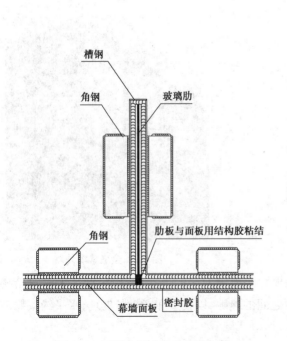

图 6.11 下部支承式全玻幕墙肋板

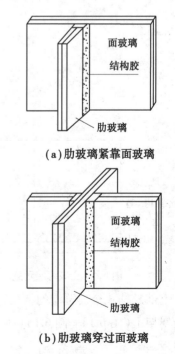

图 6.12 全玻幕墙肋板与面板连接做法

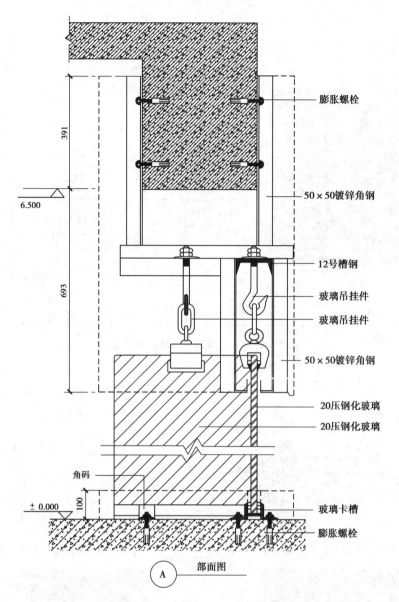

图 6.13　上部悬挂式全玻幕墙构造

（5）点支承式玻璃幕墙

点支承式玻璃幕墙的特点是幕墙面板由驳接件安装固定与结构构件之上。

常采用的类型，以结构分有玻璃肋点支式玻璃幕墙、钢桁架点支式玻璃幕墙、拉杆点支式玻璃幕墙、拉索点支式玻璃幕墙、混合结构点支式等。其中拉索点支式玻璃幕墙又分单层索网和双层索网两种。

①玻璃肋点支式玻璃幕墙。特点是幕墙面板由驳接爪安装于玻璃肋上，玻璃肋又牢固安装于建筑物上，详见图 6.17 和图 6.18，其构造特点详见图 6.19 和图 6.20。

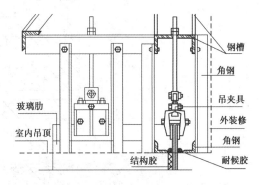

（a）幕墙玻璃   （b）幕墙玻璃与吊挂件

图 6.14 悬挂式幕墙的玻璃及吊挂件

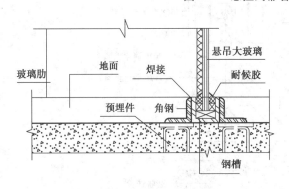

图 6.15 悬挂式全玻幕墙底端   图 6.16 悬挂式全玻幕墙顶端

图 6.17 玻璃肋及面板

图 6.18 玻璃肋点支承玻璃幕墙的驳接爪

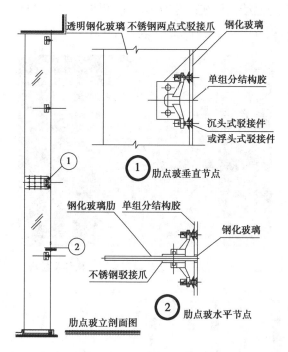

图 6.19 玻璃肋点支式玻璃幕墙构造

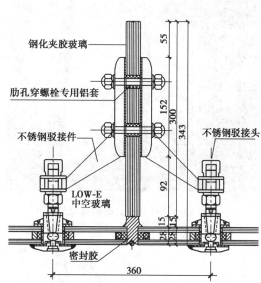

图 6.20 玻璃肋点支式玻璃幕墙构造大样

②钢桁架点支式玻璃幕墙。这种幕墙是将钢桁架支承体系固定在主体结构上,再通过驳接件将玻璃面板固定在钢桁架立柱上,玻璃之间通过密封胶进行封闭,形成结构明快、通透的围护体系,其主要构造做法,详见图 6.21 和图 6.22 所示。

图 6.21 钢桁架点支式玻璃幕墙外观

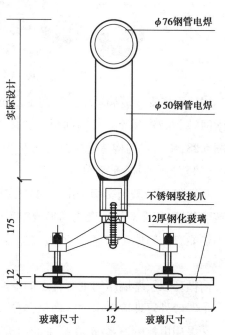

图 6.22 钢桁架点支式玻璃幕墙节点

③钢拉杆点支式玻璃幕墙。结构是由拉杆与钢结构组成的预应力自平衡体系(图6.23)，幕墙面板由驳接件安装于拉杆体系上(图6.24、图6.25)，其构造做法详见图6.26。

图6.23　拉杆点支式玻璃幕墙外观

图6.24　拉杆点支式玻璃幕墙驳接构件及拉杆

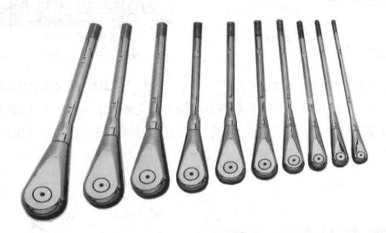

图6.25　各种型号拉杆图

④拉索点支式玻璃幕墙。结构是由拉索与钢结构组成的预应力自平衡体系，分单层和双层索网(图6.27)类型。幕墙面板由驳接件安装于拉索体系上(图6.28)。双层索网构造做法详图6.28，单层索网构造做法详见图6.29—图6.32。

(6)双层(通风)玻璃幕墙

双层(通风)玻璃幕墙是由一层外层玻璃幕墙和一层内层玻璃幕墙(或玻璃窗)组成的双层玻璃幕墙，能在双层玻璃之间形成温室效应，在夏季能将温室的过热空气排出室外，冬季把太阳热能有控制地排入室内，节约大量能源。这种幕墙又可分为内循环双层幕墙和外循环双层幕墙。

内循环双层幕墙结构主要特点如下所述。

①一般外层玻璃选用中空钢化，内层玻璃选择单片钢化。

②采用电控管道系统，在夏季的白天将双层封闭热通道内的热空气排出室外，冬季则相反。其空腔厚度一般为120~200 mm。

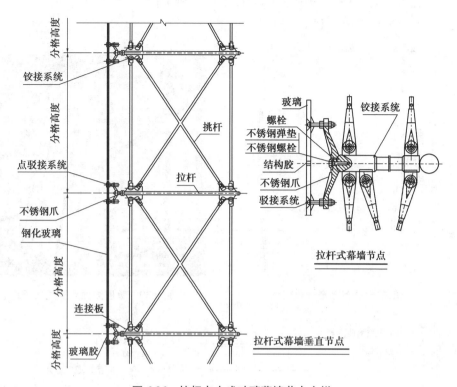

图 6.26 拉杆点支式玻璃幕墙节点大样

图 6.27 双层索网点支式玻璃幕墙

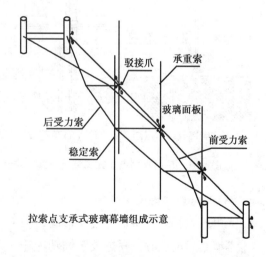

图 6.28 双层索网点支式玻璃幕墙组成示意图

③需要增设自然空气进入室内的窗扇通道。

④需用电子驱动抽风,其比外循环结构节能率低一些,如图6.33所示。

(7)外循环双层玻璃幕墙结构主要特点

①其结构设计可采用外层框架、单元或点式驳接形式。

②一般外层玻璃选用单片或夹层钢化,内层玻璃选择中空(low-e)钢化。

③采用自然的"烟筒"效应,但不同楼层的"烟筒"效应不同。

④其内外层之间的空腔应利于人员进入清洗工作。

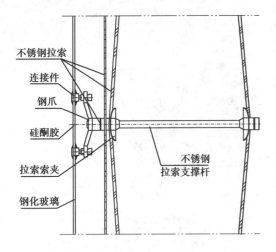

图6.29 双层索网点支式幕墙驳接点

图6.30 单层索网点支式玻璃幕墙

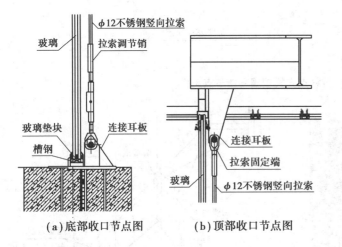

（a）底部收口节点图　　　（b）顶部收口节点图

图6.31 单层索网点支式幕墙上下端节点大样

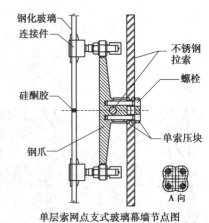

单层索网点支式玻璃幕墙节点图

图6.32 单层索网点支式幕墙驳接点

（8）光电玻璃幕墙

光电玻璃幕墙是将普通玻璃幕墙（屋顶）与光电原理相结合的建筑幕墙形式（图6.34）。光电幕墙集发电、隔声、隔热及装饰功能于一体。采用光电池、光电板技术,将太阳能转化为人们利用的电能,多用于标志性建筑的屋顶和外墙。

安装地点要选择光照比较好,周围无高大的物体遮挡阳光的地方。其主要构造节点,详见图6.35。

（a）热能传递方向示意图（夏季）　（b）热能传递方向示意图（冬季）　（c）通风换气示意图

图 6.33　内循环双层幕墙

图 6.34　光电玻璃幕墙

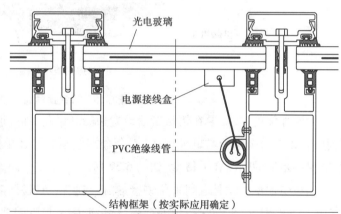

图 6.35　光电玻璃幕墙主要构造节点

6.2　金属幕墙

金属幕墙的板材以铝合金板使用最多,而钢板、不锈钢板、搪瓷用脱碳钢板、钛合金板等也有应用。

1）铝合金幕墙

幕墙常用的铝合金板材为铝合金单板（图 6.36）、铝塑复合板（简称复合铝板）、铝合金蜂窝板（简称蜂窝铝板）3 种。

①铝合金单板。幕墙用铝板厚度不小于 2.5 mm,铝板四边折弯成直角,转角处焊接,避免雨水从铝板的焊接缝隙进水。

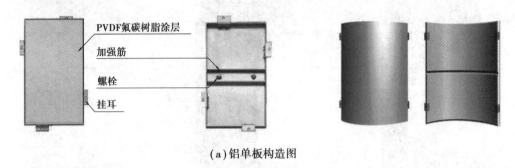

(a)铝单板构造图

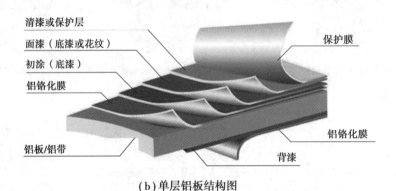

(b)单层铝板结构图

图 6.36 铝合金单板

为增加强度,按需要在铝板背后设置边肋和中肋,加强肋用同样材质的铝带或角铝制成,打孔后,以铝合金螺栓与单板相连,铝合金螺栓则焊接在单层铝板后面,形成扣板,使单块铝板能保持足够的刚度和平整度,如图 6.37 所示。

铝板与铝型材龙骨之间采用铆接、螺栓或胶粘与机械连接相结合的形式固定。铝板之间缝隙一般选用聚乙烯泡沫棒填塞缝隙,然后硅酮密封胶嵌缝,如图 6.38 所示。

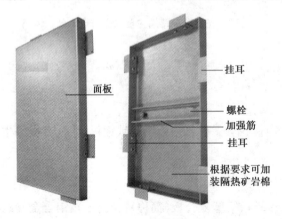

图 6.37 铝单板

图 6.38 饰面板与框架之间的连接构造

②铝塑复合板幕墙。铝塑复合板简称铝塑板,是由上下层的高纯度铝合金板,中间层的无毒低密度聚乙烯(PE)芯板合成,正面再粘贴一层保护膜。

室外用铝塑板正面涂覆氟碳树脂涂层,以增强耐候性,室内用的不设这种涂层,以节省造价。

铝塑板有普通型和防火型两类:

a.普通型是在两层 0.5 mm 厚铝板中间夹一层 2~5 mm 的聚乙烯塑料,经加工而成。

b.防火型是由两层 0.5 mm 厚的铝板中间夹一层难燃或不燃材料,经加工而成。

铝塑板为提高强度,需折边处理,是先在板的背面开槽,槽内切去内层铝板和胶层,仅留 0.5 mm 厚的外层铝板,再弯成 20~30 mm 宽的直角扣边,还可用铝材制成副框或作加强肋,四边和铝塑板用结构胶固定。加强肋也可用植钉与背板固定,如图 6.39 所示。

用于幕墙的铝塑板厚度不小于 4 mm,室内装修用的板厚度不小于 3 mm。

金属和金属复合板幕墙常采用框支承结构,详见图 6.40 所示。常用构造做法详图如图 6.41、图 6.42 所示。

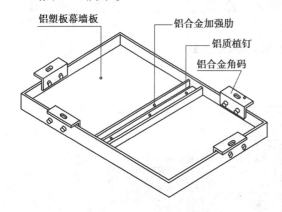

图 6.39　铝塑板加工图

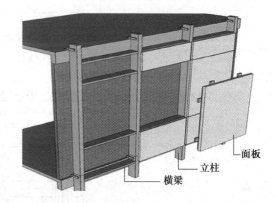

图 6.40　金属及复合板幕墙安装示意图

③蜂窝铝板幕墙。铝合金蜂窝板,是用两块铝板中间加不同材料制成的各种蜂窝状夹层。墙外侧板厚度一般为 1.0~1.5 mm,内侧板厚为 0.8~1.0 mm,如图 6.44、图 6.45 所示。

蜂窝铝合板具有较好的强度保温、隔热、隔声效果好的特点。中间蜂巢夹层材料有铝箔巢芯等。玻璃钢巢芯,蜂窝铝板以夹铝箔芯为最好。蜂窝铝板背面不用加强肋,其强度和刚度也可达到需要的要求。

蜂窝铝板加工也需要专用机械刻槽。蜂窝铝板加工最重要的内容是封边,蜂窝铝板外层板要比内层板四周宽出蜂窝厚度,四周内弯成直角,全面覆盖蜂巢,接缝以胶合或焊接,不允许漏水。

铝蜂窝板的安装做法详见图 6.46,另外,还有产品铝蜂窝幕墙板可供采用,如图 6.47 所示。

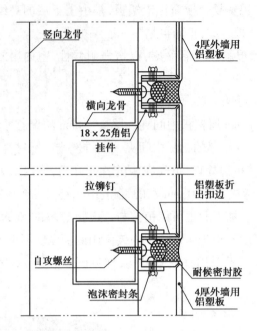

图 6.41 金属及复合板幕墙构造做法 1

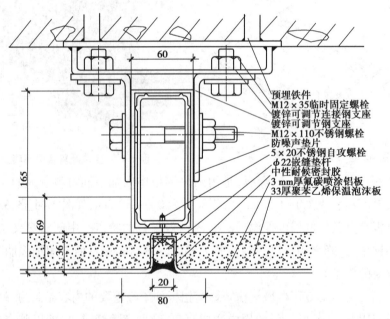

图 6.42 金属及复合板幕墙构造做法 2

2)其他金属幕墙

其他金属幕墙包括钢板、不锈钢板、铜板幕墙和钛合金板等制作的幕墙。这些幕墙构造安装的原理相同或相近与铝塑板或铝蜂窝板幕墙。它们有一个共同点,即金属面或金属材质的幕墙,都须做防雷接地。

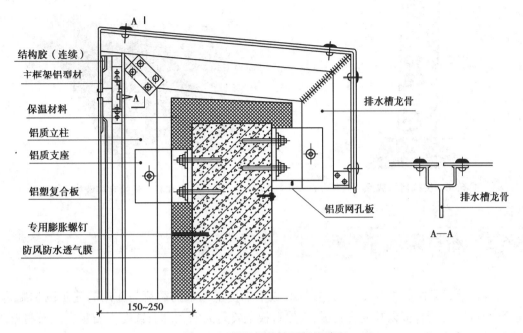

图 6.43　铝塑板幕墙顶部构造图

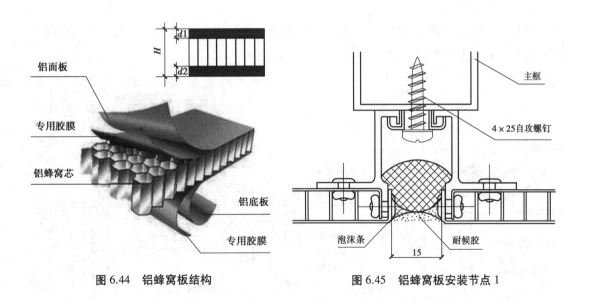

图 6.44　铝蜂窝板结构　　　　图 6.45　铝蜂窝板安装节点 1

图 6.46 铝蜂窝板成品

图 6.47 铝蜂窝幕墙板

6.3 石材幕墙

石材幕墙通常由石板及支承结构组成,是不承担主体结构载荷与作用的建筑围护结构。石材幕墙可用天然石板以及复合石板,天然石板主要是天然大理石或花岗石板材。石材幕墙用板厚度一般为 30 mm。单板面积不宜大于 1.5 m²,短边长度不宜大于 1 m。

石材幕墙按照节点构造方法分类,有钢销式干挂法、短槽式干挂法、通槽式干挂法、结构装配式干挂法、背栓式干挂法。

(1)钢销式干挂法

钢销式石材幕墙是在石材上、下边打孔,用安装在连接板上的钢销插入孔中,再使石板材固定安装在结构体系上,如图 6.48 所示。

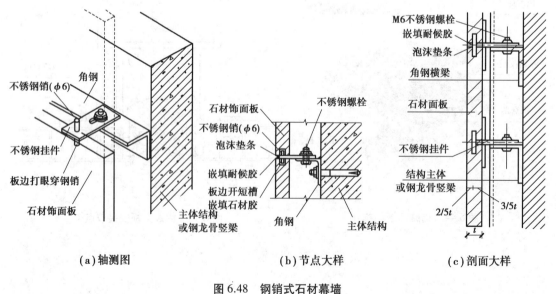

(a)轴测图　　　　　(b)节点大样　　　　　(c)剖面大样

图 6.48 钢销式石材幕墙

(2)短槽式干挂法

短槽式干挂法是先在石板上下边各开两个短槽,然后将断面呈"T"形或"L"形的金属连接件,一端插入上下相邻两块石板的槽内;另一端与幕墙骨架相连接。燕尾形连接件也可以起相同作用,如图 6.49 所示。

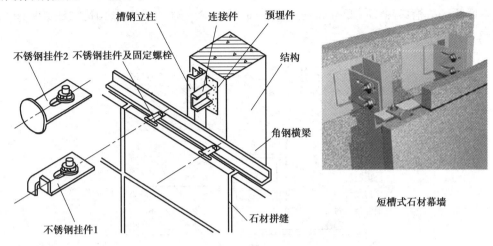

图 6.49　短槽式干挂法

上述构造法称为单肢短槽式干挂法,而采用铝合金挤压型材,上下相邻两块石板共同固定在"干"形断面的连接件上,连接件再与幕墙骨架相连接,称为双肢短槽式干挂法。单肢短槽的石板槽口开在板厚的中间位置,而双肢短槽石板的槽口开在距石板外表面 2/5 处,两者的比较详图如图 6.50、图 6.51 所示。

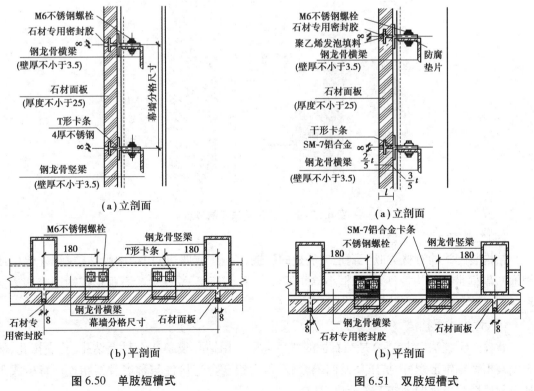

图 6.50　单肢短槽式　　　　图 6.51　双肢短槽式

（3）通槽式干挂法

通槽式连接是在石板上、下边开有通长的槽口，由通长的挂板拉结。不锈钢挂板厚3 mm，铝挂板厚4 mm；槽口深17~22 mm，宽6~7 mm，挂板深入槽内15 mm，构造做法详见图6.52、图6.53。

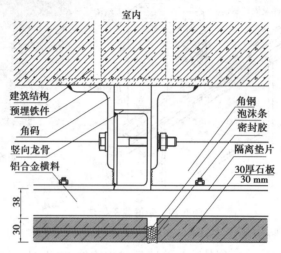

图 6.52　通槽式干挂法横剖节点

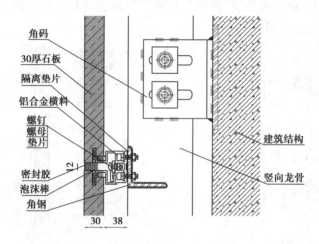

图 6.53　通槽式干挂法竖剖节点

（4）结构装配式干挂法

结构装配式的石材类似于隐框玻璃板的构造，两边（或四边）用结构胶粘贴副框（铝矿或钢框），副框带有挂钩板，形成隐框小单元板材，再挂到横梁、立柱上。石板形成两边或四边支承，受力较合理，由于有结构胶粘连，比较安全。

（5）背栓式干挂法

背栓式干挂法（图6.54）是在石板的背面采用专用钻孔设备在石材上钻孔、孔底拓孔，然后安装不锈钢锥形螺杆、扩压环及间隔套管，再由铝合金连接件与幕墙骨架相连。背栓式干挂石材幕墙与传统的干挂工艺相比，具有下述优点。

①板材之间独立安装，独立受力，避免了因相互连接而产生的不利影响。

②板材厚度可减小。

③适用范围广。

背拴体系适用于多种幕墙板材料:天然石材、人造石材、人造陶瓷、高强层压板等。

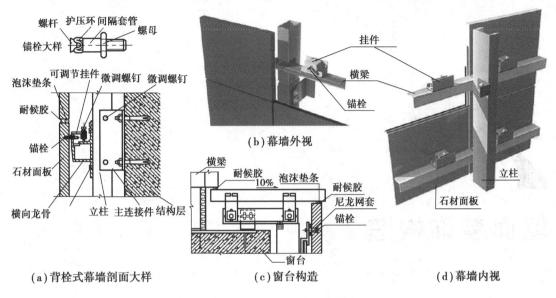

(a)背栓式幕墙剖面大样　　(c)窗台构造　　(d)幕墙内视

图 6.54　背拴式石材幕墙构造

(6)石材蜂窝板幕墙

石材蜂窝板材料构造与蜂窝铝板相同,其表面层为 3~5 mm 厚的超薄型天然石材加工板,中间层为铝蜂窝,内表层为铝板或玻璃丝网增强树脂板。中间层和内,外表层之间为玻璃丝网载体胶膜。石材蜂窝板幕墙具有:质量轻、抗冲击、安全性好、加工性好、选择性强、节约天然石材、力学性能好、具有隔热、隔音性能等优点。一般采用短槽式干挂法安装,如图 6.55所示。

图 6.55　石材蜂窝板幕墙

墙面装饰构造

墙面装饰的任务是加固墙体表面、保护墙体、美化装饰墙体表面、改良墙体的物理性能（如保温、隔热、反光和吸声）等。

7.1 墙面装修类型

墙面构造的分类可按墙面位置及材料和施工方法分类。

（1）按墙面位置分类

①外墙面装修。

②室内墙面装修。

（2）按材料和施工方法分类

①涂料及油漆类。

②裱糊类。

③镶贴类。

④软包处理。

⑤钉挂类（如石材、木材、GRC 等安装）。

⑥墙面线脚和特殊部位。

⑦其他效果。

建筑装饰工程的墙面装修,包括外墙面和内墙面装修。

7.2　涂料及油漆墙面构造

因墙体及表面抹灰材料的差异,涂料饰面构造方法有所差异,详见表7.1。

表7.1　涂料饰面构造

编号	做法名称	构造层次及构造做法	构造简图
1	水泥砂浆面乳胶漆	墙体 7厚1:3水泥砂浆打底扫毛 6厚1:3水泥砂浆垫层 5厚1:2.5水泥砂浆罩面亚光 满刮腻子砂平 刷乳胶漆	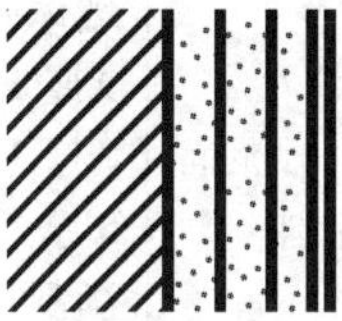
2	混合砂浆面乳胶漆	墙体 9厚1:1:6水泥石灰砂浆打底扫毛 7厚1:1:6水泥石灰砂浆垫层 5厚1:0.3:2.5水泥砂浆罩面亚光 满刮腻子砂平 刷乳胶漆	
3	保温基层刷乳胶漆	墙体 6厚1:3水泥砂浆垫层 粘接层 保温材料(材质与厚度视具体情况定) 玻纤网保护层 纸面石膏板或水泥砂浆层 满刮腻子三遍找平,磨光 防潮底漆一道 刷乳胶漆	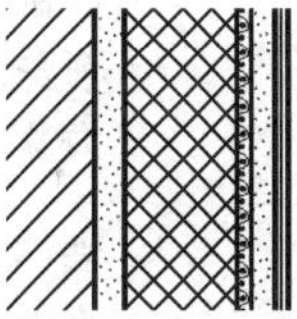
4	难燃型层板喷涂料	墙体 6厚1:3水泥砂浆抹平 层板面层 满刮腻子三遍找平,磨光 防潮底漆一道 108胶水溶液一道 喷涂料	
5	纸面石膏板喷涂料	墙体 6厚1:3水泥砂浆找平 纸面石膏板 满刮腻子三遍找平,磨光 108胶水溶液一道 喷涂料	

续表

编号	做法名称	构造层次及构造做法	构造简图
6	水泥砂浆面喷涂料	墙体 7 厚 1:3 水泥砂浆打底扫毛 6 厚 1:3 水泥砂浆垫层 5 厚 1:2.5 水泥砂浆罩面压光 满刮腻子一道磨平 喷涂料	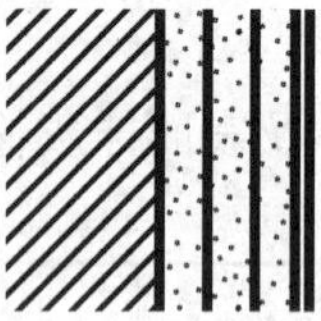
7	混合砂浆面喷涂料	墙体 9 厚 1:1:6 水泥石灰砂浆打底扫毛 7 厚 1:1:6 水泥石灰砂浆垫层 5 厚 1:0.3:2.5 水泥砂浆罩面压光 满刮腻子一道磨平 喷涂料	
8	油漆墙面	墙体 7 厚 1:3 水泥砂浆打底扫毛 7 厚 1:2.5 水泥砂浆找平 5 厚 1:2 水泥砂浆找平压光 满刮腻子一遍,找平磨光 刷亚光油漆二遍	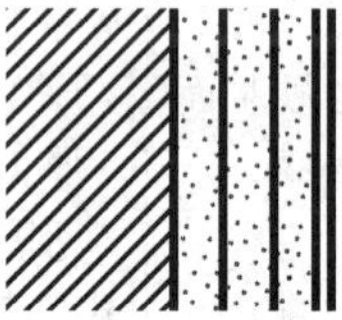
9	海藻泥饰面	墙体及抹灰层 满刮腻子两遍砂光 海藻泥底漆一道 海藻泥面漆两遍磨光	
10	硅藻泥饰面	墙体及抹灰层 高弹腻子补平抹灰面 批刮耐水腻子三道磨光 平抹 1.5 厚硅藻泥一道 抹涂 1.5 厚硅藻泥一道并作图案	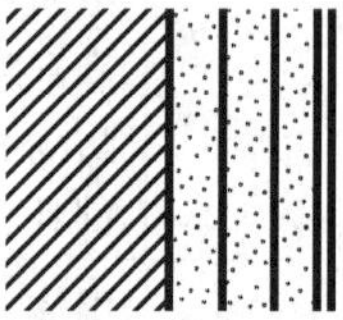
11	真石漆饰面	墙体及抹灰层 柔性耐水腻子抹平,三遍成活 抗碱底漆一道 中途漆一道 真石漆面漆一道	
12	丙烯酸涂料弹涂饰面	墙体及抹灰层 耐水腻子两道,砂平 滚涂底漆二遍,涂层均匀 中涂一道,胶辊压平 丙烯酸面漆二道	

续表

编号	做法名称	构造层次及构造做法	构造简图
13	彩色水泥砂浆弹涂饰面	墙体 刷界面处理剂 13 厚 1:3水泥砂浆打底,二遍成活 6 厚 1:3水泥砂浆找平 刷建筑水溶胶一道 5~6 厚弹涂砂浆 喷甲基硅醇钠憎水剂	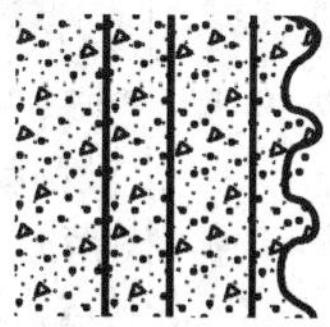
14	氟碳漆饰面	墙体及抹灰层 高弹腻子补平抹灰面 氟碳漆专用抗裂腻子四道批刮磨光 柔性光面腻子二道 喷涂或滚涂底漆一道 喷涂或滚涂面漆一至二道	

7.3 裱糊类墙面装修

裱糊类墙面装修,是借助黏结剂,将装饰材料如墙纸、墙布、木皮或其他易于粘贴的材料安装于墙面上。因墙体或基层的材料不同,构造方法也有所差异,详见表 7.2。

表 7.2 裱糊类墙面装修构造方法

编号	做法名称	构造层次及构造做法	构造简图
1	水泥砂浆面贴墙纸	墙体 7 厚 1:3水泥石灰砂浆打底扫毛 6 厚 1:2.5 水泥砂浆垫层 5 厚 1:2水泥砂浆找平,罩面压光 粘贴墙纸	
2	纸面石膏板面贴墙纸	龙骨 6 厚 1:3水泥石灰砂浆找平 纸面石膏板 满刮腻子三遍找平,磨光 防潮底漆一道 粘贴墙纸	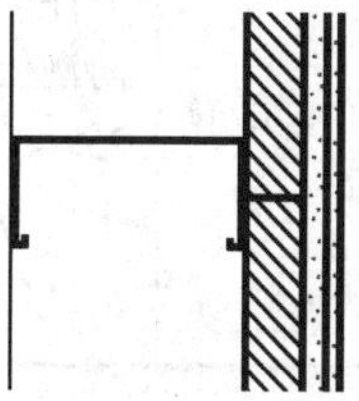

续表

编号	做法名称	构造层次及构造做法	构造简图
3	层板面贴墙纸	墙体 6厚1:3水泥石灰砂浆打底(或龙骨) 难燃型胶合板钉牢 满刮腻子三遍找平,磨光 防潮底漆一道 粘贴墙纸	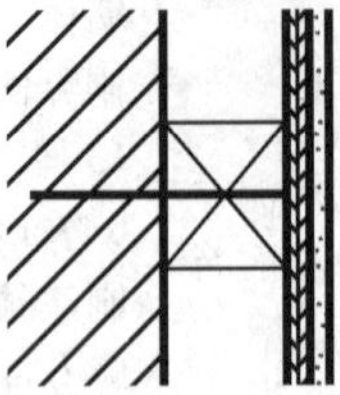
4	保温基层贴墙纸	墙体 9厚1:2.5水泥砂浆打底,二遍成活 8厚1:2水泥砂浆粘结层 保温材料(材质与厚度视情况定) 5厚聚合物水泥砂浆,压如耐碱玻纤网格布,找平 满刮腻子三遍找平,磨光 防潮底漆一道 粘贴墙纸	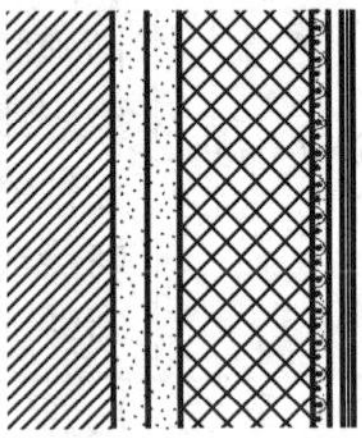
5	薄木贴面	墙体 7厚1:3水泥石灰砂浆打底扫毛 6厚1:2.5水泥砂浆垫层 5厚1:2水泥砂浆找平,罩面压光 粘贴薄木片,熨斗熨平	
6	皮革硬包墙面1	墙体埋木砖或设木钉(≥ϕ10) 防潮层 木夹板基层钉固,油腻子嵌缝 满刮腻子二遍磨平 清油一遍 氯丁胶粘贴皮革面料 固定贴脸板或装饰条	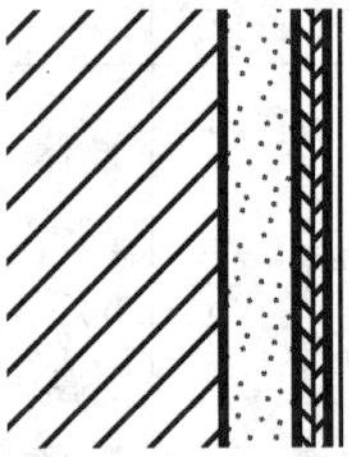
7	皮革硬包墙面2	墙体 防潮层 25×45木龙骨纵横间距406 木夹板钉固 借助电化铝帽头钉或压条钉固皮革	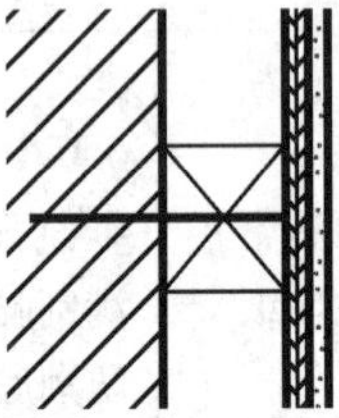

7.4 镶贴类墙面

镶贴类饰面是将大小不同的块状材料采取镶贴或挂贴的方式安装固定到墙面上去。因墙体或基层的材料不同,构造方法也有所差异。墙面装修石材的技术要求,目前可参照北京市的地方标准《建筑装饰工程石材应用技术规程》(DB11/T 512—2007)。

不同的构造做法还有着不同的适用范围,湿粘(水泥砂浆粘贴)石材面高度一般不宜超过2 m,湿挂高度一般不超过10 m,干粘(云石胶粘贴)石材墙面高度不宜超过3.5 m,干挂高度与采用的龙骨系列有关,最大高度不超过100 m。一些典型构造做法详见表7.3。

表7.3 镶贴类饰面典型构造做法

编号	做法名称	构造层次及构造做法	构造简图
1	瓷砖饰面	墙体 10厚1:3水泥砂浆打底扫毛,二遍成活 8厚1:2水泥砂浆粘贴层(宜加适量建筑胶) 6厚瓷砖面层,白水泥或瓷砖勾缝剂搭缝	
2	马赛克饰面	墙体 9厚1:3水泥砂浆打底扫毛,二遍成活 8厚1:2水泥砂浆粘贴层(宜加适量建筑胶) 马赛克、色浆或瓷砖勾缝剂搭缝	
3	外墙砖饰面	墙体 7厚1:3水泥砂浆打底扫毛 6厚1:2.5水泥砂浆垫层 7厚1:2水泥砂浆粘结层 10厚外墙饰面砖、色浆或瓷砖勾缝剂搭缝	
4	墙面粘贴石板	墙体 10厚1:3水泥砂浆打底扫毛,二遍成活 7厚1:2水泥砂浆结合层 粘贴10~15厚石板,板材背面玻纤网涂环氧树脂粘做封闭处理 专用强力胶点粘板材 色浆擦缝 表面擦净,抛光,耐候胶勾缝	

续表

编号	做法名称	构造层次及构造做法	构造简图
5	墙面挂贴石板(湿挂)	墙体 在混凝土墙体上钻孔,打入 φ6 钢筋,长 120 伸出 15,双向中距按板材尺寸绑扎或电焊 φ6 双向钢筋网,双向中距按石板尺寸 安装 20~25 厚石板,密缝,石材上口钻 2~3 个孔,用双股 18 号铜丝绑牢在钢筋网上,石材下口用 2~4 铜销锚在下部石材上 30~35 厚 1:2 水泥砂浆分层灌注,插捣密实 表面擦净,抛光,耐候胶勾缝	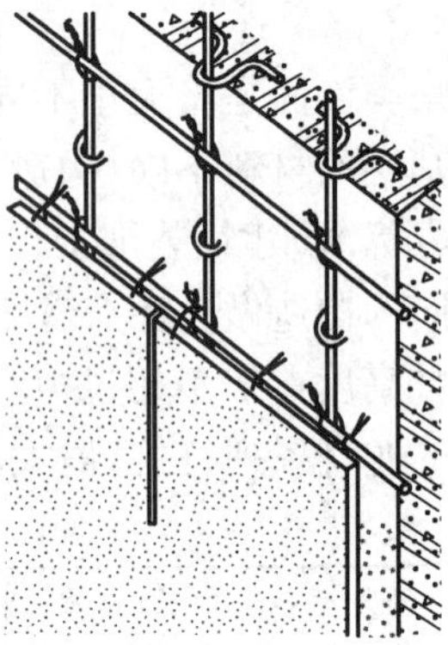
6	保温基层石板饰面	墙体 6 厚 1:3 水泥砂浆垫层粘结层 保温层材质及厚度视具体情况定 10 厚聚合物水泥砂浆,压入 0.8 厚镀锌钢丝网,塑料锚栓固定 粘贴 10~15 厚石板,板材背面玻纤网涂环氧树脂粘做石材封闭处理,用专用强力胶点粘板材 色浆擦缝 表面擦净,抛光	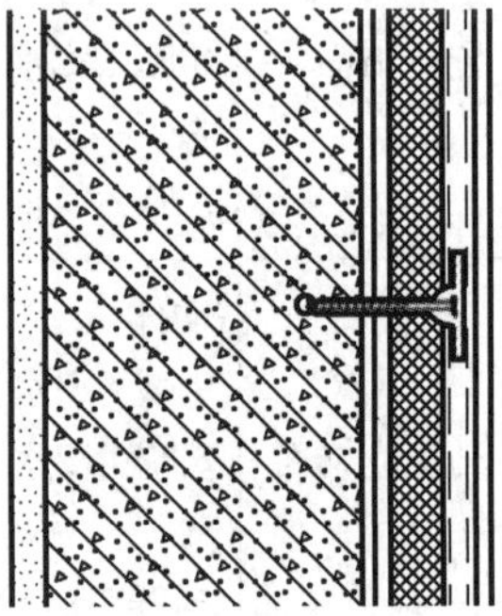
7	墙体碎石贴面	墙体 10 厚 1:3 水泥砂浆打底扫毛分两次抹,二遍成活 7 厚 1:2 水泥砂浆找平 专用石材胶粘贴 15~20 厚碎块石片(块) 灰缝抹平	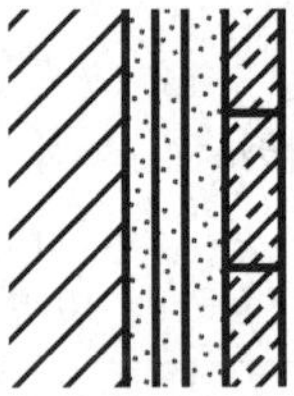
8	保温基层碎石饰面	墙体 6 厚 1:3 水泥砂浆找平层 粘结层(特用粘结剂) 保温层材质及厚度视具体情况定 10 厚聚合物水泥砂浆,压入 3.8 厚镀锌钢丝网 专用聚合物砂浆面层 6 厚 1:3 水泥砂浆找平层 粘贴 10 厚碎块石板(石材专用粘结胶) 色浆擦缝,灰缝抹平	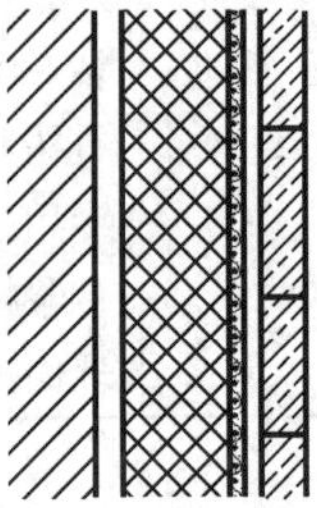

编号	做法名称	构造层次及构造做法	构造简图
9	钢筋混凝土基层外墙湿贴石板	钢筋混凝土墙 纯水泥浆一道 20~25 厚 1:2.5 水泥砂浆分层抹压平整 砂浆中部加一道 φ0.7@ 10 × 10 mm 钢丝网，铆钉间距 200 × 200 mm 固定 10 厚益胶泥粘结层 15~20 厚石板 中性硅酮胶封缝	
10	砌块砖基层外墙湿贴石板	砖墙 25 厚 1:2.5 水泥砂浆分层抹压平整 砂浆中部加一道 φ0.7@ 10 × 10 mm 钢丝网，铆钉间距 200 × 200 mm 固定 10 厚益胶泥粘结层 15~20 厚石板 中性硅酮胶封缝	
11	保温基层面饰文化石	墙体 φ6 钢筋纵横@ 1000 锚入墙内 保温层 φ4 钢筋 200×200 网片与 φ6 锚筋连接 钢丝网绑扎与钢筋网上 20 厚 1:3 水泥砂浆粘贴 文化石饰面	
12	金属马赛克	墙体 20 厚 1:2 水泥砂浆找平 专用胶粘贴 铝塑板马赛克面板	

7.5 墙面软包构造

墙面软包是指以人造海绵(或泡沫塑料、聚苯板、矿棉)做填充料造型，以皮革和装饰布料等为面料，对墙面或家具等做表面装饰。软包的触觉效果柔软温和，常用于人体频繁接触的地方，如床头所在墙面。软包的视觉效果也较独特，还有较强的吸声作用，但燃烧性能等级较低，不宜大量采用，常用构造做法详见表 7.4。

表 7.4　墙面软包常用构造做法

编号	做法名称	构造层次及构造做法	构造简图
1	墙面泡沫塑料及皮革软包	墙体 木龙骨 9~12 厚层板 粘钉 30~50 人造泡沫塑料 皮革或布料面层钉牢	图 7.1
2	型条软包	墙体 9~12 厚层板 塑料型条 粘钉人造海绵 皮革或布料面层,型条嵌固	
3	皮雕软包	墙体 防潮层 夹板木基层 腻子二道,抹平砂光 粘钉皮雕面料	
4	墙面分块软包	墙面 防潮层 木夹板基层 借助夹板窄条先钉固成块皮革一边填充海绵等 后装块压前装块边缘钉固,重复安装直至覆盖墙面	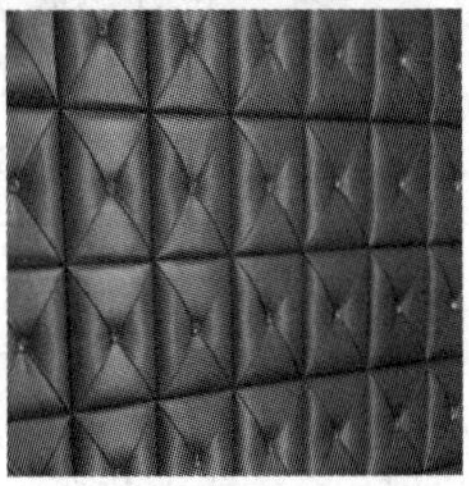
5	木基层粘贴海绵复合皮革软包		图 7.2
6	木基层嵌固软包	墙体 防潮层 25 × 45 木龙骨双向@ 406 大芯板,按照软包墙面尺寸开梯形槽,外宽里窄 固定海绵 覆盖皮革与海绵上,四边用梯形截面木条将皮革嵌固入槽内	图 7.3
7	岩棉及皮革软包		图 7.4

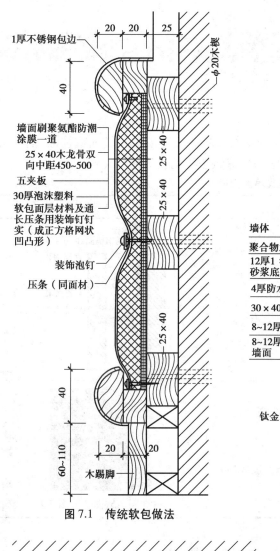

图 7.1 传统软包做法

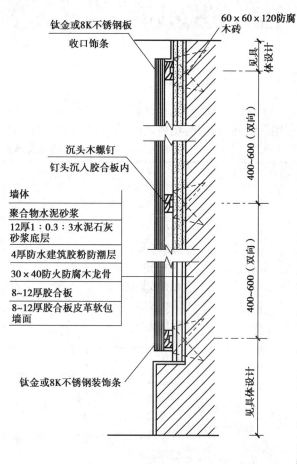

图 7.2 层板基层粘贴海绵复合皮革软包

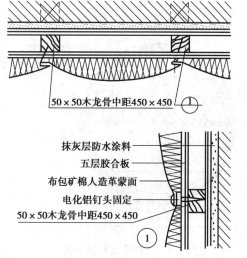

图 7.3 木基层嵌固软包构造

图 7.4 木基层钉固软包构造

7.6 钉挂类墙面

7.6.1 干挂石材墙面

干挂石材墙面是借助成品连接件(有时含金属龙骨),将石材安装于墙面或柱面,而不必常用黏结剂,石板与墙体之间,形成有空隙。常用构造做法详见表7.5。

表7.5 钉挂类墙面构造做法

编号	做法名称	构造层次及构造做法	构造简图
1	干挂石材饰面	墙体 金属连接件 20~25 厚石板 耐候胶嵌缝 表面处理	膨胀螺栓 不锈钢锚固件 花岗岩板 不锈钢销子 粘结油膏
2	混凝土柱外挂弧面石材	柱体 角钢制作龙骨架,外围水平投影呈多边形,膨胀螺栓固定于柱 背槽式石材锚固件焊牢 挂接弧形石板,石板挂点上下每边≥2点 缝隙处理 打磨抛光	另详图 7.5、图 7.6、图 7.7

柱面常用弧面石材干挂,常用做法详见图7.5、图7.6、图7.7。

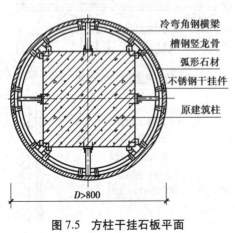

D>800

图 7.5 方柱干挂石板平面

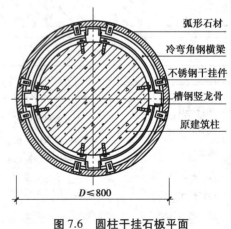

弧形石材
冷弯角钢横梁
不锈钢干挂件
槽钢竖龙骨
原建筑柱

D≤800

图 7.6 圆柱干挂石板平面

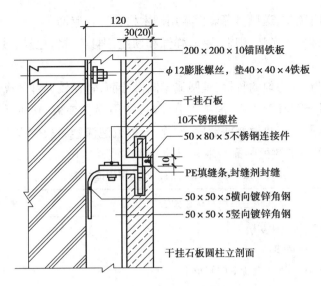

图 7.7　干挂弧面石板节点

7.6.2　干挂清水混凝土板

清水混凝土挂板是新型的装饰材料,也是目前行业中比较新颖的产品,可用于任何建筑的装饰。预制清水混凝土挂板生产周期短,生产速度快,安装过程简单,质量易于控制。其构造做法之一详见图 7.8、图 7.9。

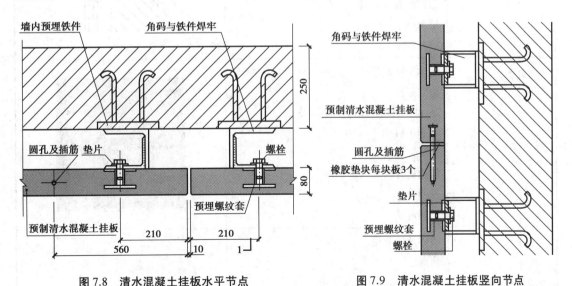

图 7.8　清水混凝土挂板水平节点　　　　图 7.9　清水混凝土挂板竖向节点

7.6.3　木装修墙面

木装修墙面是采用木材、竹材及木质人造板材,对墙面进行装饰,包括下述类型。

①木板墙。是采用木板、胶合板、纤维板、木丝板和塑木板等,对墙面进行装饰。常用于内墙面护壁或其他特殊部位。感觉温暖亲切、舒适,外观纹理色泽质朴、高雅。

②木条墙。在回风口、送风口等墙面常用硬木格条进行遮饰。

③竹护壁。竹材表面光洁、细密,富有弹性和韧性,别具一格,但易腐烂、虫蛀、开裂,要进行防腐、防裂处理。

一般选择直径为 20 均匀的竹材,整圆或半圆做墙面,直径较大可剖成竹片做面层。

④吸声墙面。用于吸声、扩声、消声等墙面时,常用穿孔夹板、软质纤维板、装饰吸声板、硬木格条等,并在木筋之间要填塞玻璃棉、矿棉、石棉或泡沫塑料块等吸声材料。会议室等场所,常用成品 MLS 吸声扩散板装饰。木装修的一些典型构造做法详见表 7.6。

表 7.6　木装修的一些典型构造做法

编号	做法名称	构造层次及构造做法	构造简图
1	木墙裙	墙体及抹灰层 防潮处理 25×45 木龙骨双向间距 406 木夹板钉固 面罩涂料	图 7.10
2	钉贴木墙面	墙体及抹灰层 防潮处理 埋置木钉双向间距 406 木夹板或大芯板 粘钉饰面层板,留 3 宽水缝 透明腻子 硝基清漆	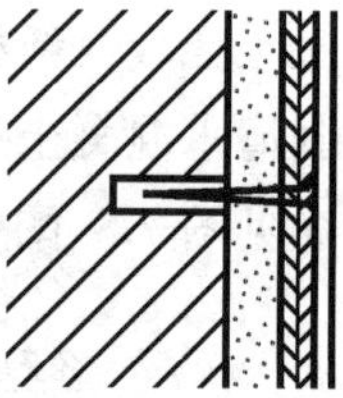
3	架空木墙面	墙体及抹灰层 防潮处理 25×45 木龙骨双向间距 405 大芯板钉固 粘钉饰面层板 修边机开槽做人造肌理 透明腻子 硝基清漆	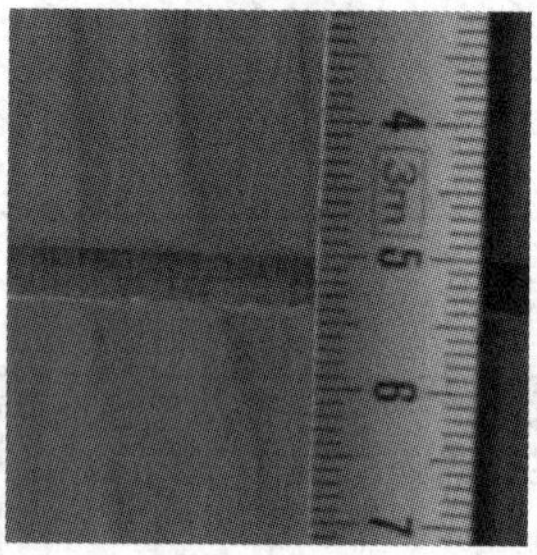
4	硬木格条饰面	墙体及抹灰层 防潮层 50×50 木龙骨双向@406 木夹板基层 造型木条组合面层 油漆罩面	图 7.11

续表

编号	做法名称	构造层次及构造做法	构造简图
5	竹条饰面	墙体设木钉或预埋防腐木砖 45×45木龙骨双向中距406 五层板基层 圆竹席纹或半圆竹席纹面层,竹钉固定 面罩清漆	图7.12、图7.13、图7.14
6	穿孔板吸音墙面	墙体 9厚1:2.5水泥石灰砂浆找平,两次成活 刷聚氨酯防潮涂膜一道 30×40木筋(正面刨光),木筋刷氯化钠防腐剂,双向中距406×406,空格中填40厚超细玻璃棉袋 穿孔吸音音板钉牢(穿孔率大于等于25%)	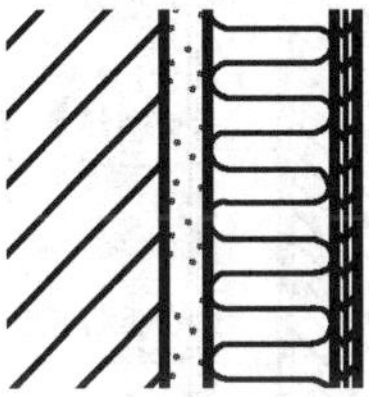
7	扩散吸音板MLS墙面	墙体及抹灰层 专用金属龙骨中距600 填充吸音棉 金属连接件固定 成品MLS吸声板	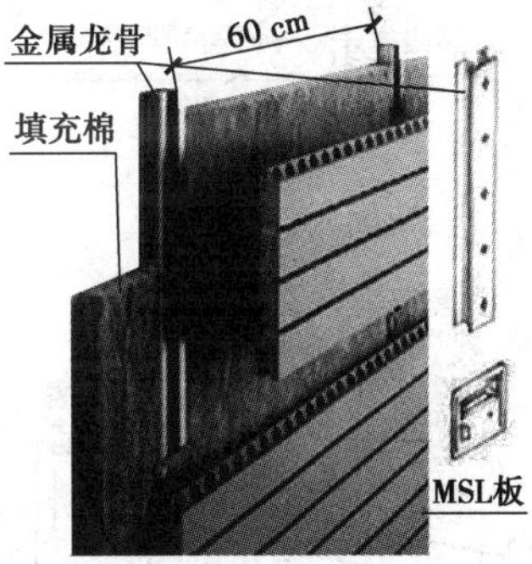
8	木挂板外墙	墙体及抹灰层 保温层 镀锌金属网 防裂砂浆 防虫网 钉板条 木挂板圆钉固定	图7.15、图7.16、图7.17

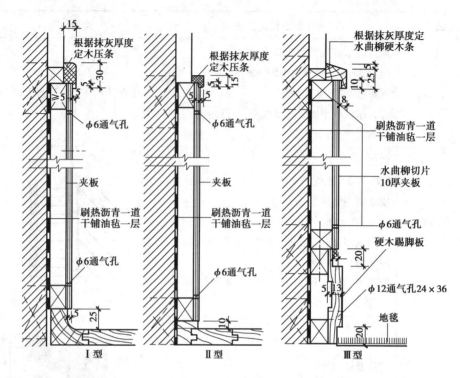

图 7.10　木墙裙

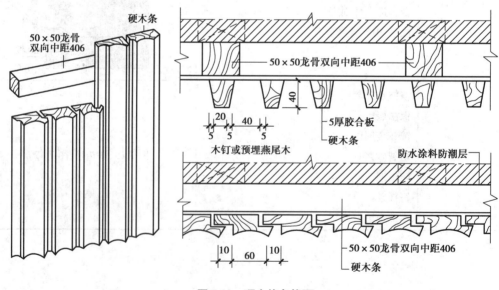

图 7.11　硬木格条饰面

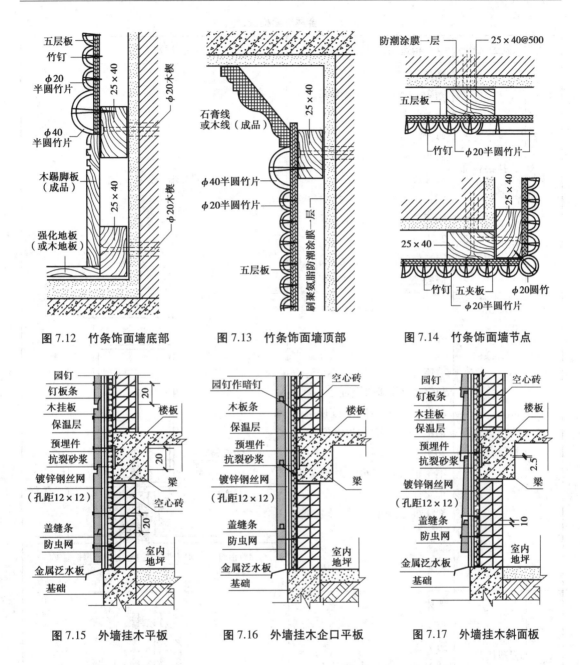

图 7.12 竹条饰面墙底部　　图 7.13 竹条饰面墙顶部　　图 7.14 竹条饰面墙节点

图 7.15 外墙挂木平板　　图 7.16 外墙挂木企口平板　　图 7.17 外墙挂木斜面板

7.6.4 其他板材饰面构造

①金属板及金属复合板。以铝、铜、铝合金、不锈钢或塑铝板等薄板饰面,表面还可做烤漆、喷漆、镀锌、搪瓷、电化覆盖塑料等装饰。特点是坚固耐久、美观新颖装饰效果较好。薄板表面可处理成平形、波形、凹凸条纹,再卷边做成扣板,便于安装,扣板边长≥750 时,应加设内衬边框以增加板的刚度和边缘强度。金属丝板网还可用于吸声墙面。常用金属饰面构造做法详见表 7.7。

表 7.7 金属饰面构造做法

编号	做法名称	构造层次及构造做法	构造简图
1	干挂铝板饰面墙	墙体 角钢∟40×4角码膨胀螺栓固定在墙上 纵横向角钢∟40×4龙骨与角码焊接牢固,纵横间距与面板尺寸协调 铝板四周折边≥25,折边每边用铝铆钉安装角铝片不少于2只 面板借助自攻钉连接于龙骨上 嵌缝胶条与硅酮耐候胶封缝	详见图7.18、图7.19、图7.20
2	干挂铝塑板饰面墙	墙体 角钢角码膨胀螺栓固定 纵横龙骨与角码螺栓连接 铝塑板折边25,每边铆接18×20角铝@≤250 不锈钢钉上牢角铝及铝塑板于龙骨上 泡沫垫杆和耐候胶封15宽缝	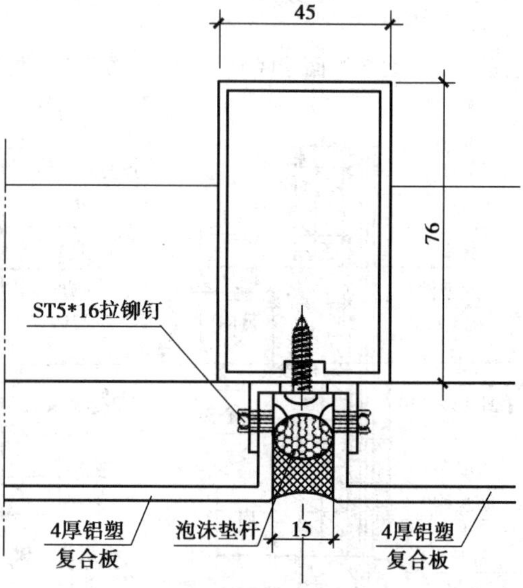
3	铝塑板贴面墙	墙体 抹灰层 防潮层 45×45木龙骨双向@406 夹板基层 氯丁胶粘贴室内用铝塑板 以专用腻子粉或喷漆处理缝隙	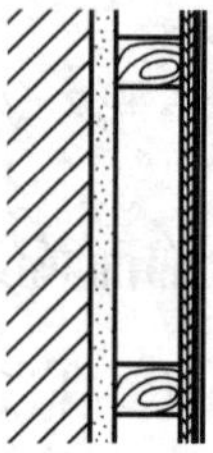

续表

编号	做法名称	构造层次及构造做法	构造简图
4	不锈钢板饰面墙	墙体 25×45 木龙骨双向@406 夹板或大芯板基层 1.2 厚不锈钢 AB 胶粘牢	墙体 木基层 多层板 1.2 mm厚不锈钢
5	轻钢龙骨铝塑板	墙体 9 厚 1:2.5 水泥砂浆找平,二遍成活 聚氨酯防潮涂膜一道 轻钢龙骨,间距与板面协调 5 厚铝塑板钉固	

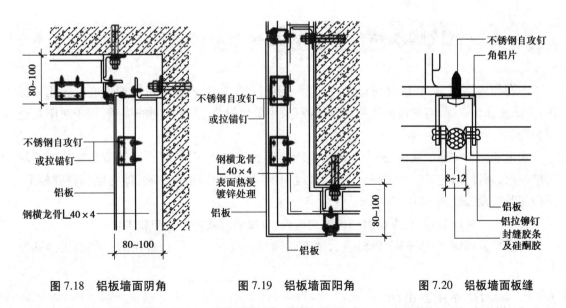

图 7.18 铝板墙面阴角   图 7.19 铝板墙面阳角   图 7.20 铝板墙面板缝

②玻璃饰面墙。选用普通平板镜面玻璃或茶色、蓝色、灰色的镀膜镜面玻璃、二夹一安全玻璃等装饰墙面,用于不易碰撞部位,详见表7.8。

表 7.8　玻璃饰面墙构造做法

编号	做法名称	构造层次及构造做法	构造简图
1	磨砂玻璃饰面 1	墙体 抹灰层 防水涂料一道 45 × 45 木龙骨纵横@ 406 15 厚木板 油毡防潮缓冲层一道 6 厚磨砂玻璃 40 × 10 硬木压条	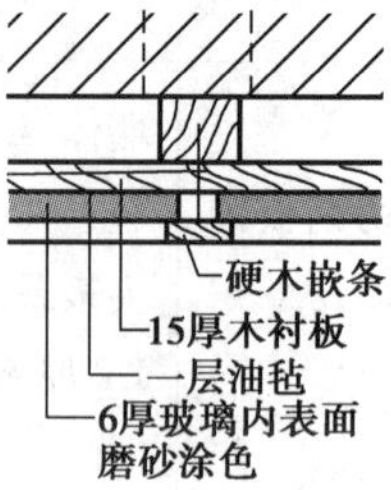
2	磨砂玻璃饰面 2	墙体 抹灰层 防水涂料一道 45 × 45 木龙骨纵横@ 406 7 层胶合板 环氧树脂粘结层 5 厚着色磨砂玻璃	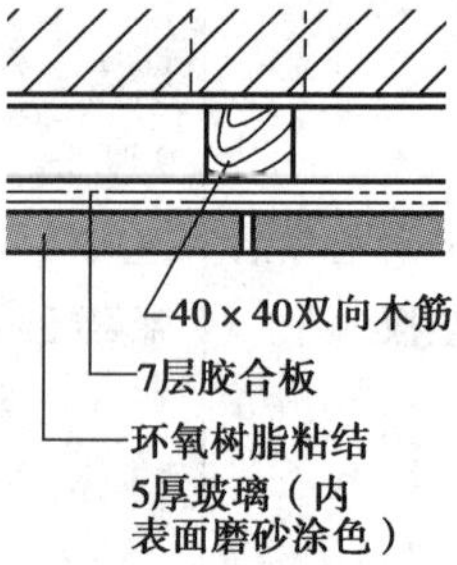

7.7　各类线脚及特殊部位构造

不同的内墙阳角,装修时应重点关注,为避免损坏,需对内墙阳角做护角进行强化和保护;为防止儿童碰撞,有的墙角还须设置防撞条;为美化阳角,还有特制的线条,用于对阳角进行装饰等。

在内墙面和楼地面交接处,为了遮饰地面与墙面的接缝、保护墙身以及防止清洁地面时污染墙面,须设置踢脚线。其材料一般与楼地面相同。常用做法有 3 种,即与墙面粉刷相平、凸进、凹进,踢脚线高 120~150 mm。

为了增加室内美观,在内墙面和顶棚交接处,可做阴角线进行遮饰和美化。

为了划分墙面,分隔不同装修做法,墙面还做挂镜线和腰线等。常用的一些墙线详见图7.21。

7.7.1　墙面护角构造做法

护角分现场制作和成品安装两类,高度 1 500~2 000,两侧宽≥50。以材料分有水泥砂浆、木材、石材、玻璃、塑料、金属和陶瓷等。现场制作护角,属于墙面装修构造。一些典型构造做法详见表 7.9。

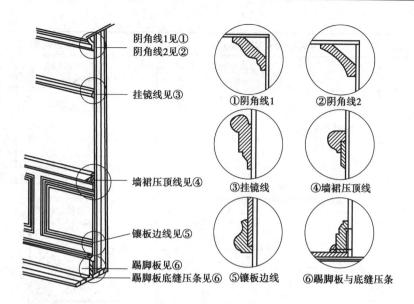

图 7.21 墙面装饰线举例

表 7.9 墙面护角构造做法

编号	做法名称	构造层次及构造做法	构造简图
1	不锈钢护角	在墙角插 ϕ9 钢筋垂直@450 ∟25×25×3 角钢与插筋焊牢 2 厚不锈钢护角与角钢焊接	
2	角钢护角	在墙角插 ϕ9 钢筋垂直@450 3 厚钢板折弯与插筋焊牢 ∟50×50×4 钢护角与钢板焊接 角钢面饰油漆	

续表

编号	做法名称	构造层次及构造做法	构造简图
3	水泥砂浆护角	略，详见图所示	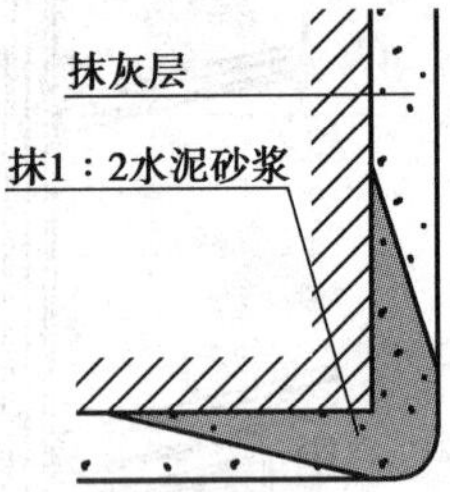抹灰层 抹1：2水泥砂浆
4	橡胶防撞护角	略，详见图所示	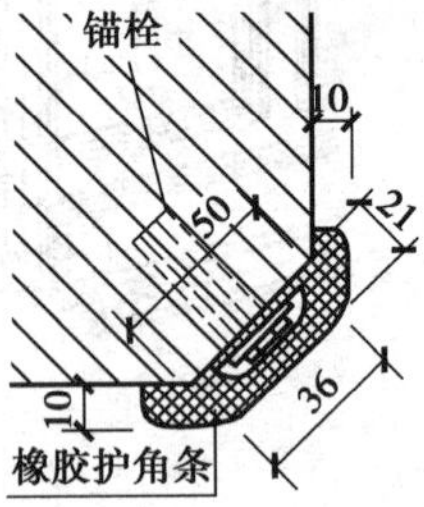锚栓 10 50 21 10 36 橡胶护角条
5	树脂板阳角条	墙体 角钢角码膨胀螺栓固定与墙体 轻钢龙骨与角码连接 树脂装饰板，自攻螺丝固定于龙骨上	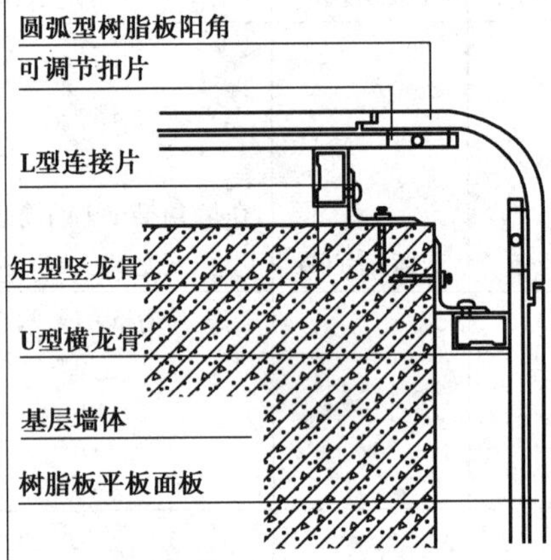圆弧型树脂板阳角 可调节扣片 L型连接片 矩型竖龙骨 U型横龙骨 基层墙体 树脂板平板面板

7.7.2 常用成品阳角线条

成品阳角线条能方便地在市面获取，能与墙面材料很好地搭配，起到装饰墙脚和保护墙角的作用。

①PVC 阳角线，如图 7.22 所示。

②金属阳角线，如图 7.23 所示。

③陶瓷阳角线，如图 7.24 所示。

图 7.22 PVC 阳角条

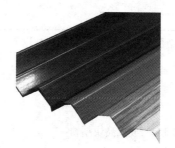

图 7.23 金属阳角条

图 7.24 陶瓷阳角条

7.7.3 石材贴面墙角构造

石材贴面墙角构造包括对墙面的阴角和阳角,进行处理,使之美观并且不易损坏。

①石材贴墙面阴角,详见图示,常用的方式,有以下 4 种,如图 7.25 所示。

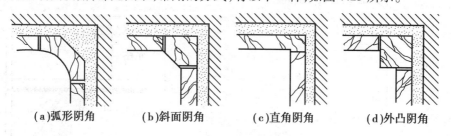

(a)弧形阴角　　(b)斜面阴角　　(c)直角阴角　　(d)外凸阴角

图 7.25　石材贴墙面阴角

②石材贴墙面阳角。常采用的方式有下述 4 种,如图 7.26 所示。

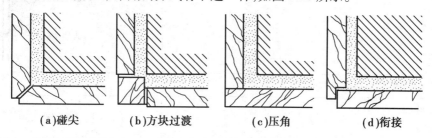

(a)碰尖　　　(b)方块过渡　　　(c)压角　　　(d)衔接

图 7.26　石材贴墙面阳角

7.7.4 顶棚处顶角线

顶棚阴角线常用木材、木塑材料、石材、石膏、PVC 和铝塑板制作。一些典型构造做法见表 7.10。

表 7.10　顶棚处顶角线构造

编号	做法名称	构造层次及构造做法	构造简图
1	木顶角线	墙体 墙内设木钉直径≥10 中距≤500 圆钉固定阴角线	略

续表

编号	做法名称	构造层次及构造做法	构造简图
2	石材顶角线		图 7.28
3	石膏顶角线粘结	墙体 石膏粉及 801 胶水,或成品快粘粉 粘接平直阴角线 表面处理	略
4	石膏顶角线钉固	墙体 墙内设木钉直径≥10 中距≤900 自攻螺钉固定平直阴角线 遮饰螺钉眼,表面处理	略
5	石膏顶角线钉固	墙体 水泥钉固定 60×50×10 木块@330 圆钉固定倾斜石膏线 遮饰螺钉眼	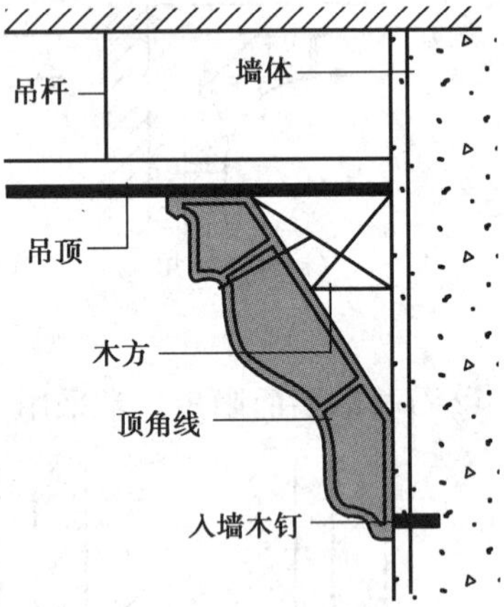
6	PVC 顶角线	粘贴或气钉固定	略
7	GRC 线脚安装		图 7.29、图 7.30

　　石膏线脚还用于小型设施的装饰,如壁炉的装修,如图 7.27 所示。

　　GRC 由于其轻质高强的特点,大量用于制作各种建筑构件造型,然后安装与建筑主体之上,如檐口造型,如图 7.29、图 7.30 所示。

7.7.5　挂镜线

　　挂镜线除了用做挂画、挂镜框的功能外,还有划分墙面,分隔不同装饰材料的作用,例如分隔墙纸饰面和墙上部以及天棚的乳胶漆饰面,材质以木材为主,如用其他材料替代木材时,就只起装饰和分隔作用,安装方法以钉固为主。

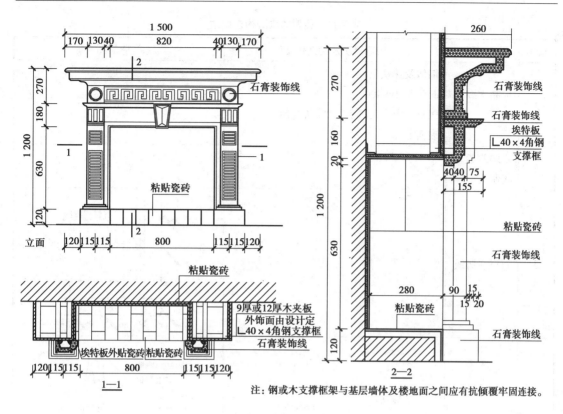

注：钢或木支撑框架与基层墙体及楼地面之间应有抗倾覆牢固连接。

图 7.27　石膏线脚安装

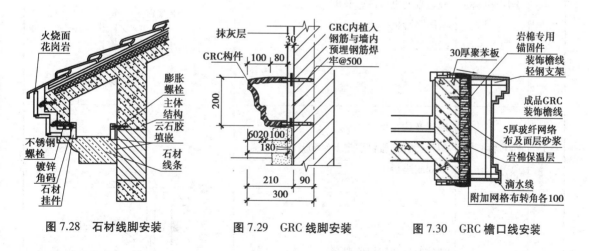

图 7.28　石材线脚安装　　　图 7.29　GRC 线脚安装　　　图 7.30　GRC 檐口线安装

7.7.6　踢脚线

安装踢脚板一是为保护墙面免遭破坏和污染,二是为装饰的需要,起分隔地面和墙面作用,使整个房间上中下层次分明,富有空间立体感。一些典型的踢脚构造做法,详见表 7.11。

表 7.11　典型的踢脚构造做法

编号	做法名称	构造层次及构造做法	构造简图
1	成品木踢脚线	墙体及抹灰层 φ10 木钉@ 400 气钉固定木踢脚板(背涂防腐剂) 表面处理	略
2	木踢脚板现场制安		图 7.31
3	石材踢脚线		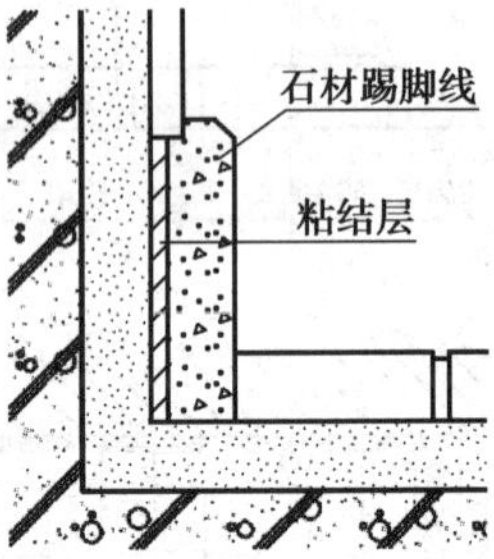 石材踢脚线 粘结层
4	金属踢脚板	墙体及抹灰层 塑料套管膨胀钉固定卡扣@ 300,但踢脚板两端处也必设有卡扣 卡固踢脚板 缝隙处理	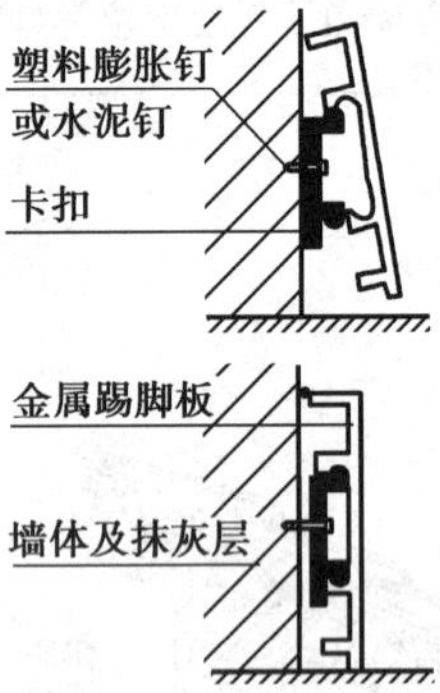 塑料膨胀钉或水泥钉 卡扣 金属踢脚板 墙体及抹灰层
5	PVC 踢脚线	墙体及抹灰层 塑料套管膨胀钉固定卡@ 500 卡固踢脚板	
6	陶瓷踢脚线粘贴	墙体及抹灰层提前湿润 2~3 厚纯水泥浆粘贴 陶瓷踢脚板	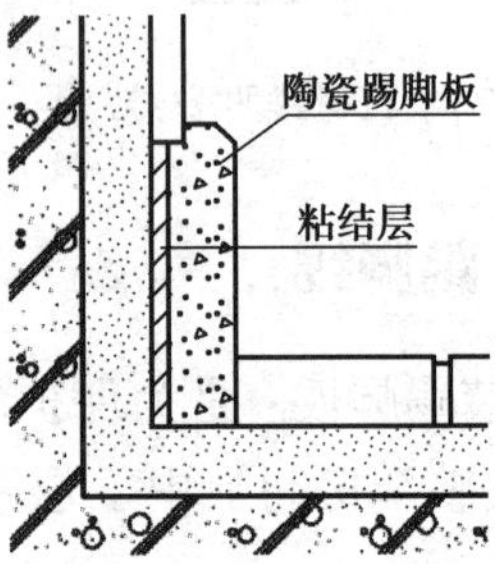 陶瓷踢脚板 粘结层

续表

编号	做法名称	构造层次及构造做法	构造简图
7	陶瓷踢脚线灌浆固定	墙体及抹灰层 石膏临时固定踢脚板,与墙面留出 10~15 缝隙 1:2水泥砂浆灌缝 砂浆凝固后处理踢脚板表面	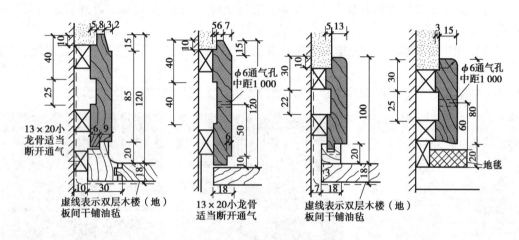

图 7.31　木踢脚板现场制安装

7.8　墙面其他装饰做法

7.8.1　清水墙

清水墙的特点是暴露砌体,只对缝隙进行处理。朴素淡雅、耐久性好、不易变色、不易污染、不易褪色和风化。

清水砖墙原浆勾缝,墙体砌筑多采用每皮顶顺相间(梅花丁)的方式,砖缝采用彩色水泥砂浆勾缝,也可在勾缝之前在墙面涂刷颜色或喷色以加强效果。

灰缝形式有斜缝、凹缝、平缝、圆弧凸缝等,如图 7.32 所示。

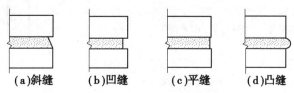

(a)斜缝　　**(b)凹缝**　　**(c)平缝**　　**(d)凸缝**

图 7.32　清水砖墙原浆勾缝类型

7.8.2　素混凝土墙体装饰

（1）表面处理

对各种预制混凝土壁板、滑升模板墙体、大型模板墙体等表面进行处理,强化混凝土本身的特点,既美观,又可节省造价,避免出现脱壳、脱落等质量问题。当采用木板做模板时,混凝土表面呈现出木材的天然纹理,自然、质朴。还可用硬塑料做衬模,使混凝土表面呈现凹凸不平的肌理或图案。

（2）装饰混凝土饰面

装饰混凝土饰面是利用混凝土本身的图案、线型或水泥和骨料的颜色、质感来装饰墙面。做法有:

①清水混凝土和露骨料混凝土两类效果。混凝土经过处理,保持原有外观质感纹理的为清水混凝土,如图 7.33 所示。

②将表面水泥浆膜剥离,显露出混凝土粗细骨料的色彩、质感的为露骨料混凝土,如图7.34所示。

③干挂或湿挂清水混凝土预制板,也注意凸显混凝土特色,如图 7.35 所示。

图 7.33　自然脱模　　　　图 7.34　后期处理　　　　图 7.35　清水混凝土墙面

（3）装饰抹灰

常用装饰抹灰有水刷石、斩假石、干粘石、仿面砖、抹灰面拉毛等,详见表7.12。

表 7.12　装饰抹灰构造

编号	做法名称	构造层次及构造做法	构造简图
1	水刷石面	墙体 刷界面处理剂 8 厚 1:3 水泥砂浆打底 7 厚 1:3 水泥砂浆找平扫毛 刷水泥浆一道 10 厚 1:2 水泥石子(中 8 厘)	

续表

编号	做法名称	构造层次及构造做法	构造简图
2	斩假石面	墙体 刷界面处理剂 13厚1:3水泥砂浆打底,二遍成活 扫毛或划出纹道 6厚1:3水泥砂浆 纯水泥浆一道 11厚1:2.5水泥石子(米粒石内掺30%石屑) 用斧头斩毛,二遍成活	图7.36
3	仿面砖涂层	墙体及抹灰层 刮黑色粗腻子抹平 辊涂黑色抗碱底漆 贴砖模具 批涂仿墙砖涂料(真石漆) 去掉砖模	图7.37
4	仿清水混凝土挂板	墙体及抹灰层 刮腻子抹平 挂抗碱纤维网 批刮腻子二遍 制作铆钉孔洞 切割分格缝 满刮专用仿清水混凝土面材 修补表面 均匀涂刷仿清水混凝土漆	略
5	抹灰面拉毛	墙面 9厚1:0.5:4混合砂浆找平,二遍成活 15厚1:0.5:1水泥石灰砂浆拉毛	图7.38

图7.36　斩假石面

图7.37　仿墙砖涂料饰面

图7.38　墙面抹灰拉毛饰面

楼地面构造

地面装饰的目的可分为 3 个方面,即保护楼板及地坪、保证使用条件以及起到一定的装饰作用。

一切楼面、地面必须保证必要的强度、耐腐蚀、耐磨、表面平整光滑等基本使用条件。此外,一楼地面还要有防潮的性能,浴室、厨房等要有防水性能,其他住室地面要能防止擦洗地面等生活用水的渗漏。标准较高的地面还应考虑隔气声、隔撞击声、吸音、隔热保温以及富有弹性,使人感到舒适,不易疲劳等功能。

地面装饰除了给室内造成艺术效果之外,由于人在上面行走,材料及其做法或颜色的不同将给人以不同的感觉。利用这一特点可以改善地面的使用效果。因此,地面装饰是室内装饰的一个重要组成部分。

楼地面说明:楼面与地面构造的区别,仅在于构造层中的结构层不同,大多数楼面的结构层是楼板,而大多数地面的结构层是由混凝土垫层和素土夯实层组成。结构层以上的构造做法基本一致。以"水泥砂浆混凝土楼地面"为例,可以看出这个特点,见表 8.1。

表 8.1　楼面与地面构造的区别

类别	地　面	楼　面	构造图示
水泥砂浆混凝土楼地面	20 厚 1∶2.5 水泥石屑面层铁板赶光; 水泥浆水灰比 0.4~0.5 结合层一道		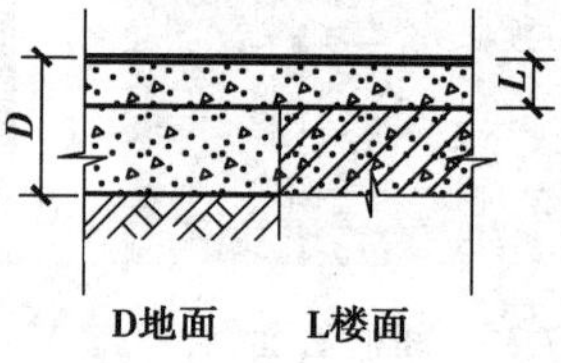
	80 厚 C10 混凝土垫层; 素土夯实基土	结构层	D地面　　L楼面

8.1 类型

楼地面装饰材料种类繁多,大致可概括为石材、陶瓷、玻璃、金属、木材、涂料、卷材等。其中,又有一些材料花色各异、安装构造方式众多。

8.2 石材楼地面构造

石材作为一种高档建筑装饰材料,广泛应用于室内外装饰设计等。铺设薄板或白色系石材地面(墙面)时,为防止底层水泥砂浆的灰汁渗出表面造成污染,应先在石材背面刷涂防水水泥、合成树脂涂料或抗碱涂料后再铺设。常用构造详见表 8.2。

表 8.2　石材楼地面常用构造

类别	编号	名称	构造层次	构造图示
石材楼地面	1	石材面层	20 厚碎拼石板,水泥浆勾缝; 20 厚 1:2 干硬性水泥粘合层,上洒 1~2 厚干水泥并洒清水适量; 水泥砂浆水灰比 0.4~0.5 结合层一道; 50 厚 C10 细石混凝土敷管找平; 结构层 备注:有敷管层	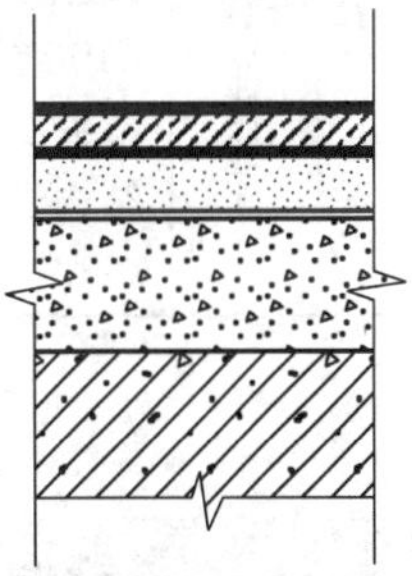
	2	碎拼石板面层	20 厚碎拼石板,水泥浆勾缝,较大缝隙用 1:25 水泥石子填缝,表面磨光; 20 厚 1:2 干硬性水泥粘合层,上洒 1~2 厚干水泥并洒清水适量; 改性沥青—布四涂防水层; C10 细石混凝土敷管找坡抹平,最薄处 50 厚; 结构层 备注:有防水,有敷管	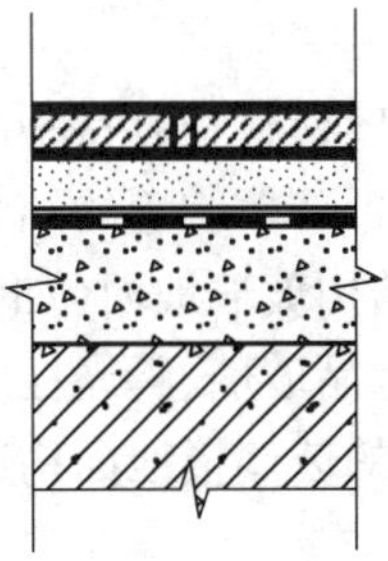

8.3 陶瓷类楼地面构造

陶瓷类楼地面的使用面积最大。陶瓷通常是以黏土等为主要原料,经原料处理、成型、焙烧而成的无机非金属材料。常见的有陶瓷地砖、玻化砖、釉面砖等。

常用的构造做法,详见表 8.3。

表8.3 陶瓷类楼地面常用构造做法

类别	编号	名称	构造层次	构造图示
陶瓷类地面	1	地砖楼地面	地砖面层,水泥浆擦缝; 20厚1:2干硬性水泥粘合层,上洒1~2厚干水泥并洒清水适量; 水泥砂浆水灰比0.4~0.5结合层一道; 50厚C10细石混凝土敷管找平; 结构层 备注:有敷管层	
	2	陶瓷锦砖马赛克楼地面	6厚陶瓷锦砖面层水泥浆擦缝并揩干表面水泥; 20厚1:2干硬性水泥粘合层,上洒1~2厚干水泥并洒清水适量; 改性沥青一布四涂防水层; C10细石混凝土敷管找坡抹平,最薄处50厚; 结构层 备注:有防水层,有敷管层	

8.4 玻璃楼地面

用玻璃材料经过特别的处理做成的可供用于经常踩踏的平面,又称玻璃地台或玻璃地板或玻璃平台。按构造的结构特点分为:钢结构玻璃地面,木结构玻璃地面,玻璃结构玻璃地面,其他结构玻璃地面(如铝材等),无结构玻璃地面(直接铺在基面上)。常用玻璃类型有微晶玻璃、水晶玻璃、磷光性压注玻璃、钢化玻璃和夹胶玻璃等。

常用的玻璃楼地面构造做法,详见表8.4。

表8.4 玻璃楼地面构造做法

类别	编号	名称	构造层次	备 注
玻璃楼地面	1	装饰玻璃板楼地面	8~25厚装饰玻璃板,专用胶粘贴,铝合金或钛金不锈钢板压边条收口;刷封闭底漆一道; 20厚1:2.5水泥砂浆抹平; 结构层	①该面层用于大厅、舞厅、卡拉OK厅、俱乐部等地面; ②装饰玻璃板(砖)品种、规格、花色由设计人员确定,并在施工图中注明

类别	编号	名称	构造层次	备 注
玻璃楼地面	2	夹胶玻璃板楼地面	双层 8 mm 钢化夹胶玻璃,干法夹胶,块状夹胶之间用玻璃胶填缝; 橡胶条; 工字金属龙骨; 20 厚 1∶2.5 水泥砂浆抹平; 结构层	

8.5 金属材料楼地面

金属材料楼地面是以金属材料作为楼地面的面层,构造做法一般采用成品现场粘贴安装(图 8.1)。常用材料如金属马赛克(图 8.2)等。

8.5.1 不锈钢马赛克(不锈钢片+垫底陶瓷颗粒+背网)

优点:不锈钢板成本低,产品价位中低档;耐磨,可地面装饰。

缺点:颜色单一,多为金银色,表面工艺仅拉丝、镜面;表面仍易氧化而色泽暗淡,劣质者有锈斑。不锈钢表皮、陶瓷颗粒、背网三者粘贴,颗粒易剥落,较重,安装需刷泥填缝。

8.5.2 铝合金马赛克(铝合金颗粒+背网)

优点:颗粒全铝,强度高,可二次加工,做成激光、幻影、旋圈等效果;耐磨,可作地面装饰。

缺点:颜色单一,无图画或其他材质效果,表面工艺限拉丝或镜面;较重,安装需刷泥填缝,价格高。

图 8.1 金属饰面楼地面　　　　图 8.2 金属马赛克楼地面

常用的构造做法详见表 8.5。

表8.5　金属材料楼地面常用构造做法

类别	编号	名称	构造层次	备　注
金属楼地面	1	钛金不锈钢覆面地板楼地面	1~2厚钛金不锈钢覆面地砖,专用强力胶粘贴,铝合金或钛金不锈钢压边条收口; 20厚1:2.5水泥砂浆找平压实赶光; 素水泥浆一道; 60厚C15混凝土垫层; 结构层	①该面层用于大厅、舞厅、卡拉OK厅、俱乐部等楼面;②钛金不锈钢覆面地砖之规格、品种、颜色及缝宽均见工程设计,要求缝宽时用1:1水泥砂浆勾平缝;③不需要隔声层时可将其取消,并在施工图中注明

8.6　木材及木制品楼地面

　　木地板的种类有实木地板(天然木地板)、竹地板、强化木地板和复合木地板等,具有质量轻、弹性好、保温性好、易清洁、脚感舒适等优点。但其易随温、湿度的变化而引起裂缝和翘曲变形,易燃、易腐朽。因此在潮湿的房间采用很少。强化木地板和复合木地板的耐磨性较好。防腐木地板具有防腐、防蛀等优点,现已广泛用于室内装饰,比如阳台等。常用木地面构造做法详见表8.6。

表8.6　常用木地面构造做法

类别	编号	名称	构造层次	构造图示
木质地面	1	硬木面层	聚酯漆或聚氨酯漆三道; 8~15厚硬木地板,用专用胶粘贴; 20厚1:3水泥砂浆找平层; 水泥浆水灰比0.4~0.5结合层一道; 50厚C10细石混凝土敷管层; 结构层 备注:有敷管层	
	2	强化复合木地板面层	8厚强化复合木地板拼接粘铺; 3厚聚乙烯(EPE)高弹泡沫垫层; 改性沥青防水涂料一道; 20厚1:3水泥砂浆找平层; 水泥浆水灰比0.4~0.5结合层一道; 100厚C10混凝土垫层; 素土夯实基土	

续表

类别	编号	名称	构造层次	构造图示
木质地面	3	强化复合双层木地板面层	8厚强化复合木地板(企口上下均匀刷胶)拼接粘铺; 3厚聚乙烯(EPE)高弹泡沫垫层; 15厚松木毛底板,45°斜铺; 改性沥青防水涂料一道; 20厚1:3水泥砂浆找平层; 水泥浆水灰比0.4~0.5结合层一道; 100厚C10混凝土垫层; 素土夯实基土	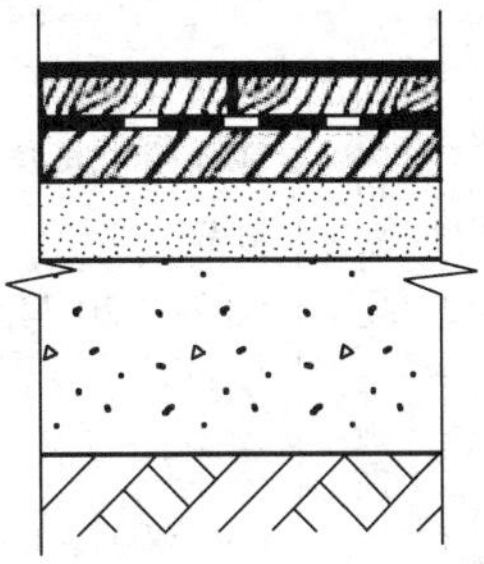
	4	橡胶软木地板面层	聚酯漆或聚氨酯漆三道; 4~8厚橡胶软木地板,用膏状粘结剂粘铺; 15厚松木毛底板,45°斜铺; 20厚1:3水泥砂浆找平层; 水泥浆水灰比0.4~0.5结合层一道; 50厚C10细石混凝土敷管层; 结构层 备注:有敷管层	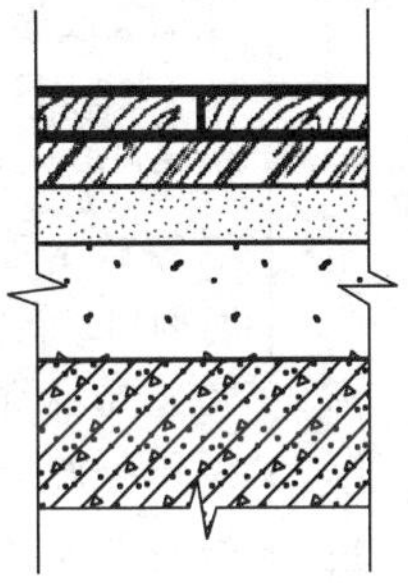
	5	防腐木地板面层	防腐木板面层; 22厚松木毛板,背面刷氟化钠防腐剂,45°斜铺,上铺油毡纸一层; 50×70木龙骨400中距,50×50横撑800中距(横撑满涂防腐剂); 100×50压沿木(满涂防腐剂)用8号镀锌铁丝两道穿牢在地垄墙中部; 20厚1:3水泥砂浆找平层; 120厚地垄墙,M5砂浆砌筑,800~1 200中距; 150厚C10混凝土垫层(上口标高不低于室外地坪); 素土夯实基土	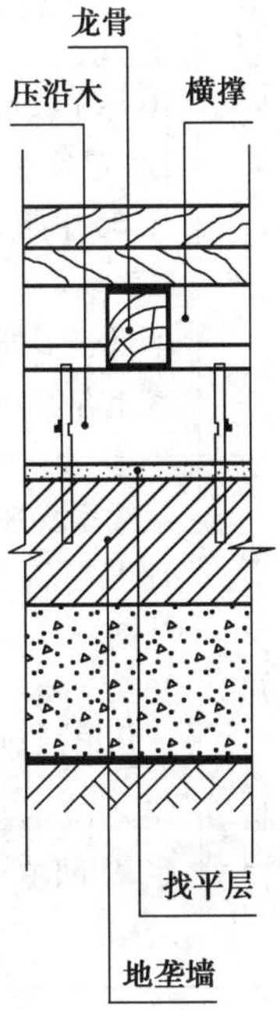

续表

类别	编号	名称	构造层次	构造图示
木质地面	6	架空单层硬木地板面层	聚酯漆或聚氨酯漆三道； 50×20厚长条硬木企口板； 50×70木龙骨400中距,铁鼻子固定； 50厚C20号混凝土基层随打随抹平； 改性沥青一布四涂防潮层； 80(100)厚C10混凝土垫层； 素土夯实基土	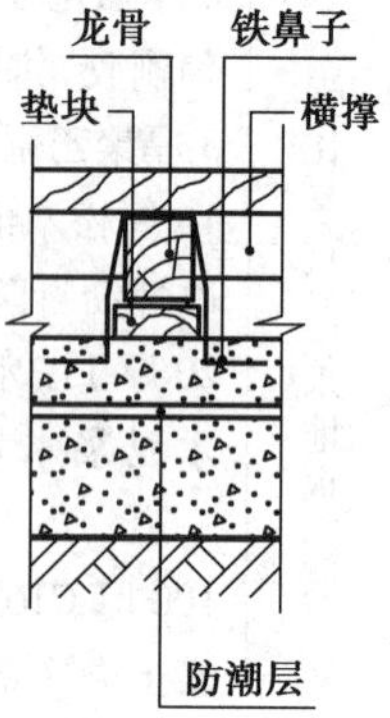
	7	架空双层硬木地板面层	聚酯漆或聚氨酯漆三道； 50×20厚长条硬木企口板或席纹拼花(人字拼花)木板面层； 22厚松木毛板,背面刷氟化钠防腐剂,45°斜铺,上铺油毡纸一层； 50×70木龙骨400中距,50×50横撑800中距(横撑满涂防腐剂)； 100×50压沿木(满涂防腐剂)用8号镀锌铁丝两道穿牢在地垄墙中部； 20厚1:3水泥砂浆找平层； 120厚地垄墙,M5砂浆砌筑,800~1 200中距； 150厚C10混凝土垫层(上口标高不低于室外地坪)； 素土夯实基土	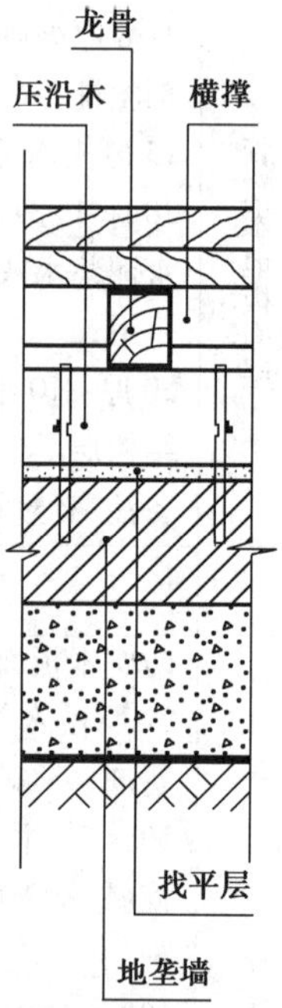
	8	架空双层软木地板面层	聚酯漆或聚氨酯漆面层； 4~8厚软木地板,用膏状粘结剂粘铺； 22厚松木毛底板,45°斜铺,上铺油毡纸一层； 50×70木龙骨中距400,铁鼻子固定,中间填40厚干焦渣隔音层； 结构层	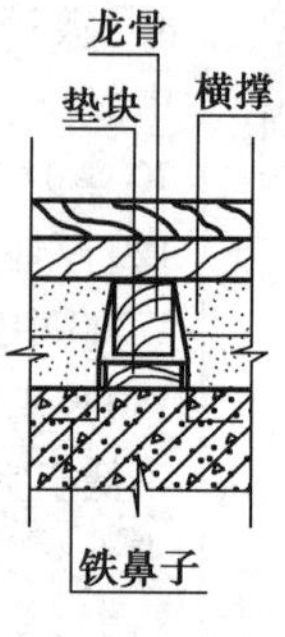

续表

类别	编号	名称	构造层次	构造图示
木质地面	9	架空竹木地板面层	聚酯漆或聚氨酯漆面层； 10~12厚竹木地板(背面满刷氟化钠防腐剂)； 22厚松木毛底板,45°斜铺,上铺油毡纸一层； 50×70木龙骨中距400,铁鼻子固定； 改性沥青一布四涂防潮层； 100厚C10混凝土垫层,铁板抹平； 素土夯实基土	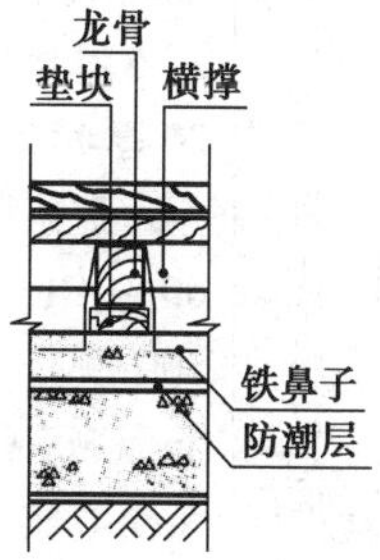
木龙骨与地面固定方式二详图	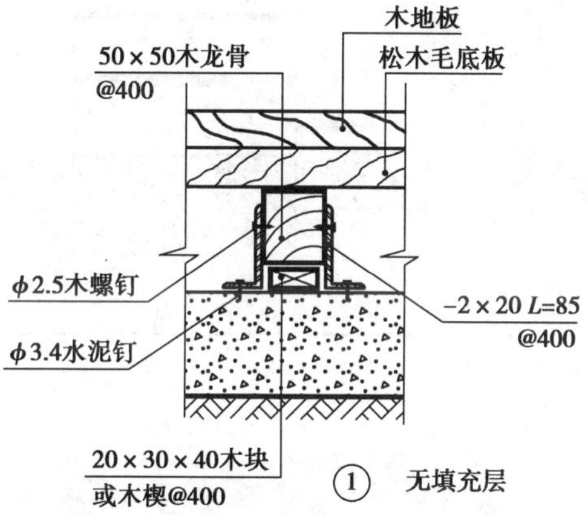			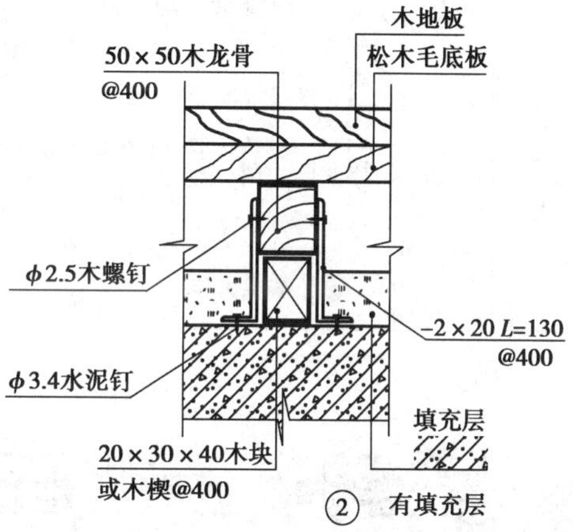

8.7 涂料楼地面构造

常用的构造做法详见表8.7所示。

表8.7 涂料地面常用的构造做法

类别	编号	名称	构造层次	构造图示
涂料类地面	1	合成树脂类涂料面层	合成树脂类面层； 合成树脂类底层腻子磨平,底层涂料一道； C20细石混凝土40厚,随打随抹光； 水泥浆水灰比0.4~0.5结合层一道； 结构层 备注:适用于有清洁要求的场所	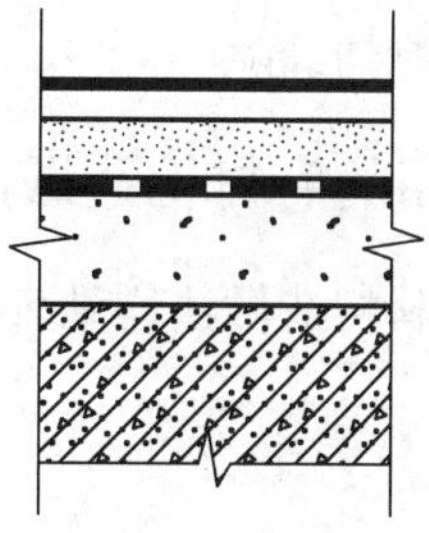

续表

类别	编号	名称	构造层次	构造图示
涂料类地面	2	彩色水泥自流平涂料地面	面漆罩面； 3~5厚自流平厚质涂料涂层； 20厚1:2.5水泥砂浆找平压实； 素水泥浆一道； 60厚C15混凝土垫层； 300厚3:7灰土夯实或150厚小毛石灌M5水泥砂浆； 素土夯实	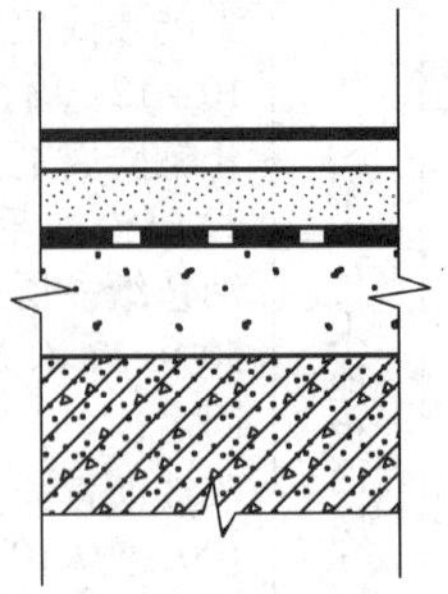
	3	环氧涂层地面	1厚环氧地面涂料； 环氧腻子局部刮平； 20厚1:2.5水泥砂浆找平压实； 素水泥浆一道； 60厚C15混凝土垫层； 300厚3:7灰土夯实或150厚小毛石灌M5水泥砂浆； 素土夯实	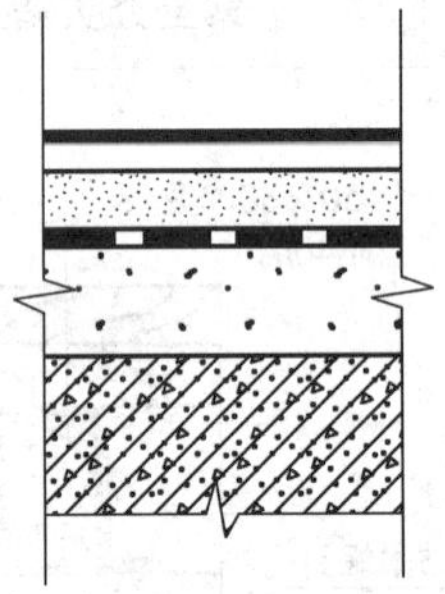

8.8 卷材楼地面(含地毯)

8.8.1 塑料地板

塑料地板,即用塑料材料铺设的地板。塑胶地面耐磨防滑,能够有效降低摔倒所造成的伤害,保护人体安全,特别适用于老人和儿童。在安装过程中以及安装完成后没有丝毫的副作用,无毒无害。耐腐蚀性能强,不会出现虫蛀,耐得住多种化学制品的腐蚀。

8.8.2 地毯

大面积地毯的铺设,是先在房间四周安装钉条,地毯铺设平整后,周边钉牢在钉条上,最后用踢脚线遮挡缝隙。

8.8.3 常用的卷材构造做法

常用卷材构造做法详见表8.8。

表 8.8　常用的卷材构造做法

类别	编号	名称	构造层次	构造图示
卷材地面	1	橡胶合成材料楼地面	橡塑合成材料板 1.2~3 厚; 专用胶粘剂粘贴; 20 厚 1:3 水泥砂浆找平; 水泥浆水灰比 0.4~0.5 结合层一道; 结构层	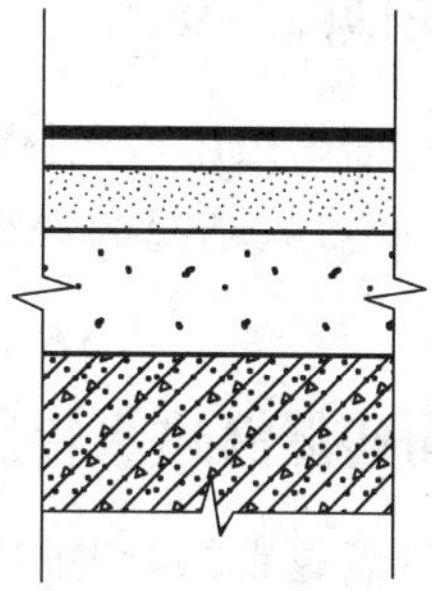
	2	塑胶地板楼地面	2 厚塑胶地板,建筑胶粘剂粘铺; 3~5 厚自流平水泥找平层; 刷素水泥一道; 35 厚 C20 混凝土基层随打随抹平; 1 厚合成高分子防水涂料; 刷基层处理剂一道; 结构层	
	3	地毯面层楼地面	3~8 厚地毯面层,浮铺; 20 厚 1:3 水泥砂浆找平层; 结构层	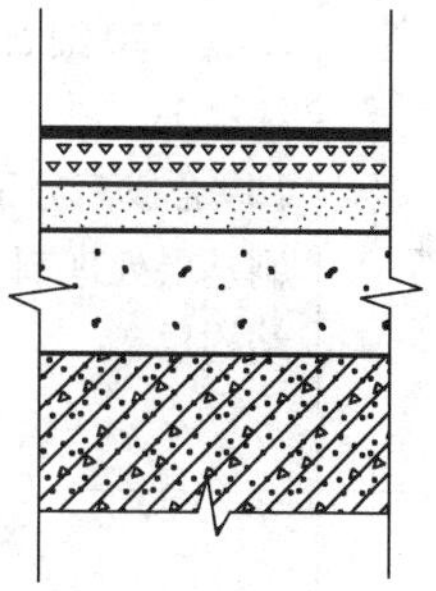

8.9　其他材料楼地面构造

8.9.1　防静电活动地板地面

防静电活动地板地面主要用于有防静电要求的房间如配电室、电器控制室、电工实验室等场所。

8.9.2　耐酸瓷板地面

耐酸瓷砖地面用于:硫酸(浓度≤60%)、盐酸(浓度≤20%)、硝酸(浓度≤10%)作用的冲击荷载较小的地面,可用于蓄电池充电室地面(较低标准),不可用于丙酮、二甲醛、煤油等溶剂作用的地面。

8.9.3 发光地面

发光楼地面是采用透光材料为面层,光线由架空层内部向室内空间透射的楼地面,主要用于舞厅的舞池,歌剧院的舞台、豪华宾馆、游艺厅、科学馆等公共建筑楼地面的局部重点点缀。

8.9.4 地面砖低温热水辐射采暖防水地面

地面砖低温热水辐射采暖防水地面主要用于有采暖及防水要求的地面。

常用的构造做法详见表 8.9。

表 8.9 地面砖低温热水辐射采暖防水地面常用构造做法

类别	编号	名称	构造层次	构造图示/备注
其他地面	1	防静电活动地板楼地面	150~250 高防静电活动地板; 20 厚 1:2.5 水泥砂浆抹平压实; 素水泥浆一道; 35 厚 C20 细石混凝土随打随抹平; 1 厚合成高分子防水涂料; 刷基层处理剂一道; 结构层	
	2	耐酸瓷板楼地面	30 厚耐酸瓷板 YJ-2 呋喃胶泥挤缝,缝宽 2~3; 4~6 厚 YJ-2 呋喃胶泥结合层; 1.5 厚聚氨酯隔离层; 刷基层处理剂一道; 结构层	

续表

类别	编号	名称	构造层次	构造图示/备注
	3	发光楼地面	20 厚透光面板用黄铜条固定中间夹 12 厚橡胶垫； 冷光源灯具； 150 高架空支撑结构，螺栓固定； 结构层	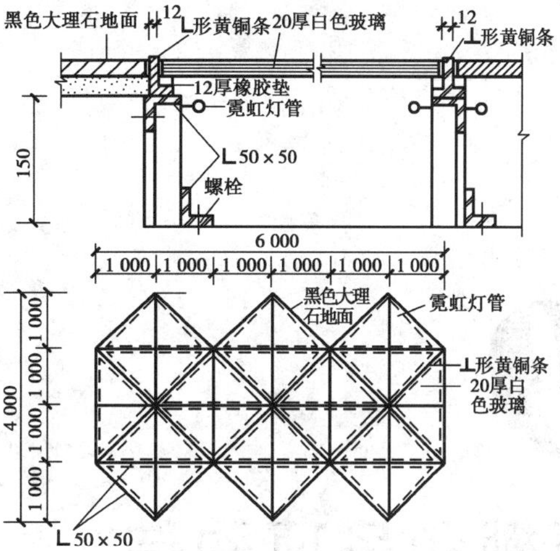
其他地面	4	地面砖低温热水辐射采暖防水楼地面	8~10 厚地面砖,干水泥擦缝(面层或按工程设计)； 30 厚 1:3 干硬性水泥砂浆结合层； 1.5 厚合成高分子防水涂料； 刷基层处理剂一道； 50 厚 C15 细石混凝土填充层随打随抹平,从门口向地漏找 1% 坡(上下配 $\phi3$ 双向间距 50 钢筋网片),中间配加热管,加热管上皮最薄出大于等于 30 厚,沿外墙内侧贴 20×50 高挤塑聚苯板保温层,高于填充层上皮平； 铺真空镀铝聚酯薄膜或铺玻璃布基铝箔贴面层； 20 厚挤塑聚苯板或详工程设计； 1 厚合成高分子防水涂料； 刷基层处理剂一道； 结构层	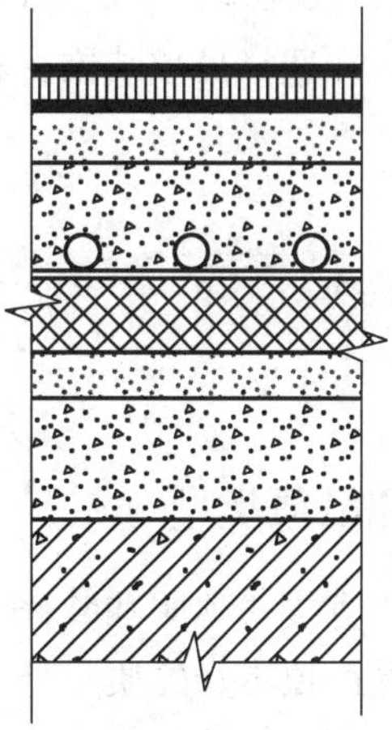

9

顶棚和吊顶构造

在建筑室内空间的上部,将上层板底的结构或设备隐蔽起来,形成吊顶。而顶棚一般是指处理后的板(结构层)底,也常作为空间上部界面的统称。

吊顶具有遮饰、保温,隔热,隔声,吸声等作用,也用于遮蔽电气、通风空调、通信和防火、报警管线设备。在选择吊顶装饰材料与设计方案时,要遵循既省材、牢固、安全,又美观、实用的原则。

9.1 类型

9.1.1 顶棚和吊顶类型

顶棚可分为直接式顶棚和装修式顶棚。其中吊顶可分为上人吊顶和不上人吊顶。上人吊顶除了要承受吊顶本身的质量外,还要承受人在吊顶内部进行检查时的附加荷载,如图9.1所示。该吊顶宜采用能承受较大荷载的承载龙骨(主龙骨)。并且,吊杆与楼板的链接更要求牢固可靠。不上人吊顶只需要承受吊顶自身的质量以及较小的线路、设备的荷载。由于有的室内空间净高有限,而又需要吊顶装修,一般可以考虑采取不上人吸顶吊顶(图9.2)。

此外,吊顶又可分为明架吊顶、半明架吊顶和暗架吊顶,前两者部分龙骨裸露在外,后者全部龙骨被隐藏起来(详见图9.3、图9.4、图9.5)。

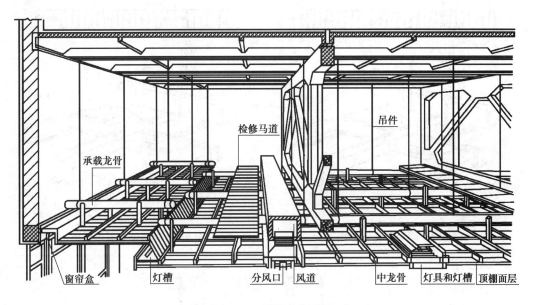

图 9.1 上人吊顶构造示意图

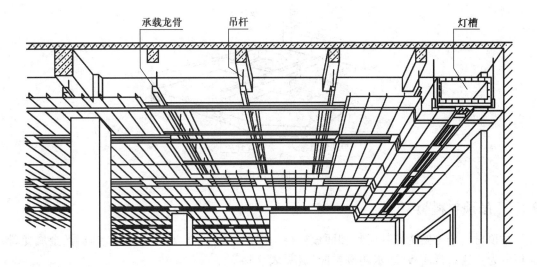

图 9.2 不上人吊顶构造示意图

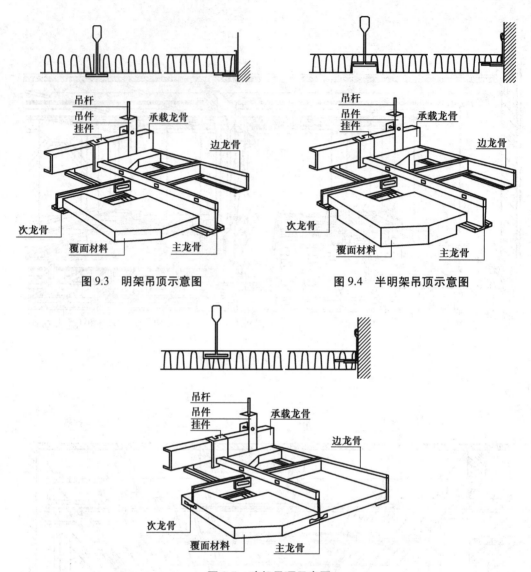

图 9.3 明架吊顶示意图

图 9.4 半明架吊顶示意图

图 9.5 暗架吊顶示意图

9.1.2 吊顶材料类型

吊顶材料分为架构龙骨材料和面板材料。按材质的不同,龙骨可分为木龙骨、金属龙骨,面板分为普通石膏面板、防水防潮类面板(见表 9.1)。

表 9.1 吊顶材料分类表

结构层	类 型
龙骨	木龙骨 金属龙骨(轻钢龙骨、铝合金龙骨)
面板	普通石膏板 防水防潮类面板(金属、木质、石质、矿物材料、塑料等)

  龙骨是吊顶的骨架,对吊顶起着支撑作用,以使吊顶达到所设计的外形。吊顶的各种造型变化,一般是通过龙骨的变化而形成的。

  (1)金属龙骨

  金属龙骨包括轻钢龙骨(图9.6)和铝合金龙骨(图9.7),其中轻钢龙骨较为常用。

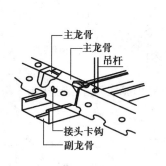

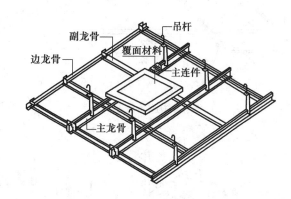

图9.6 轻钢龙骨示意图   图9.7 铝合金龙骨构造示意图

  吊顶龙骨与玻璃棉、矿棉、石膏、铝塑等轻质、吸声、保温板材组合形成吊顶。吊顶龙骨由承载龙骨(主龙骨)、覆面龙骨(辅龙骨)及各种配件组成。主龙骨分为38、50和60这3个系列,38系列用于吊顶间距900~1 200 mm的不上人吊顶;50系列用于吊顶间距900~1 200 mm的上人吊顶;60系列用于吊顶间距1 500 mm的上人加重吊顶。辅龙骨分为50、60两个系列,与主龙骨配合使用。

  金属龙骨适用于公共建筑、工业建筑、商业娱乐建筑、酒店和住宅等多种应用场合的隔墙和吊顶,其类型详见表9.2,各类型龙骨体系的组成见表9.3。

表9.2 金属龙骨分类表

分类依据	类　别	备　注
按使用场合分	墙体龙骨	由横龙骨、竖龙骨及横撑龙骨和各种配件组成
	吊顶龙骨	由承载龙骨(主龙骨)、覆面龙骨(辅龙骨)及各种配件组成
按涂面处理分	轻钢龙骨	不做涂面处理
	烤漆龙骨	表面做烤漆,大部分用在明龙骨
按所处位置分	明架龙骨	平面系列、凹槽系列、立体凹槽系列
	暗架龙骨	平面系列
按截面形状分	U,C,CH,T,H,V,L(图9.8、图9.9、图9.10、图9.11、表9.4)	

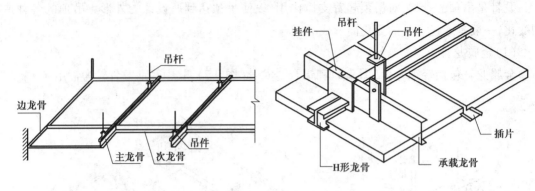

图 9.8　T 形龙骨构造示意图　　　　　图 9.9　H 形龙骨构造示意图

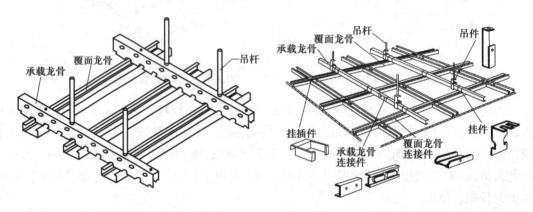

图 9.10　V 形直卡式龙骨构造示意图　　　图 9.11　U 形、C 形龙骨构造示意图

表 9.3　轻钢龙骨辅件名称及用途

序　号	产品名称	用　途
1	吊顶龙骨	用于吊顶的轻钢龙骨
2	挂件	承载龙骨和其他龙骨挂接的连接件
3	挂插件	覆面龙骨垂直相接的连接件
4	覆面龙骨	吊顶骨架中固定饰面板的构件
5	覆面龙骨连接件	覆面龙骨加长的连接件
6	吊杆	吊件和建筑结构的连接件（图 9.12）
7	吊件	龙骨和吊杆间的连接件
8	承载龙骨	吊顶骨架中主要受力构件
9	承载龙骨连接件	承载龙骨加长的连接件
10	T 形次龙骨	T 形吊顶骨架中起横撑作用的构件
11	T 形主龙骨	T 形吊顶骨架的主要受力构件

续表

序　号	产品名称	用　途
12	L 形边龙骨	T 形或 H 形吊顶龙骨中与墙体相连的构件
13	插片	H 形吊顶龙骨中起横撑作用的构件
14	H 形龙骨	H 形吊顶骨架中固定饰面板的构件
15	L 形收边龙骨	U 形、C 形、V 形、吊顶龙骨中与墙体相连的构件
16	L 形直卡式承载龙骨	L 形吊顶骨架的主要受力构件
17	V 形直卡式承载龙骨	V 形吊顶骨架的主要受力构件
18 .	V 形直卡式覆面龙骨	V 形骨架中固定饰面板的构件

（2）木质龙骨

木质龙骨（图 9.12）是指用原木开料加工成所需的规格木,也可以用普通的板材经过二次加工成所需的规格木条,还可以直接在市场上购买成品木条。其一般由横纵的小方木构成,大多数场合使用白松、红松、樟子松、落叶松等木材（常用的规格见表 9.4）。

图 9.12　木质龙骨

表 9.4　木质龙骨常用规格一览表

项　目	规　格
主龙骨截面	50 mm × 70 mm;60 mm × 60 mm
次龙骨截面	40 mm × 60 mm;50 mm × 70 mm
轻质扣板吊顶	30 mm × 40 mm

木质龙骨吊顶分为有主龙骨木格栅和无主龙骨木格栅。有主龙骨木格栅吊顶多用于比较大的建筑空间,目前采用得比较多。无主龙骨木格栅由次龙骨和横撑龙骨组成,吊筋也采用方木,这种做法在家庭装修中采用较多（图 9.13）。

木龙骨安装时,须采用阻燃涂料做阻燃处理,以提高其燃烧性能等级。

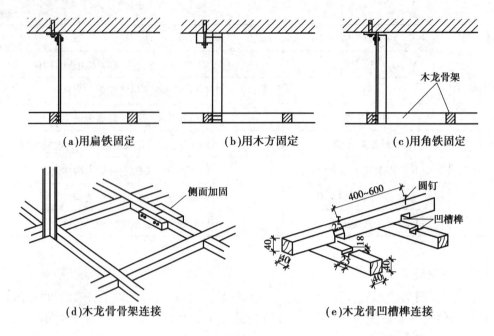

（a）用扁铁固定　　　　　　　（b）用木方固定　　　　　　　（c）用角铁固定

（d）木龙骨骨架连接　　　　　　　　　　（e）木龙骨凹槽榫连接

图 9.13　木质龙骨构造示意图

（3）吊筋的布置与安装

吊筋与楼屋盖连接的节点称为吊点，吊点应均匀布置，一般距离 900~1 200 mm 左右，主龙骨端部距第一个吊点不超过 300 mm，如图 9.14 所示。

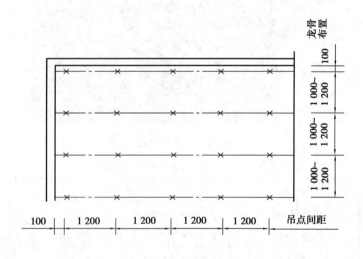

图 9.14　吊筋布置示意图

吊筋与主体结构的连接安装常有以下几种方式：

①吊筋直接插入预制板的板缝，并用 C20 细石混凝土灌缝，如图 9.15(1) 所示；

②将吊筋绕于钢筋混凝土梁板底预埋件焊接的半圆环上，如图 9.15(2)(3) 所示；

③吊筋与预埋钢筋焊接处理，如图 9.15(4) 所示；

④通过连接件（钢筋、角钢）两端焊接，使吊筋与结构连接，如图 9.15(5)(6) 所示。

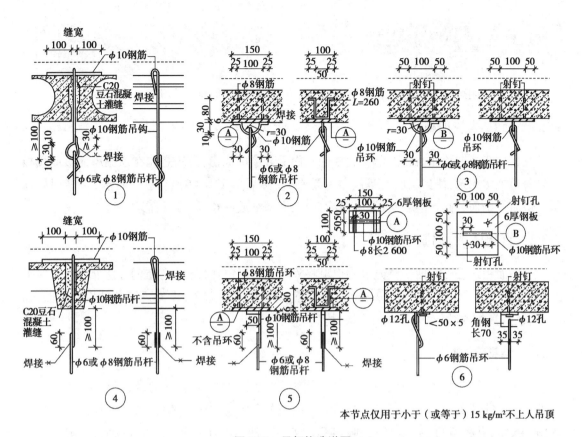

图 9.15 吊杆构造详图

本节点仅用于小于（或等于）15 kg/m²不上人吊顶

随着建筑中预制楼板的减少,方法①目前已较少使用,更多采用带内螺纹的膨胀螺丝固定在钢筋混凝土楼板上,然后将带螺纹的吊筋旋入膨胀螺丝,安装快捷方便,如图 9.16。如果吊顶荷载较大,需要增加吊挂件连接,如图 9.17。

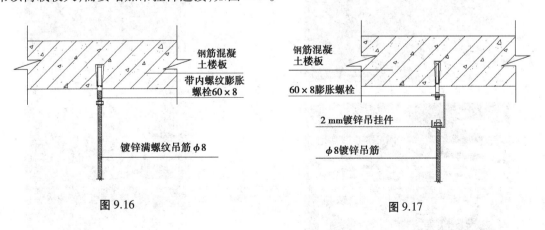

图 9.16

图 9.17

9.2 直接式顶棚

直接式顶棚按构造可分为直接抹灰顶棚、直接隔栅顶棚、结构顶棚。

9.2.1 直接抹灰顶棚

直接抹灰装饰顶棚是在上部屋面板的底面上直接抹灰,其做法是先在顶棚屋面板或楼板上刷一道纯水泥浆,使抹灰层与基层很好地粘合,然后用 1∶1∶6 混合砂浆打底,再做面层抹灰。最后做饰面装修,如喷绘各种内墙涂料、裱糊壁纸或壁布以及进行彩绘等。

9.2.2 直接隔栅顶棚

当屋面板或楼板底面平整光滑时也可将隔栅直接固定在楼板的底面上,这种隔栅一般采用 30 mm × 40 mm 方木,以 500~600 mm 的间距纵横双向布置,表面再用各种板材饰面,如 PVC 板、石膏板,或用木板及木制品板材。

9.2.3 结构顶棚

在某些大型公共场所中屋面采用空间结构,如网架结构、悬索结构、拱形结构,这些结构构件本身就非常美观,可将屋盖结构暴露在外,充分利用这些结构的优美韵律,体现出现代化的施工技术,并将照明、通风、防火、吸声等设备巧妙地结合在一起,形成统一的、优美的空间景观,如图 9.18 所示。

图 9.18 结构顶棚

9.3 金属吊顶

金属吊顶表面有光泽质感,易清洗,施工较便捷,燃烧性能等级高,在吊顶和顶棚工程中使用较多。有金属条形吊顶、金属挂片吊顶、金属方板吊顶、金属隔栅吊顶、网络体形金属吊顶等类型。

9.3.1 金属条形吊顶

金属条形吊顶美观,且有线条感(图9.19、图9.20),吊顶板材质多选用彩色镀锌钢板,也有铝合金材料。彩色镀锌钢板多用于大型体育馆、车站、超市、通道走廊、室内、花园等场所。铝合金材料的条形吊顶板适合于装修档次高的大型场所,如大会堂、宴会厅、宾馆大堂、机场候机厅等。

图9.19　金属条形吊顶

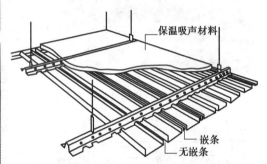

图9.20　金属条形吊顶示意图

金属条形吊顶构造存在有承载龙骨(图9.21)和无承载龙骨之分(图9.22)。

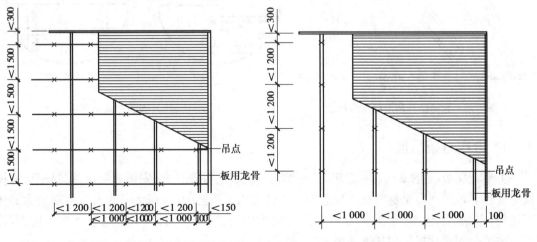

图9.21　有承载龙骨的金属条形吊顶示意图　　　图9.22　无承载龙骨的金属条形吊顶示意图

9.3.2 金属挂片吊顶

金属挂片吊顶是一种在大型建筑设施中较为常见的金属吊顶。在组装成吊顶时,金属吊板的板面不是平行于地面,而是垂直于地面。安装完成后,形成单项屏级视觉,线条飘逸。选用适当的高度,并以适当的视觉角度,能产生幕布的效果(图9.23)。若在吊顶上部采用自然光或在人工照明的条件下,可形成各种柔和的光线效果,从而创造出独特的艺术环境气氛。

金属挂片吊顶具有自重轻,防火,防潮,装饰性好和便于施工、检修、清洗的特点,适用于机场、地铁等大型公共设施的室内、外吊顶,其安装可以采用交错式或间隔式方法,具体构造见图9.24、图9.25、图9.26。

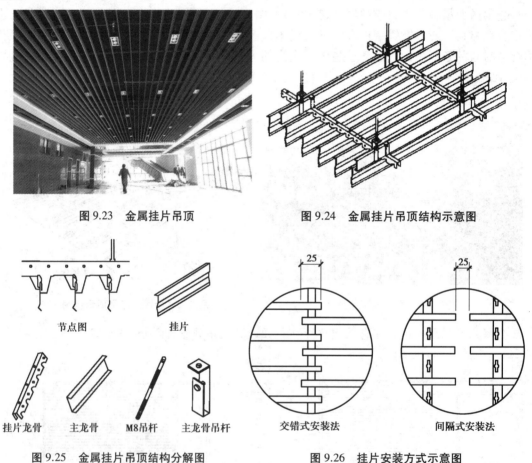

图9.23　金属挂片吊顶　　　　　　图9.24　金属挂片吊顶结构示意图

图9.25　金属挂片吊顶结构分解图　　　　图9.26　挂片安装方式示意图

9.3.3 金属方板吊顶

方形金属板(图9.27)具有自重轻,耐潮湿、防火,品种花色多,安装方便快速,易于检修擦洗等优点。该吊顶面层材料被广泛运用于各种民用建筑场所,特别是一些人员流动较大的体育场馆、车站、会堂、通道等,以及一些湿度较大的厨房、卫生间等,也适用于计算机房、客厅等。方形金属吊顶板类型具体见表9.5。

图 9.27　金属方板吊顶

表 9.5　方形金属吊顶板分类表

分类依据	类　别
按其材料分	铝合金吊顶 彩色镀锌钢板吊顶板
按其表面有无冲孔分	非冲孔吊顶板 冲孔吊顶板
按其表面有无凸凹压型分	非压型吊顶板 压型吊顶板
按其外形尺寸分	正方形吊顶板(图 9.28) 长方形吊顶板
按其安装后吊顶是否显露龙骨分	明龙骨吊顶用方形吊顶板(图 9.29) 暗龙骨吊顶用方形吊顶板(图 9.30)

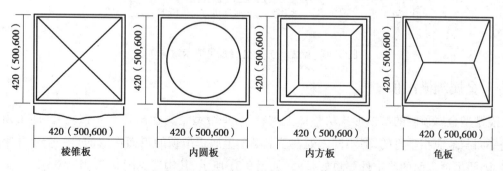

图 9.28　方形金属吊顶板常用尺寸及形状

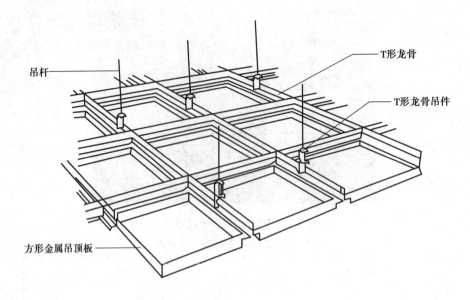

图 9.29　明龙骨方形金属板吊顶示意图

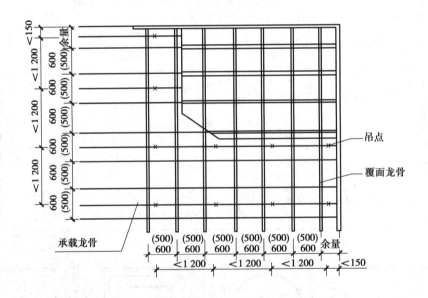

图 9.30　暗龙骨方形金属板吊顶示意图

9.3.4　金属隔栅吊顶

隔栅型金属顶棚的吊顶形式从整体上来看,与垂帘型金属板吊顶有相似之处,即吊顶板均是平面与地面相垂直的,但不同之处在于隔栅型金属板吊顶的表面形成的是一个个井字形方格,因此吊顶表面的稳定性要更好一些,如图 9.31 所示,其构造见图 9.32、图 9.33。

图 9.31 金属隔栅吊顶

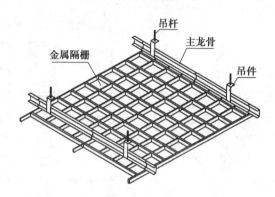

图 9.32 方块形金属隔栅吊顶示意图

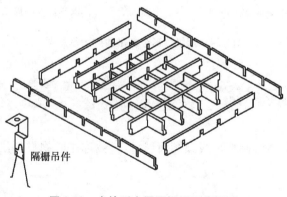

图 9.33 方块形金属隔栅吊顶分解图

9.3.5 网络体形金属吊顶

网络体形(吸声)金属吊顶是一种以吸声功能的吸声板组件通过网络支架组装而成的金属吊顶。该种吊顶造型独特,具有优异的吸声功能,能够形成不同的几何图案,而且有利于吊顶上部的灯光设置以取得良好的照明来烘托出高雅的气氛。其是一种集装饰和吸声功能为一体的新型吊顶,应用于大型的公共建筑中,如车站、游艺厅、体育馆以及噪声较大的工业建筑,其构造如图 9.34 所示。

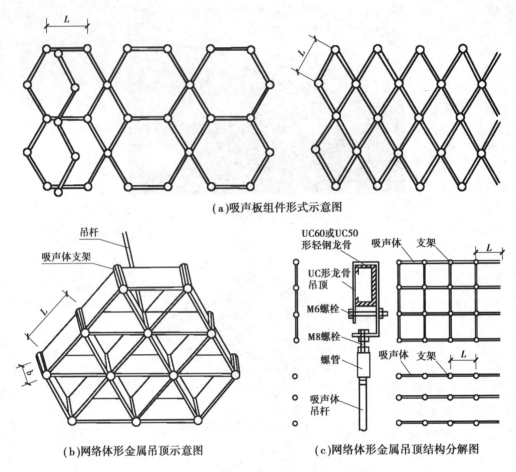

（a）吸声板组件形式示意图

（b）网络体形金属吊顶示意图   （c）网络体形金属吊顶结构分解图

图9.34　网络体形金属吊顶构造示意图

9.4　矿物材料吊顶

采用优质矿渣原料精心制造形成顶棚面层材料,被称作矿物材料吊顶,如矿棉板吊顶、石膏板吊顶等。

9.4.1　矿棉板吊顶

矿棉板顶棚(图9.35)材料成分不使用石尘,不含甲醛,不会经呼吸道进入人体而造成危害,防潮。

9.4.2　石膏板吊顶

石膏板吊顶在室内装饰中应用广泛,例如宾馆、礼堂、体育馆、车站、医院、科研室、会议室、图书馆、展览馆、俱乐部等的装修。石膏板质量轻、强度较高、厚度较薄、加工方便以及隔音绝热和防火等性能较好。常用的有普通石膏板吊顶和石膏复合板吊顶(也称硅钙板吊顶)等。

普通石膏板(1 200×3 000/1 200×2 440,厚9 mm及12 mm)吊顶由双面贴纸内压石膏构

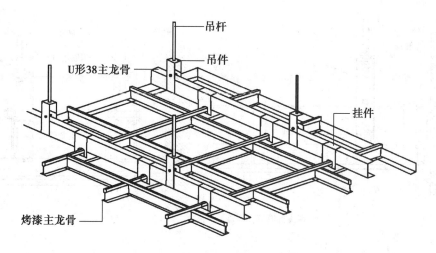

图 9.35　矿棉板吊顶结构示意图

成,常作为隔墙、吊顶的面板,一般用于大面积吊顶和室内客厅、餐厅、过道、卧室等对防水要求不高的地方(图 9.38)。厨房、厕所、浴室以及空气相对湿度大于 70% 的潮湿环境中应使用防潮石膏板。

硅钙板(600×600)吊顶面材多孔,隔音、隔热性和防火性能好,这种吊顶面层保留了石膏板的美观;质量低于石膏板,强度高于石膏板;不易受潮变形(图 9.39)。主要用于办公室、商场和无尘空间等场所。

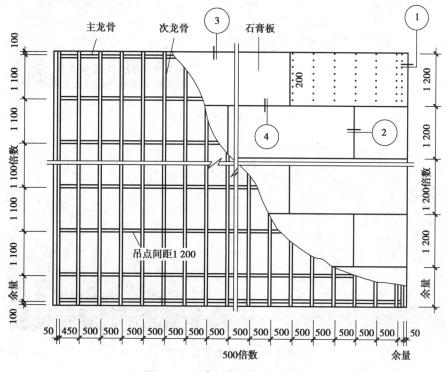

图 9.36　石膏板吊顶构造示意图 1

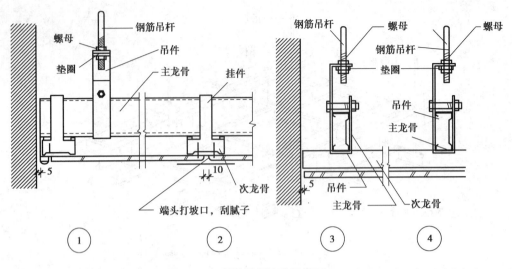

图 9.37　石膏板吊顶构造示意图 2

图 9.38　普通石膏板吊顶

图 9.39　石膏复合板吊顶

9.5　木质吊顶

　　木质吊顶是指以木质材料作为面层材料的吊顶,如胶合板吊顶。因易于加工和造型,但防火性能较差,故被少量用于中、高档室内装修中,特别是墙面装饰中(图9.40)。

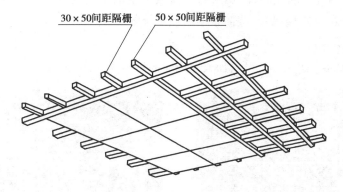

30×50间距隔栅　　50×50间距隔栅

图9.40　胶合板吊顶结构示意图

9.6　PVC材料吊顶

　　PVC吊顶板是一种空心合成塑料板材,质地轻盈而结实(图9.41),缺点在于较易老化,易变黄。PVC扣板吊顶(图9.42)适用于卫生间和厨房的吊顶装修。PVC扣板吊顶具有防潮、隔热、易安装、易清洁、价格低等优点。施工时塑料扣板吊顶由40 mm×40 mm的方木板组成骨架,在骨架下面装钉塑料扣板。

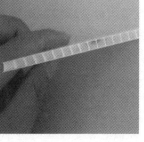

图9.41　PVC板　　　　　　　　　　　　图9.42　PVC扣板吊顶

9.7 其他吊顶及细部构造

9.7.1 其他吊顶形式

随着材料及结构技术的发展,以及人们对高质量生活空间的追求,新型吊顶类型层出不穷,如软膜吊顶(天花)、玻璃吊顶、圆筒条形吊顶系统等。

(1)玻璃吊顶

玻璃吊顶(图9.44)在视觉上可以加大室内空间感。

图9.43　透光板吊顶　　　　　　　　　　　图9.44　玻璃吊顶

(2)软膜天花吊顶

软膜天花(图9.45)吊顶近年被广泛使用的室内装饰材料,可配合各种灯光系统(如霓虹灯、荧光灯、LED灯)营造梦幻般、无影的室内灯光效果,具有防火、节能、防菌、防水、安装方便、抗老化、安全环保、理想声学效果等功能,被应用于行政办公楼、工业场所、医院、体育馆、游泳池、宾馆、饭店、机场、商场、学校、食堂、幼儿园等。

软膜天花由软膜、扣边条、硬质墙码条等组成。软膜采用特殊的聚氯乙烯材料制成,燃烧性能等级为B1级或A1级,通过一次或多次切割成形,并用高频焊接完成,其是按照在实地测量出的天花形状及尺寸在工厂里生产制作而成的。软膜龙骨采用聚氯乙烯材料制成,其燃烧性能等级为B1,另一种采用合金铝材料挤压成形,为A级。

9.7.2 顶棚细部构造

(1)室内灯光与顶棚

室内的照明多数是通过顶棚的灯光布置来完成的。灯光布置对室内气氛和装饰效果起着相当重要的作用。

从照明形式上可分为点式、条式、块式、网格式和星光布局。还有通过吊顶构造变化形成的各种灯槽(图9.46)。对于顶棚来说,一般直接与顶棚结合的有嵌入式灯具、通电式轨道灯

图 9.45　软膜吊顶

等,不直接与顶棚结合的灯具有吊灯。

嵌入式灯具镶嵌在顶棚内,多为筒体灯(图 9.47)或日光灯盘(图 9.46)。

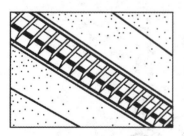
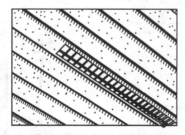
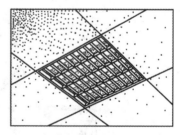

(a)条块式灯具与条式顶棚的组合　　　(b)条式灯具与条式顶棚的组合　　　(c)灯盘与方板式顶棚的组合

图 9.46　照明与顶棚的结合方式

通电轨道是由 L 形、T 形和十字形连接器连接成直角形组合支架,可以将支架当龙骨,直接搁置方形饰面板,轨道上安装灯具。也可将轨道吊挂在顶棚下面,在轨道上任意插接各种灯具,以适应不同的功能要求,如图 9.48 所示。

当吊灯安装在直接顶棚时,一般用膨胀螺栓打入结构层上直接固定吊灯灯杆。吊灯固定在悬吊式顶棚上时,应将其固定在主龙骨或附加主龙骨上。

反射灯槽是将光源安装在顶棚内的一种灯光装置。灯光借槽内的反光面将灯光反射至顶棚表面从而使室内得到柔和的光线。这种照明方式通风散热好,维修方便,如图 9.49 所示。

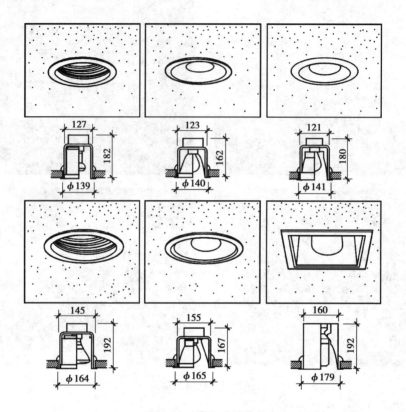

图 9.47　嵌入式筒体灯

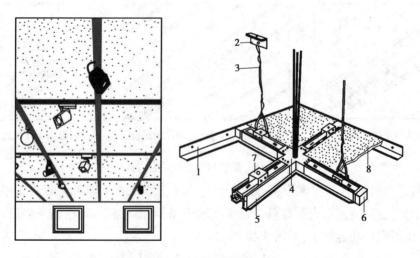

图 9.48　通电轨道灯构造示意图

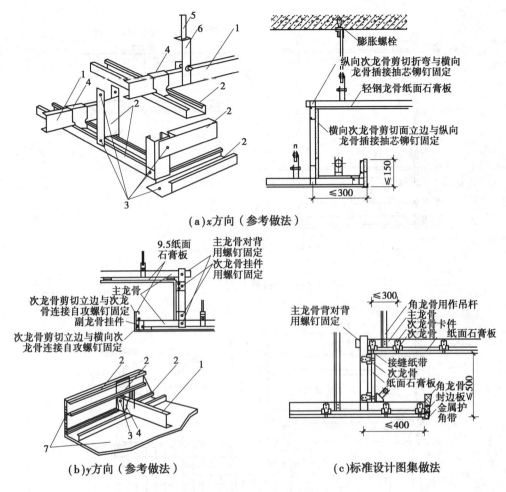

膨胀螺栓

纵向次龙骨剪切折弯与横向
龙骨插接抽芯铆钉固定

轻钢龙骨纸面石膏板

横向次龙骨剪切面立边与纵向
龙骨插接抽芯铆钉固定

≤150

≤300

(a)x方向（参考做法）

9.5纸面
石膏板

主龙骨对背
用螺钉固定
次龙骨挂件
用螺钉固定

主龙骨

次龙骨剪切立边与次龙
骨连接自攻螺钉固定
副龙骨挂件

次龙骨剪切立边与横向次
龙骨连接自攻螺钉固定

(b)y方向（参考做法）

≤300

角龙骨用作吊杆
主龙骨
次龙骨卡件
次龙骨 纸面石膏板

接缝纸带
次龙骨
纸面石膏板

角龙骨
封边板

金属护
角带

500

≤400

(c)标准设计图集做法

图 9.49 带灯槽吊顶节点示意图

1—主龙骨;2—次龙骨;3—铆钉;4—挂件;5—吊筋;6—吊件;7—纸面石膏板

(2)顶棚上人孔

吊顶也必须经常保持良好的通风以利散湿、散热,从而避免构件、设备等发霉腐烂。

在吊顶上设置上人孔洞既要满足使用要求,又要尽量隐蔽,使吊顶完整统一。

吊顶上人孔的尺寸一般不小于 600 mm×600 mm。如图 9.50 所示,其使用活动板做吊顶上人孔的构造示意,使用时可以打开,合上后又可以与周围保持一致。

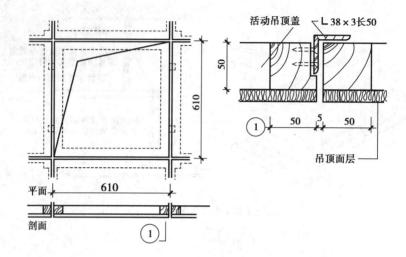

（a）活动板进人孔

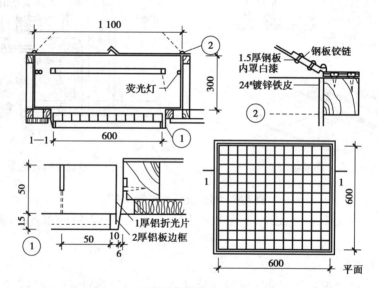

（b）灯罩进人孔

图 9.50　顶棚上人孔

10 门窗构造

门窗是建筑围护构件中的重要构件,也是建筑装饰装修工程中重要组成部分,具有实用和美化的双重功能。

我国现代建筑门窗是 20 世纪发展起来的,按门窗的材质来区分大致可分为木门窗时代、钢门窗时代、铝门窗时代、塑料门窗时代。在我国,发展建筑节能的技术将成为当今门窗行业发展的动力,南方冬暖夏热地区的节约空调制冷能源消耗,以及北方节约采暖供热能源消耗等,将作为门窗节能技术开发的目标。

10.1 概述

10.1.1 门的功能与设计要求

门的主要功能是分隔和交通,同时还兼具通风、采光之用。在特殊情况下,又有保温、隔声、防风雨、防风沙、防水、防火以及防放射线等功能。

门的装饰、围护、交通联系与安全疏散,兼有分隔和通风采光等功能。

门的大小、数量、位置、开启方式要满足人流、货流和疏散要求。

一个房间开几个门,每个门的尺寸取多大,每个建筑物门的总宽度是多少,应按交通疏散要求和防火规范来确定。学校、商店、办公楼等民用建筑的门,可以按表 10.1 的规定选取。

表 10.1　门的宽度指标

层　数	耐火级别		
	一、二级	三级	四级
	宽度指标(m/百人)		
一、二层	0.65	0.80	1.00
三层	0.80	1.00	—
三层以上	1.00	1.25	—

　　门的宽度和高度是指门洞口的宽度和高度。在确定门洞高度时,还应尽可能地使门窗顶部高度一致,以便取得统一的效果。

10.1.2　窗的功能与设计要求

　　窗的主要功能是采光、通风、保温、隔热、隔声、眺望、防风雨及防风沙等。有特殊功能要求时,窗还可以防火及防放射线等。
　　①采光。窗的大小应满足窗地比的要求。窗地比指的是窗洞面积与房间净面积的比值。采光标准见表 10.2。

表 10.2　采光标准

等　级	采光系数	应用范围
I	1/4	博览厅、制图室等
II	1/4~1/5	阅览室、实验室、教室等
III	1/6	办公室、商店等
IV	1/6~1/8	起居室、卧室等
V	1/8~1/10	采光要求不高的房间,如卫生间等

　　窗的透光率是影响采光效果的重要因素,透光率是指窗玻璃面积与窗洞口面积的比值。
　　②通风。在确定窗的位置及大小时,应尽量选择对通风有利的窗型及合理的布置,以获得较好的空气对流。
　　③围护功能。窗的保温、隔热作用很大。窗的热量散失,相当于同面积围护结构的 2~3 倍,占全部热量的 1/4~1/3。窗还应注意防风沙、防雨淋。窗洞面积不可任意加大,以减少热损耗。
　　④隔声。窗是噪声的主要传入途径。一般单层窗的隔声量为 15~20 dB,约比墙体隔声少 3/5。双层窗的隔声效果较好,但应该慎用。
　　⑤装饰美观。窗的式样是在满足功能要求的前提下,力求做到形式与内容的统一和协调。同时还必须符合整体建筑立面处理的要求。
　　窗的尺寸应符合模数制的有关规定。

10.1.3　门窗常用材料及代号

　　在设计图中,门的代号为 M,通常包括固定部分(门框)和一个或更多的可开启部分(门扇)。窗的代号为 C,通常包括固定部分(窗框)和一个或更多的可开启部分(窗扇)。在标准设计中,门窗代号的组成格式详见图 10.1 所示,常见的门窗代号见表 10.3。

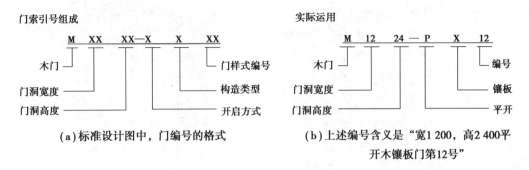

(a)标准设计图中,门编号的格式　　　　(b)上述编号含义是"宽1 200,高2 400平
　　　　　　　　　　　　　　　　　　　　　　　　　　开木镶板门第12号"

图 10.1　标准设计图中的门窗编号举例

表 10.3　常见的门窗代号

名　　称	组合方式	代　　号
平开铝合金门	开启—材料	PLM50
固定铝合金窗	开启—材料	GLC
防风沙平开拼板门	用途—开启—构造—材料	SPPMM
推拉塑料窗	开启—材料	CST80

常用的门窗有:木门窗(木—M);钢门窗(钢—G);铝合金门窗(铝合金—L);塑料门窗(塑料—S);PVC塑料门窗;复合材料门窗等等。

10.1.4　门窗的分类

按门窗使用的材质不同可分为木门窗、金属门窗、塑料和塑钢门窗、木塑材料门窗、嵌花玻璃门窗、特种门窗等;按启闭方式分为平开门窗、推拉门窗、旋转门窗、固定窗、悬窗、百叶窗和纱窗等;按门窗的功能不同可分为普通门窗、隔声门窗、防火门窗、防水防潮门窗、保温门窗和防爆门窗等。

10.2　木门窗及安装

10.2.1　木门的构造

(1)木门的组成

木门主要由门樘(门框)、门扇、腰头窗(亮子窗)、玻璃和五金零件等部分组成[图10.2(a)]。

门框是门与墙体的连接部分,由上框、边框、中横框和中竖框组成,附件有贴脸板、筒子板等。

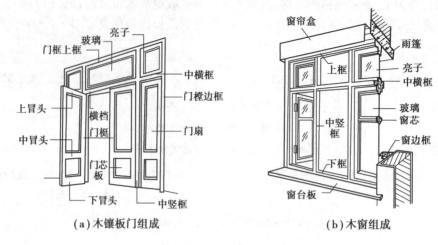

(a) 木镶板门组成　　　　　　　　(b) 木窗组成

图 10.2　木门窗的组成

门扇一般由上、中、下冒头和边梃组成骨架,中间固定门芯板。

五金配件主要包括铰链(图 10.3)、闭门器(图 10.4)、地弹簧(图 10.5)、插销、门锁、拉手和门碰等,是门窗的组成部分,是保证门窗框与门窗扇之间连接的重要零件,其优劣直接关系门窗的使用功能和寿命。

图 10.3　铰链(合页)

图 10.4　闭门器

图 10.5　地弹簧

①木门框。门框的断面形状与尺寸取决于门扇的开启方式和门扇的层数,由于门框要承受各种撞击荷载和门扇的质量,应有足够的强度和刚度,故其断面尺寸较大,木门框主要用料详见图 10.6。

②木门框的安装。门框的安装方式有先立口和后塞口(图 10.7)两种。

立口(又称立樘子),是在墙体砌筑之前先将门框或窗框立起后再砌砖的方法。为加强门窗框与墙的拉结,在木框上档伸出半砖长的木段,同时在边框外侧每隔 400～600 mm 设一木拉砖或铁脚砌入墙身。优点是木框与墙的连接紧密,缺点是施工不便,木框及临时支撑易被碰撞而产生移位破损,现采用较少(图 10.8)。

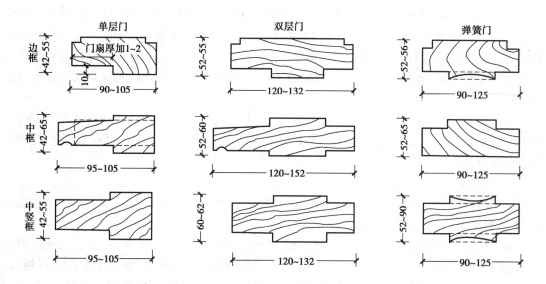

图 10.6　门框的断面形状与尺寸

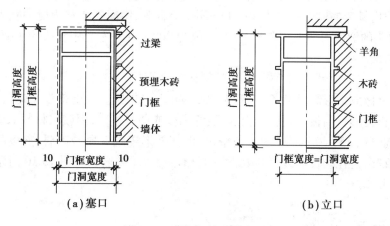

图 10.7　木门框的安装方式

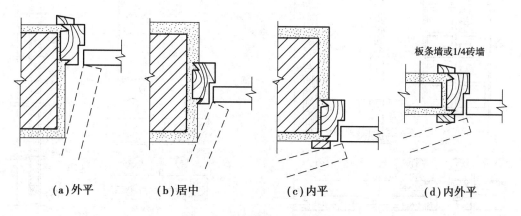

图 10.8　门框在洞口中的位置

塞口（又称塞樘子），是在墙体砌筑之后再将门框或窗框塞入预留的洞口，然后进行固定的方法。为了加强木框与墙的连接，砌墙时应在木框两侧每隔400~600 mm砌入一块半砖的防腐木砖。窗洞每侧不少于2块木块，安装时将木框钉在木砖上。此方法优点是墙体施工与木框安装分开进行，避免相互干扰，不影响施工。缺点是为了安装方便，木框与墙体之间缝隙预留较大。

门框在洞口中的位置，根据门的开启方式及墙体厚度不同分为外平、居中、内平、内外平4种（图10.8）。门框与墙的结合位置，一般都设在开门方向的一边，与抹灰面齐平，这样门扇开启的角度较大。

（2）木门扇

常用的木门扇有镶板门、夹板门和拼板门等类型。拼板门是用较厚的条形木板拼接成门扇，工艺要求不高，常用于园林中。

①镶板门。镶板门由骨架和门芯板组成。骨架一般由上冒头、中冒头、下冒头及边梃组成，有的中间还有中冒头或竖向中梃。门芯板可采用木板、胶合板、硬质纤维板及塑料板等，或采用玻璃，则称为半玻璃（镶板）门或全玻璃（镶板）门。与镶板门类似的还有纱门、百叶门等，如图10.9所示。木制门芯板常用10~15 mm厚的木板拼装成整块，镶入边梃和冒头中。

镶板门门扇骨架的厚度一般为40~45 mm。上冒头、中间冒头和边梃的宽度一般为75~120 mm，下冒头的宽度习惯上同踢脚高度，一般为200 mm左右。中冒头为了便于开槽装锁，宽度应适当增加。

②夹板门。门扇由骨架和面板组成，骨架通常采用（32~35）mm×（34~36）mm的木料制作，内部用木材做成格形纵横助条，一般为300 mm左右中距。在上部设小通气孔，保持内部干燥，防止面板变形。面板可用胶合板、硬质纤维板或塑料板等，用胶结材料双面胶结在骨架上。门的四周用15~20 mm厚的木条镶边，以使外形美观。根据需要，夹板门上也可以局部加玻璃或百叶，是在装玻璃或百叶处，做一个木框，用压条嵌固。图10.10所示为常见的夹板门构造示例。

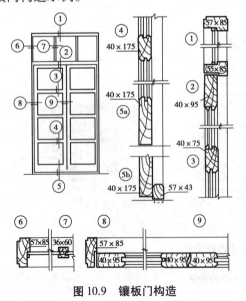

图10.9 镶板门构造 　　　　　图10.10 夹板门构造

10.2.2 窗的构造

1)木窗的组成

木窗一般由窗框、窗扇和五金零件组成,如图 10.2(b)所示。木窗框是窗与墙体的连接部分,由上框、下框、边框、中横框和中竖框组成。窗扇一般由上冒头、下冒头、边梃和窗芯(又称窗棂)组成骨架,中间固定玻璃、窗纱或百叶。

2)窗在墙洞中的位置

窗在墙洞中的位置主要根据房间的使用要求和墙体的厚度来确定。一般有 3 种形式:窗框内平,如图 10.11(a)所示;窗框外平,如图 10.11(b)所示;窗框居中,如图 10.11(c)所示。

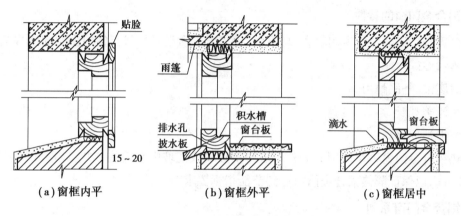

(a)窗框内平　　　　　(b)窗框外平　　　　　(c)窗框居中

图 10.11　窗在墙洞中的位置

3)窗框安装

窗框安装与门框安装相同,有先立口和后塞口两种方法,详见图 10.12。

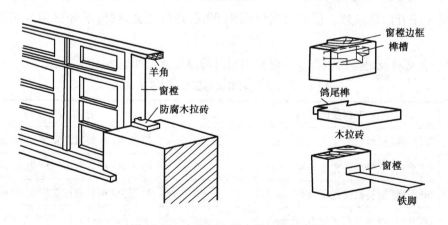

图 10.12　木窗框立樘安装工艺示意图

10.3　金属门窗

铝合金门窗、彩板门窗等,以其用料省、质量轻、密闭性好、耐腐蚀、坚固耐用、色泽美观、维修费用低而得到广泛应用。

铝合金材料早已成为制作门窗和幕墙的材料,而现在更被广泛应用,目前在建筑节能门窗中,铝合金节能门窗的市场份额已经达到60%。

10.3.1　铝合金门窗

框、梃、扇料等均为铝合金型材制作的门窗,称为铝合金门窗。

1)铝合金门窗的特性

①自重轻。铝合金门窗用料省、自重轻,每平方米质量平均只有钢门窗的50%左右。

②密封性好。

③耐腐蚀、坚固耐用。

④色泽美观。

⑤节能达标。

隔热铝合金门窗一律采用Low-E双玻中空玻璃或三玻中空玻璃,中空玻璃间隔层厚度不小于12 mm,以保证隔热铝合金门窗达到节能指标要求。

2)铝合金门窗系列

铝合金门窗框料系列名称是以铝合金门窗框的厚度构造尺寸来区别,如平开门门框厚度构造尺寸为50 mm宽,即称为50系列铝合金平开门,推拉窗窗框厚度构造尺寸90 mm宽,即称为90系列铝合金推拉窗等。目前铝合金门窗主要有两大类,一类是推拉门窗系列,另一类是平开门窗系列。推拉门窗可选用90系列铝合金型材,平开窗多采用38系列型材。

①铝合金型材及附件。铝合金门窗常用型材截面尺寸系列见表10.4。

表10.4　铝合金型材常用截面尺寸系列(mm)

代　号	型材截面系列	代　号	型材截面系列
38 mm	38系列(框料截面宽度为38 mm)	70 mm	70系列(框料截面宽度为70 mm)
42 mm	42系列(框料截面宽度为42 mm)	80 mm	80系列(框料截面宽度为80 mm)
50 mm	50系列(框料截面宽度为50 mm)	90 mm	90系列(框料截面宽度为90 mm)
60 mm	60系列(框料截面宽度为60 mm)	100 mm	100系列(框料截面宽度为100 mm)

②铝合金门窗尺寸与标记。门窗厚度按门窗框厚度构造尺寸区分。门常用尺寸系列有50、60、70、80、90、100 mm,窗常用尺寸系列有50、60、70、80、90 mm。

门窗洞口尺寸是指洞口的标注尺寸,这个标注尺寸应为构造尺寸与缝隙尺寸之和。门窗洞口的标志尺寸应符合建筑设计模数。常用门窗代号见表10.5。

表10.5　常见铝合金门窗代号

类　别	代　号	类　别	代　号
平开铝合金门	PLM	固定铝合金窗	GLC
推拉铝合金门	TLM	平开铝合金窗	PLC
地弹簧铝合金门	DHLM	上旋铝合金窗	SLC
固定铝合金门	GLM	中悬铝合金窗	CLC
折叠铝合金门	ZLM	下悬铝合金窗	XLC
平开自动铝合金门	PDLM	保温平开铝合金窗	BPLC
推拉自动铝合金门	TDLM	立转铝合金窗	LLC
圆弧自动铝合金门	YDLM	推拉铝合金窗	TLC
卷帘铝合金门	JLM	固定铝合金天窗	GLTC
旋转铝合金门	XLM		

③铝合金门窗安装。铝合金门窗安装首先确定门窗框水平、垂直后,将门窗框用木楔定位;用连接件将铝合金框固定在墙(梁)上。连接件可采用焊接、预留洞连接、膨胀螺栓、射钉(图10.13)等方法固定,每边至少2个固定点,间距不大于500,各转角与固定点的距离不大于200。

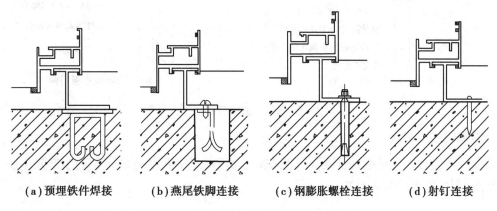

(a)预埋铁件焊接　　(b)燕尾铁脚连接　　(c)钢膨胀螺栓连接　　(d)射钉连接

图10.13　铝合金门窗框安装

10.3.2 彩板门窗

彩板门窗又称彩色涂层钢板门窗,是指以冷轧镀锌钢板为基板,涂敷耐候型、高抗蚀面层的彩色金属门窗。特点是质量轻、强度高,密闭性能好,保温性能好,耐候性能好,装饰效果多样,安装方便,如图10.14所示。

彩板门窗目前有两种类型,即带副框和不带副框的两种。

1)带副框的门窗

当外墙面为花岗石、大理石等贴面材料时,常采用带副框的门窗,以增加框的厚度。在安装时,先用自攻螺钉将连接件固定在副框上,并用密封胶将洞口与副框及副框与窗樘之间的缝隙进行密封,如图10.15(a)所示。

2)不带副框的门窗

当外墙装修为普通粉刷时,常用不带副框的做法,即直接用膨胀螺钉将门窗樘子固定在墙上,门窗与墙体直接连接,如图10.15(b)所示。

图10.14 彩板门窗

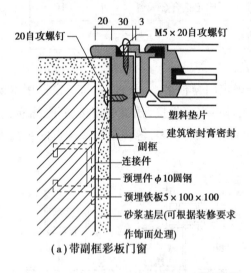

(a)带副框彩板门窗

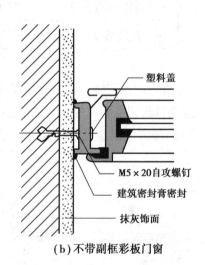

(b)不带副框彩板门窗

图10.15 彩板门窗

3)彩板门窗型材成型

彩板门窗型材的成型绝大多数采用辊式冷弯成型。这是因为这种工艺的生产效率高、成型精度高、大批量生产的成本低。

10.4　塑料及塑钢门窗

10.4.1　塑料门窗组成与构造

塑料门窗以其造型美观、线条挺拔清晰、表面光洁,而且防腐、密封隔热性好及不需进行涂漆维护等优点,广泛应用在建筑装饰工程上。

塑料门窗是由挤出的硬质 PVC 异型材,经下料、焊接(自身热合)、修饰整理、安装配件而成。硬质 PVC 异型材断面尺寸较大,断面形状较复杂,门窗类型不同,所用型材也不相同。

框料断面为 L 形,扇料断面为 Z 形,横档、竖梃为 T 形断面,玻璃压条为直角异型材断面,另外还有橡胶密封条等。

塑料门门框由中空异型材 46°斜面焊接拼装而成。镶板门门扇由一些大小不等的中空异型门芯板通过企口缝拼接而成。在门扇板的两侧,为了牢固地安装铰链和门锁等五金配件,应衬用增强异型材,紧固螺栓要穿透两层中空壁。

门扇与主门框之间一侧通过铰链相连,另一侧通过门边框与主门框搭接。

门盖板的一侧嵌固在主门框断面上的凹槽处,另一侧则嵌固在用螺钉固定的钢角板或PVC 角板上,如图 10.16 所示。

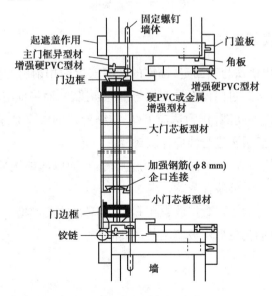

图 10.16　塑料门安装构造

塑料窗扇与窗框之间由橡胶封条填缝,关闭后密封较严。玻璃有单层和双层,应与其框料异型材相配套,其节点构造如图 10.17 所示。

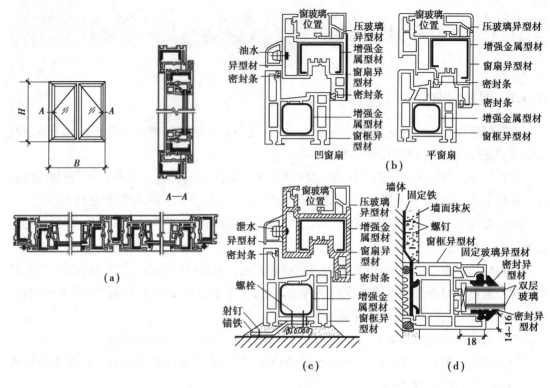

图 10.17　节点构造

10.4.2　塑料门窗的安装

在塑料门窗的外侧由锚铁与其固定,锚铁的两翼安装时用射钉与墙体固定,或与墙体埋件焊接,也可用木螺钉直接穿过门窗框异型材与木砖连接,从而将框与墙体固定。

框与墙之间留有一定的间隙,作为适应 PVC 伸缩变形的安全余量。在间隙的外侧应用弹性封缝材料加以密封,然后再进行墙面抹灰封缝。

此部位进行处理的构造方法,可采用一种过渡措施,即以毡垫缓冲层替代泡沫材料缓冲层,不用封缝料而直接以水泥砂浆抹灰。

安装玻璃时应注意,玻璃不得直接放置在 PVC 异型材的玻璃槽上,而应在玻璃四边垫上不同厚度的玻璃垫块,玻璃就位后用玻璃压条将其固定。

10.4.3　塑钢门窗

以 PVC 为主要原料制成空腹多腔异型材,中间设置薄壁加强型钢,经加热焊接而成窗框料。其特点是在塑料型材型腔内加入增强型钢,使型材的强度得到很大提高,具有抗震,耐风蚀效果,导热系数低,耐弱酸碱,无需油漆并具有良好的气密性、水密性、隔声性等优点。另外型材的多腔结构,独立排水腔、使水无法进入增强型钢腔,避免型钢腐蚀,门窗的使用寿命得到提高,其构造如图 10.18 所示。

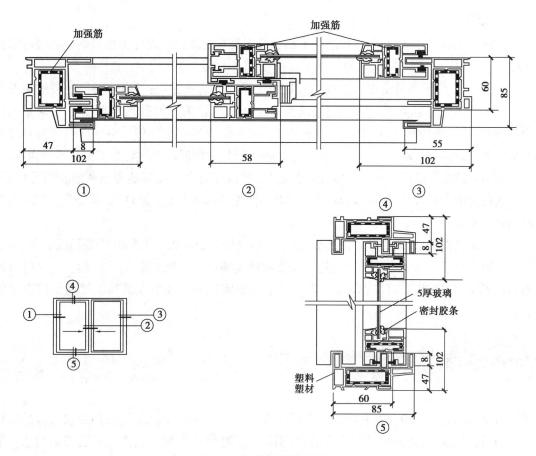

图 10.18 塑钢窗的构造

1)安装

塑钢门窗框与洞口墙体之间应采用柔性连接,其间隙可用矿棉条、玻璃棉毡条分层、发泡聚氨酯填塞,缝隙两侧采用木方留 5~8 mm 的槽口,用防水密封材料嵌填、封严,如图 10.19、图 10.20 所示。

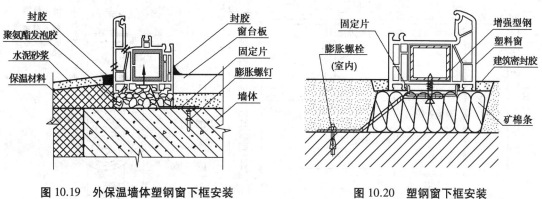

图 10.19 外保温墙体塑钢窗下框安装   图 10.20 塑钢窗下框安装

2)玻璃

玻璃形式有单片玻璃、中空玻璃。根据玻璃密封系统形式分为冷边密封系统和暖边密封系统。

①中空玻璃:由两片或多片玻璃用有效的支撑均匀隔开并周边粘接密封,使玻璃间形成干燥气体空间层的制品,能控制通过玻璃传送的热量;提高窗户的隔热性能;减少玻璃室内侧内表面的结露;降低窗户的冷辐射;减少噪声及提高窗户的安全性能。中空玻璃分为双玻中空玻璃和三玻两空玻璃,如图 11.25 所示,其是由玻璃、中间间隔气体和边部密封系统构成。

在中空玻璃间隔层内充入一定比例的氩气,可以提高中空玻璃的隔热性能和隔音性能。在普通白玻中空充入氩气,可以提高 5%的隔热性能;Low-E(低辐射)中空可提高 15%～25%的隔热性能。

②玻璃的选择:玻璃要选择浮法玻璃,中空玻璃单块面积大于 1.5 m^2 需要做成安全玻璃。

我国制订了到 2020 年,全社会建筑的总能耗能够达到节能 65%的总目标。这对门窗保温的性能要求也有提高,目前只有三玻二空中空玻璃和 Low-E 中空玻璃能够满足门窗节能需要。

10.5 滑拉木门

滑拉木门是指门扇用左右推拉的方式启闭,分暗装式和明装式。滑拉门必须设置吊轨和地轨,暗装式是将轨道隐藏于墙体夹层内,明装式是将轨道安装在墙面上用装饰板遮挡。滑拉门可用于衣柜、书柜、壁柜、卧室、客厅、展示厅等。

推拉门的门扇可以做成镶板门、镶玻璃门、夹板门、花格门等。推拉花格门既能分割空间又在视线上有一定的通透性,花格的造型还有独特的装饰效果。推拉门的构造如图 10.21所示。

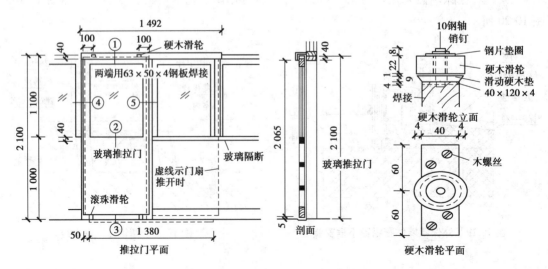

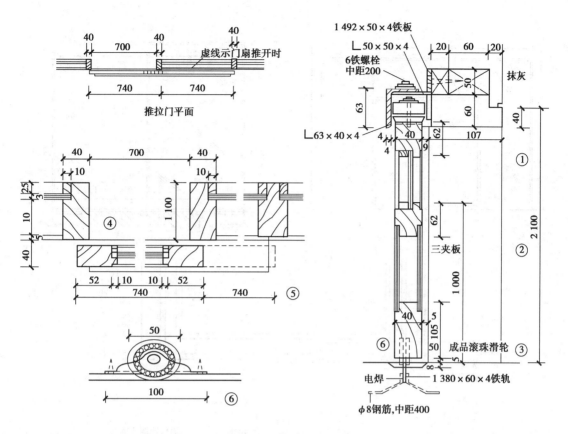

图 10.21　推拉门的构造

10.6　玻璃地弹门

　　玻璃地弹门分有框和无框玻璃门,是用厚玻璃板做门扇,仅设置上下冒头及连接门轴,设置或者不设置边挺。玻璃一般为 10 mm 以上的厚质平板钢化玻璃,具体厚度视门扇的尺寸而定;上下冒头和门框均采用不锈钢或钛合金板罩面,拉手也用不锈钢或钛合金成品件;用地弹簧作为固定连接与开启门扇的装置。

　　这种门扇具有玻璃整体感强、光亮明快,不遮挡视线、美观通透的优点。多用于建筑物主入口。

　　图 10.22 为无框地弹簧玻璃门构造。

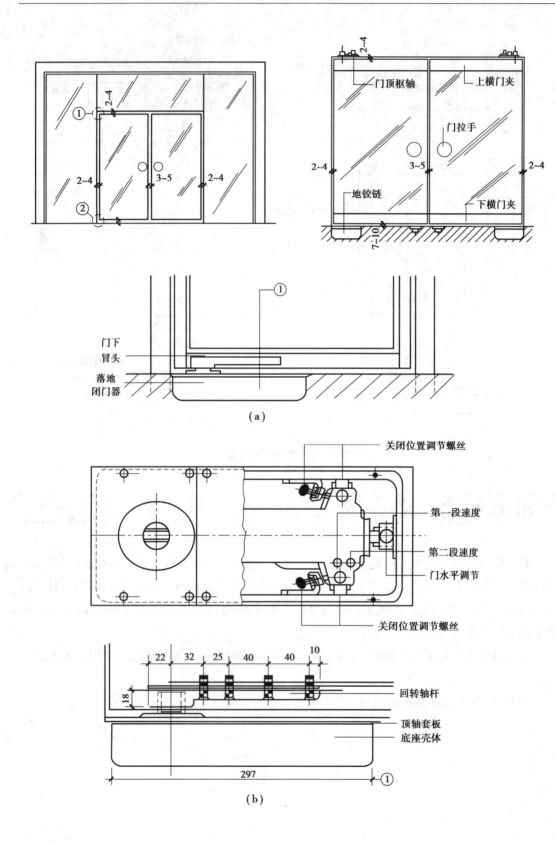

门顶枢轴

上横门夹

门拉手

地铰链

下横门夹

门下冒头

落地闭门器

(a)

关闭位置调节螺丝

第一段速度

第二段速度

门水平调节

关闭位置调节螺丝

回转轴杆

顶轴套板

底座壳体

(b)

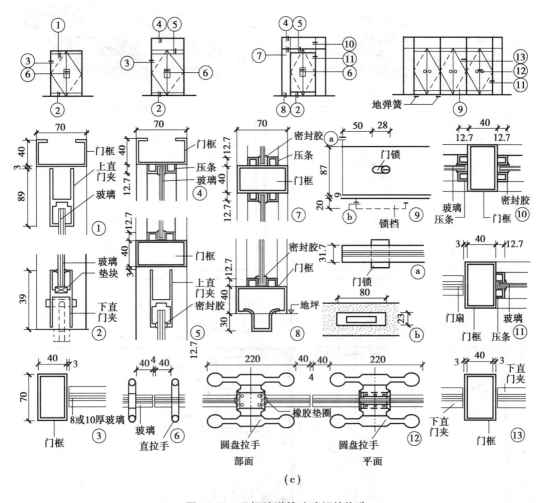

图 10.22 无框地弹簧玻璃门的构造

10.7 自动推拉门

自动推拉门的门扇采用铝合金或不锈钢做外框,也可以是无框的全玻璃门,其开启控制有超声波控制、电磁场控制、光电控制、接触板控制等。当今比较流行的是微波自动推拉门,即用微波感应自动传感器进行开启控制。若人或其他移动物体进入传感器感知范围内时,门扇自动开启;人或其他移动物体离开传感器感知范围内时,门扇自动关闭。

微波感应自动门地面上装有导向性下轨道,其长度为开启门宽的 2 倍。自动门上部机箱部分可用 18 号槽钢做支撑横梁,横梁两端与墙体内的预埋钢板焊接牢固,以确保稳定。

感应自动推拉门自动开闭,为房间的保温、隔热起到重要作用,同时具有较好的装饰效果,宜用于人流较少、装饰高雅的宾馆、办公楼主入口处。感应自动推拉门构造如图 10.23 所示。

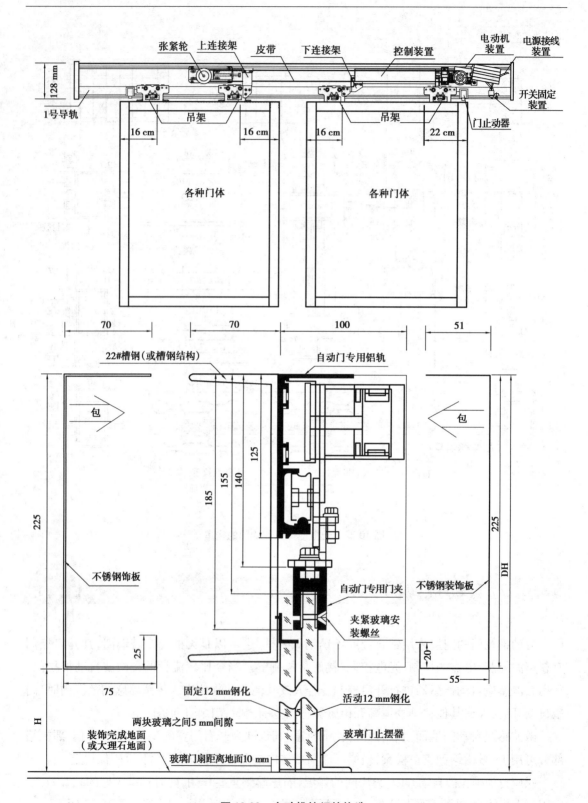

图 10.23　自动推拉门的构造

10.8 特种门窗

10.8.1 保温门窗

寒冷地区及冷库建筑,为了减少热损失,应做保温门窗。保温门窗设计的要点在于提高门窗的热阻,以减少冷空气渗透量。因此室外温度低于-20 ℃或建筑标准要求较高时,保温窗可采用双层窗、中空玻璃保温窗;保温门采用拼板门、双层门心板,门心板间填以保温材料,如毛毡、玻璃纤维、矿棉等。

10.8.2 隔声门窗

对录音室、电话会议室、播音室等应采用隔声门窗。为提高门窗隔声能力,除铲口及缝隙需特别处理外,可适当增加隔声的构造层次;避免刚性连接,以防止连接处固体传声[图10.24(a)];当采用双层玻璃时,应选用不同厚度的玻璃[图10.24(b)]。

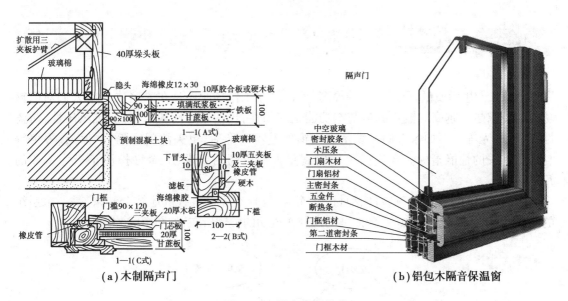

(a)木制隔声门 (b)铝包木隔音保温窗

图10.24 隔声门窗构造

10.8.3 防火门窗

依据相关国家标准规定,防火门可分为甲、乙、丙三级,其耐火极限分别为1.2 h、0.9 h、0.6 h。

当建筑物设置防火墙或防火门窗有困难时,可采用防火卷帘代替防火门,但必须用水幕保护。防火门可用难燃烧体材料,如木板外包铁皮或钢板制作,也可用木或金属骨架,内填矿棉制作,还可用薄壁型钢骨架外包铁皮制作,如图10.25所示。

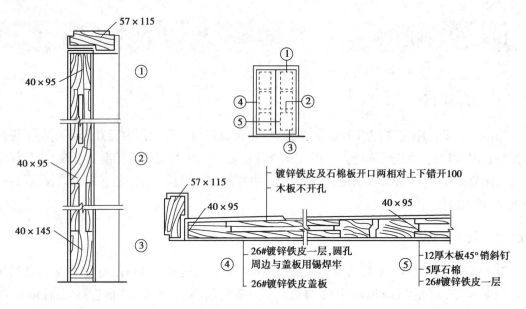

57×115

① 40×95

② 40×95

③ 40×145

镀锌铁皮及石棉板开口两相对上下错开100
木板不开孔

57×115

40×95

40×95

④ 26#镀锌铁皮一层,圆孔
周边与盖板用锡焊牢
26#镀锌铁皮盖板

⑤ 12厚木板45°销斜钉
5厚石棉
26#镀锌铁皮一层

图 10.25　防火门窗构造

10.9　配套五金

随着人们生活质量、环保意识的提高,无论是在工作场所还是在家庭住宅中人们对门窗功能的要求越来越高。窗户的最基本功能是密闭性,包括气密性和水密性、抗风压性、防盗性、通风透光等。而如今人们在满足了门窗的基本功能后,更关注门窗隔热、保温、隔声等与环保有关的性能指标。现代门窗如何满足人们更高的要求,五金件扮演了极为重要的角色。

由于门窗的制作是将五金件、型材、玻璃、密封胶条等材料有机地结合起来,是一个系统的工程,所以如何选好、用好五金件是门窗制作成功的关键所在,如图 10.26 所示。

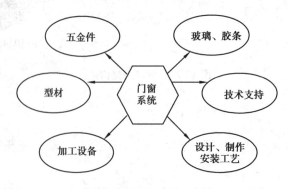

图 10.26　门窗系统

10.9.1　五金分类

根据形状、功能分类可分为执手、合页、滑撑、门锁等。根据门窗系统分类可分为内平开下悬窗五金系统、内平开窗五金系统、外平开窗五金系统、平开门五金系统、幕墙上悬窗五金系统等。按五金件的功能分类可分为执手、合页、多点锁闭器（传动杆、传动器）、单点锁闭器（推拉窗锁、月牙锁）、滑撑、撑挡、滑轮、插销，如图 10.27 所示。

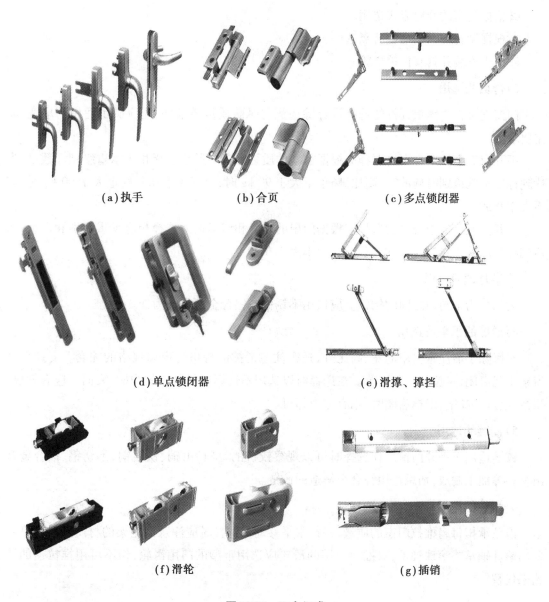

(a)执手　　　　　(b)合页　　　　　(c)多点锁闭器

(d)单点锁闭器　　　　　　(e)滑撑、撑挡

(f)滑轮　　　　　　　　(g)插销

图 10.27　五金组成

10.9.2 常用五金配件及选择

1)执手的选用

执手使用于平开窗。主要作用是当平开窗扇关闭后将窗扇压紧在窗框上,以达到密封的作用。在选择时应注意观察表面平整、无毛刺、手掂有质量感、镀层表面均匀即可。

①外观造型与建筑风格一致性。

②根据门窗的开启方式选用。

③根据型材的断面结构特点选用。

④便于安装并具有保护措施。

2)合页的选用

门窗五金件中承重部件的选择设计除应满足承载质量要求外,还应满足适用的扇宽、高比要求。

平开窗五金件中合页的选择应根据窗扇的质量和窗扇尺寸选择相应承重级别和数量,当达到标定承载级别时扇的宽、高比:扇重不大于 90 kg 时,应不大于 0.6;扇重大于 90 kg 时,应不大于 0.39。

平开门五金件中合页的选择应根据门扇的质量和窗扇尺寸选择相应承重级别和数量,当达到标定承载级别时,门扇的宽、高比应不大于 0.39。

3)半月锁的选用

大部分为扇与扇之间的钩锁。应选用不锈钢或铝合金制作的为佳。

4)滑撑的承重及选用

滑撑除了需注意窗扇的宽、高比外,还需注意滑撑的规格与窗扇规格的配套。支撑平开窗扇实现启闭、定位的一种装置。在选择时以选用不锈钢材料制作的为好,表面不应有划痕、锋棱、毛刺等缺陷,滑撑启闭时,稍有阻力即可。

5)铰链的选用

铰链适用于平开门窗。在选择时可以观察铰链的材料,由铜、铁镀铜、不锈钢、铝合金挤出材料等加工制成,切忌选用锌合金铸造的铰链。

6)滑轮的选用

滑轮承担每扇推拉门窗的质量,并作水平移动。选择时应注意滑轮架的材质及滑轮是否采用滚针轴承或滚珠轴承,对推拉门用的滑轮应选用重型的门用滑轮,切不可用推拉窗的滑轮来代替。

11

固定家具构造

建筑室内常会设置非标设计的家具,用于分隔空间或利用空间,或者专门设计制作以满足特殊的使用要求。由于仅适合特殊的位置或空间,这些家具制作安装后不再移动,因此称为固定家具。这些家具在市场不会有出售,常采取工厂定做现场拼装或现场制作安装的方式,其中现场制作安装最多。

11.1　常见类型

固定家具的常见类型包括:
①住宅内的固定家具:衣柜、橱柜、吊柜、电视墙等。
②服务台或问询台。
③出纳台。
④酒吧台及水酒柜。
⑤接待台。
⑥固定搁物架。

11.2　相关尺度

确定固定家具大小,应考虑下述因素。
①符合人体尺度,例如为方便人的使用,家具高度如座位高 400～450 mm;写字台面高

700 mm,服务台、出纳台等站立使用的台面高为 1 050~1 100 mm 等;宽度如写字桌宽 1 200 mm,宾馆用单人床宽 1 200 mm 等。

②制作材料的规格,大多数人造板材的尺寸为 1 220 mm×2 440 mm,扣除毛边和切割损耗,净尺寸约 2 400 mm×1 200 mm,家具设计与制作,要考虑下料时减少边角余料。而 3 厚玻璃一般 1 200 mm×1 500 mm 或 1 830 mm×2 440 mm。

③制作尺度限制,例如家具门不宜过大,以免影响开启。

④艺术效果,应考虑与环境协调,比例合适。如宾馆大堂的总服务台长度虽与客房数量有关,但往往大于实际需求,以追求豪华效果。

⑤相关标准及建造经济,家具设计往往以大小适用为宜,以省成本。

11.3 常用主材及辅材

11.3.1 主材

1)造型和基层材料

造型和基层材料有木材、人造板材、砌砖、混凝土、金属、玻璃等,用这些材料完成固定家具的造型。

①固定家具使用的木材,有榉木、桦木、柏木、杉木、楠木、水曲柳、椴木、柚木、橡木、樟木、榆木、核桃木、椿木和松木等。

②固定家具常用的人造板材,有大芯板、指接板、木骨架+各型层板、颗粒板、防火板、三聚氰胺板和多层实木板等。其中颗粒板、防火板和三聚氰胺板,表面已特殊处理,美观耐用,无须油漆。

③砌砖或现浇混凝土造型,常用于银行出纳台等,制作牢固后再饰面装修。

④金属造型,利用金属穿孔板、不锈钢板等制作家具,还方便安装金属花饰,效果别致,为吧台或接待台采用。

⑤玻璃种类:普通玻璃、钢化玻璃、夹胶玻璃、防弹玻璃等。

2)饰面材料

饰面材料有石材、层板或木皮、皮革、金属、复合板材、树脂砂浆等,这些材料制作家具的台面、桌面,或装饰表面。

①石材一般用于台面和外表面,台面外边沿通过粘贴石条局部加厚,再打磨抛光。

②饰面可用层板或木皮,材质细密,纹理美观,常用类型有花梨、影木、榉木、檀木、樱桃木、桦木、水曲柳、橡木、胡桃木、沙比利等,适合清水漆(漆膜透明)工艺。如果采用混水漆(漆膜不透明)工艺,面板的色泽和纹理美观与否就不重要。

③皮革饰面一般用在人体易触碰到的地方和显眼处,用粘贴、镶嵌或钉固的方法安装。

④金属饰面,可以在金属基层上采用不锈钢板或锻铜板饰面,通过焊接或钉固的方法

安装。

⑤用于饰面的复合板材,有三聚氰胺板,室内用铝塑板等,用粘贴的方法安装。

⑥树脂砂浆,也是一种复合材料,由不饱和树脂与天然石粉等组成,可做石材效果,树脂砂浆制成的人造石,常见于橱柜台面。

11.3.2 辅材

常用辅材主要有粘结剂和油漆。

①粘结剂:白乳胶,氯丁胶,环氧树脂胶粘剂。

②油漆:木材和木皮表面做油漆,分清水做法和混水做法。

11.4 常用五金

11.4.1 五金

1)滑轨

类型有抽屉用路轨、门扇用滑轨、玻璃板用滑轨等,用于抽屉和滑拉门开合,有大小不同的型号。

2)合页(铰链)

通常由销钉连接的一对金属叶片组成,用于门扇的开合,合页的类型较多,以材质分为铁质、铜质和不锈钢质的。

以使用部位和特点分为下述类型。

①普通合页,主要用于门窗扇开合,不具有弹簧铰链的功能,必须与碰珠、门碰和锁具配套,否则门窗扇会随风而动。

②烟斗合页,又称弹簧铰链,主要用于家具门板。弹簧铰链附有调节螺钉,可以上下、左右调节板的高度、厚度。其特点是可调节柜门开启角度,有90°、127°、144°、165°等类型,门扇开合后都较稳定。

③大门合页,分为普通型和轴承型,轴承型又分为铜质和不锈钢质。

④玻璃合页,安装于无框玻璃门上,玻璃厚度不能超过6 mm。

⑤台面合页。

⑥翻门合页。

⑦抽芯合页,合页轴心(销子)可以抽出,门窗扇安装拆卸方便,安装于需经常拆卸以便清洁的木门窗上。

⑧多功能合页:开启角度小于75°时,能自动关闭,75°~90°时能自行稳定,大于95°的则自动定位。

⑨地弹簧,用于玻璃弹簧门,替代合页。

3)门把手(拉手)

门把手种类非常多,根据用途分为防盗门拉手、室内门拉手、抽屉拉手、橱柜门拉手等;根据材质分为不锈钢拉手、太空铝拉手、纯铜拉手、木质拉手等。

4)层板托与墙轨和三角支架

层板托与墙轨和三角支架用于安装、固定和支撑各种材质和规格的搁物板。层板托供单个搁板安装固定用,按照用途分为木搁板板托、玻璃搁板板托、金属搁板板托;按照安装特点分为固定层板托、可拆装层板托、吸盘层板托等。墙轨和三角支架配套,供多层搁物板安装用,常用于货柜货架,也用于装修。

5)其他五金

其他五金包括各种螺丝、紧固件、挂件等。

11.4.2 锁具

装饰工程中常用的锁具种类有下述类型。

①抽屉锁:主要规格有 $\phi22.5$ mm 和 $\phi16$ mm,用于家具抽屉。

②弹子门锁:分为单保险门锁、双保险门锁、三保险门锁和多保险门锁。

③插芯门锁:也称防盗门锁,分为钢门插芯门锁和木门插芯门锁。

④球型门锁:有铜式球型门锁、三管式球型门锁和包房锁等类型,用于房间门,特点是与门把手合为一体。

⑤花色锁:分为玻璃门锁、连插锁、按钮锁、电器箱开关锁和链条锁,转舌锁等。

⑥电控锁:磁卡锁、IC 卡锁、密码锁。

⑦执手锁:执手锁分为分体锁、连体锁、三杆快装锁,特点是与门把手整合为一体,但有别于球形门锁。

⑧挂锁。

11.5 家具构造

家具结构与构件主要有骨架、面板、抽屉和柜门等。

1)骨架构造

骨架构造主要以榫卯方式连接。档次较低或木料较次的,常用胶粘加上钉固的方式,如图 11.1 所示。

2)面板构造

①榫结,包括平直榫、燕尾榫、单榫、复榫和竹销钉等,如图 11.2 所示。

②专用连接件和紧固件连接,如图 11.3 所示。

③胶粘结合,多为有机粘结剂,如酚醛之类。

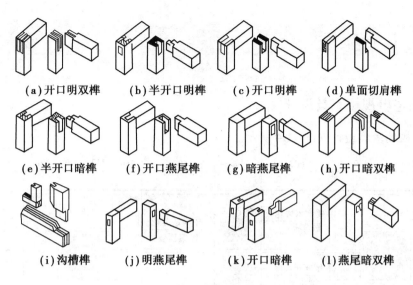

（a）开口明双榫　　（b）半开口明榫　　（c）开口明榫　　（d）单面切肩榫

（e）半开口暗榫　　（f）开口燕尾榫　　（g）暗燕尾榫　　（h）开口暗双榫

（i）沟槽榫　　（j）明燕尾榫　　（k）开口暗榫　　（l）燕尾暗双榫

图 11.1　常用榫卯接头举例

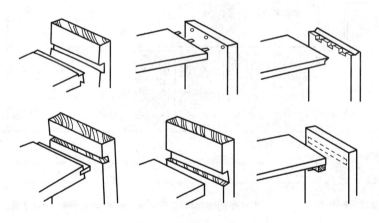

图 11.2　木板之间榫卯连接举例

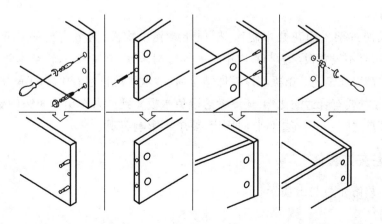

图 11.3　木板采用连接件结合举例

11.6 设计案例

11.6.1 住宅电视墙家具设计

住宅电视墙家具设计如图 11.4 所示。

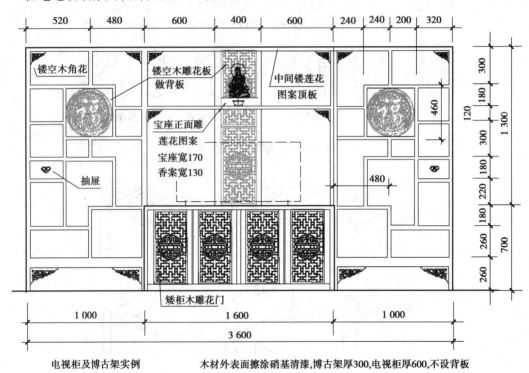

图 11.4 住宅电视墙家具设计

案例分析

电视柜及博古架采用花梨木制作,柜顶能够陈设物件,为节省材料并兼顾比例,采用 2 000 mm 高度,且不设背板。为与室内中式家具协调,采用中式风格,镂空木雕突出了这个特点。油漆采用蜡克漆工艺。条板间以榫卯结合为主,木雕角花起着牛腿的承力作用兼有装饰效果,分格尺寸既要有合适的比例,还要考虑避免木板受到剪力作用。为保持稳定,在家具与墙和家具与家具之间,采用连接件临时固定,要求不影响美观。

11.6.2 住宅玄关装修

住宅玄关装修如图 11.5 所示。

案例分析

入口的玄关可以避免干扰视线,并作为入户的第一印象,是装修的重点,固定家具装饰了建筑的墙面。人造石用云石胶固定于木基层上。家具采用混水漆效果,在色彩上与石材和金

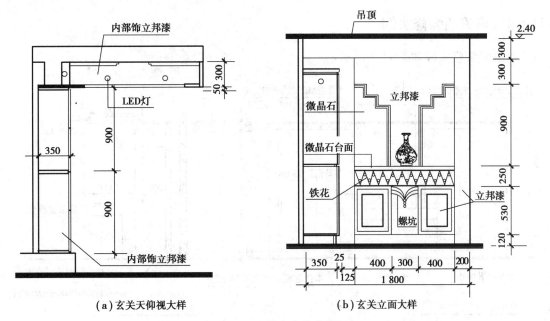

（a）玄关天仰视大样　　　　　　　（b）玄关立面大样

图 11.5　住宅玄关装修

属花饰协调,木质条板间的连接,也可以采用钉固的办法,木材或工艺的缺陷,被不透明的油漆掩盖。局部吊顶高度定为 2.4 m,是为与板材的长度一致。

11.6.3　办公楼里的固定家具

办公楼里的固定家具如图 11.6 所示。

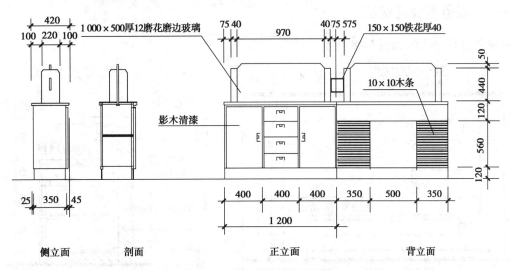

图 11.6　办公楼里的固定家具

案例分析

大的办公空间需要大量的文件柜,同时须将办公区与走道分隔开。定做的文件柜保证了这种要求,1.3 m 的高度保证了适度的视线遮挡,设计尺寸照顾了装饰材料的规格,制作家具后的边角余料不多。铁花连接件可以将众多矮柜串联成为固定家具兼隔断。

11.6.4 形象墙装修实例

形象墙装修实例如图 11.7 所示。

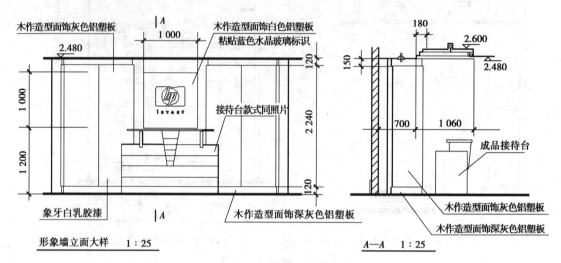

图 11.7 形象墙装修实例

案例分析

公司办公处的入口,一般设有形象墙,装修的内容包括固定家具以及墙面的造型和装修。这个形象墙造型以木作贴室内用铝塑板为主。为了稳定,墙体不是平板一块,而是有转折,上下与吊顶和楼板连接,安装楼面层和吊顶面板后,较为稳定和牢固。

11.6.5 服务台装修实例

服务台装修实例如图 11.8 所示。

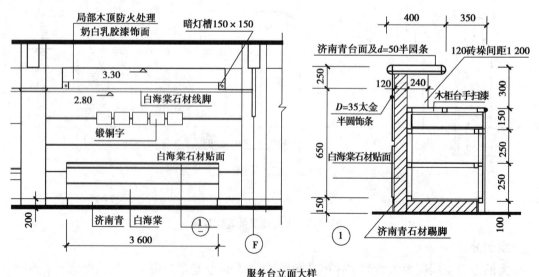

服务台立面大样

图 11.8 服务台构造做法实例 1

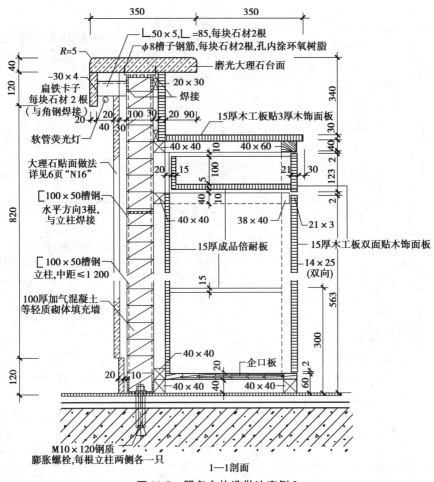

图 11.9 服务台构造做法实例 2

案例分析

实例 1 是一个公共浴室的服务台,室内装修用了较多的石材,为了协调,服务台外表面以石材为主,固定家具因尺度较小,基本采用其他地方剩余的边角余料制作。石材与砖墙采用云石胶粘接,木基层的材质一般,因此采用混水漆饰面。实例 2 是常见服务台的构造做法,与实例 1 大同小异。

11.6.6 酒吧台与控制台

酒吧台与控制台如图 11.10 所示。

案例分析

本案例为多层框架结构建筑内的卡厅装修,主要家具有控制台、酒吧台与水酒柜等。装修时应考虑满足防火要求,木装修作阻燃处理后,可以达到 B1 级燃烧性能,加之外包防火板及金属皮,更利于防火。控制室内部要考虑布线方便和绝缘,采用了空心墙和架高地面。控制室地面抬高后,也便于音响师观察,不过架高 600 以上更好用,但在这个狭小的空间里,会产生其他不利的结果。弧形控制台在保证放置各种设备所需的长度外,还便于 1 个人对设备的操作,同时使得卡厅的界面富于变化。

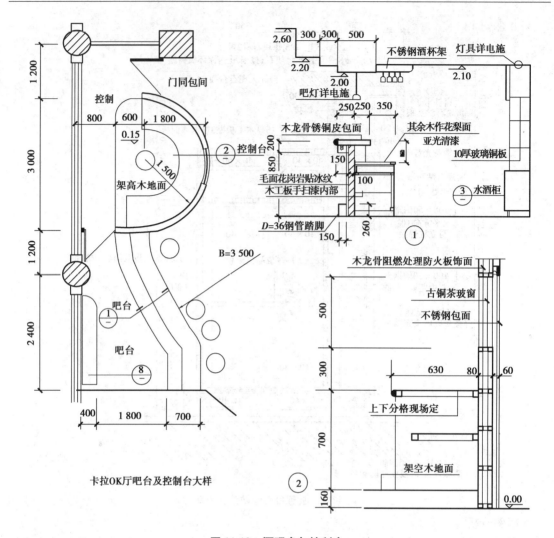

卡拉OK厅吧台及控制台大样

图 11.10 酒吧台与控制台

11.6.7 洗面盆构造

洗面盆构造如图 11.11 所示。

案例分析

陶瓷面盆洗面台,主要借助金属支架和膨胀螺栓安装石材面板和陶瓷(或亚克力)面盆,面盆的类型众多,主要分台上盆和台下盆两大类,安装方式也略有差别。

11.6.8 衣柜构造

衣柜构造如图 11.15 所示。

案例分析

衣柜的厚度为 550~650 mm,高度一般为 2 000 mm,门的开启分平开和滑拉,为在狭窄的空间也便开启,常用滑拉门。五金主要是滑轨和滑槽等。

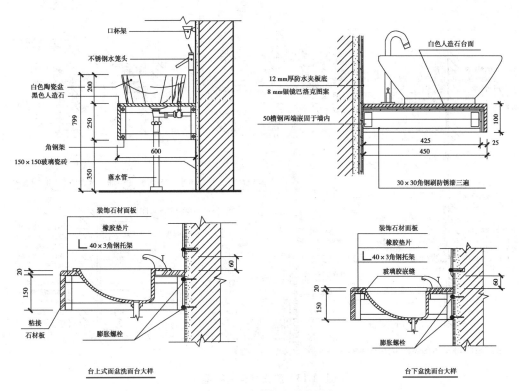

台上式面盆洗面台大样　　　　　　　　　　台下盆洗面台大样

图 11.11　洗面台安装构造 1

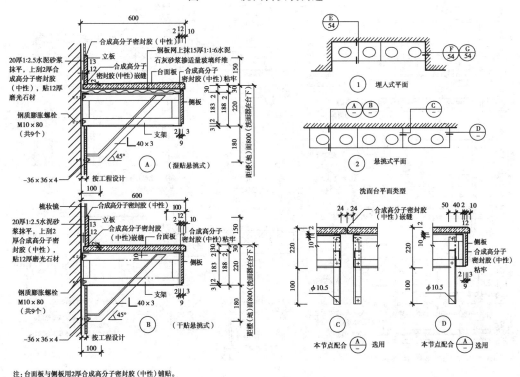

注：台面板与侧板用2厚合成高分子密封胶（中性）铺贴。

图 11.12　洗面台安装构造 2

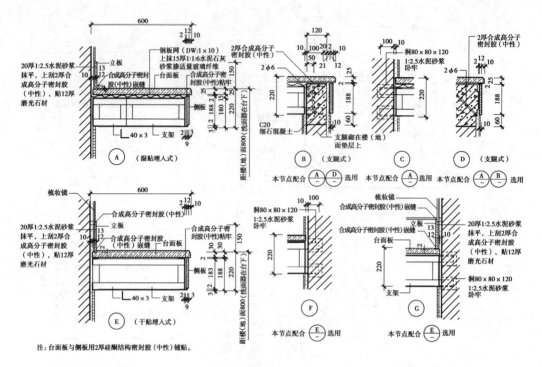

图 11.13　洗面台安装构造 3

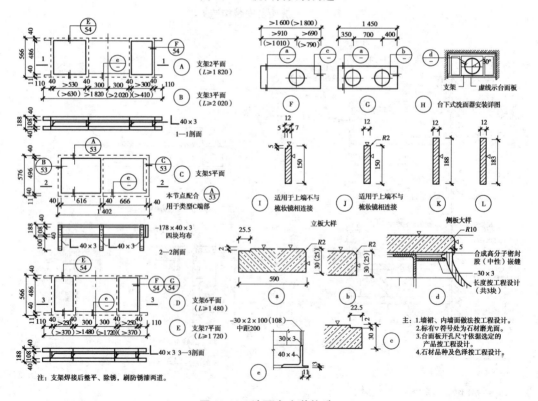

图 11.14　洗面台安装构造 4

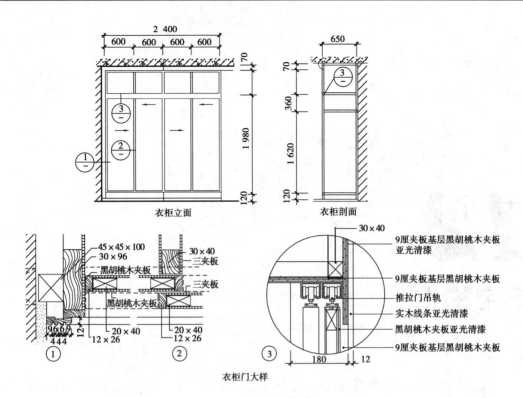

衣柜立面

衣柜剖面

衣柜门大样

图 11.15 衣柜构造

12

幕帘构造

室内设置的幕帘,包括帷幕、幕布、银幕、门帘、窗帘和各种挡帘等,主要起分隔空间、遮挡视线和美化环境的作用,而其中的银幕,用于投影,各式挡帘,还用于阻断水汽和不同温度气流。

12.1 窗帘

窗帘的作用主要是遮挡视线,防止阳光直射,美化室内环境。

12.1.1 窗帘的类型

1)以制作材质分

以制作材料分为棉、丝、绸、尼龙、乔其纱、塑料、竹、木、铝合金等。其中布料有印花布、色织布、染色布、提印花布4种类型。新型材料有 PVC+玻璃纤维制作的布料等,隔热透光性能良好。

2)以用途分

①遮蔽型,遮挡视线用,能透过多少不等的光线,要求美观,以褶皱形的布料窗帘为主,造型的款式众多,如图 12.1 所示。

②遮光型,阻绝光线用,主要由遮光布制作,阳光及灯光都不能透过,如图 12.2 所示。

图 12.1　遮蔽窗帘

图 12.2　遮光窗帘

③装点型,装饰点缀用,不要求能遮挡光线和视线,如薄纱或针织品制作的窗帘、珠帘等,如图 12.3 所示。

④通风型,既能遮挡大部分视线,又能通风透气,如各种百叶窗帘,如图 12.4 所示。

图 12.3　窗纱

图 12.4　百叶窗帘

3)以安装方式不同分

以下安装方式不同分为悬挂开合型、电动型、固定旋转型等。

12.1.2　窗帘有关的尺度

布窗帘的大小,首先应能够遮住洞口,通常超过洞口各边 200 mm 以上,甚至能覆盖整个墙面,如图 12.5 所示。

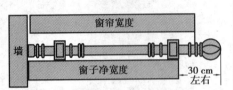
- 一边靠墙建议靠墙的一边封口，另外一边配装饰头，配装饰头这边增加30 cm左右的长度。

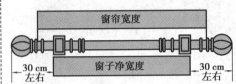
- 只装窗户，在窗户宽度基础上一边留出30 cm左右，比如窗户宽180 cm，建议定制杆+头总长240 cm。

- 整面墙装在墙距基础上一端留2 cm间隙，比如客厅整面墙380 cm，建议定制杆+头总长376 cm。

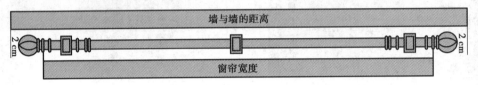

图 12.5　窗帘与洞口的关系

制作有褶皱的布窗帘，布料的用量与洞口的尺度、布料幅宽和窗帘的褶皱数有关。窗帘高度由设计确定，布料宽度要计算一下后再确定，即"定高买宽"。

用于窗帘的布料，幅宽主要有两种：大门幅布料一般为 2.8~2.9 m 宽，常用于较大洞口；小门幅布料一般为 1.4~1.45 m 宽，常用于较小洞口。

采用大门幅布料时，窗帘用料计算法是：布料米数=窗帘的宽度×褶皱倍数+窗帘两边的折边。

褶皱倍数一般取 2 或更多，即宽 1 m 的窗帘，应使用 2 m 布料，窗帘折边取 0.2 m 足够。例如窗帘高度为 2.4 m，总宽为 3.2 m 时，大门幅的布料用量=3.2×2+0.2=6.6 m，即买 6.6 m 长度合适。

采用小门幅布料时，窗帘用料计算法：

布料米数=(窗帘的高度+上下折边)×布料幅数。上下折边为 0.3 m。

$$布料幅数=\frac{窗帘宽度×2倍褶}{布料门幅宽}。$$

例如窗帘总宽度为 1.2 m(等同轨道长度)，高度是 1.6 m，布料宽 1.4 m，则用布幅数=1.2 m×2/1.4 m=1.7×2 门幅(褶皱倍数按 2 计算)。

布料用量=(1.6 m+0.3 m)×2=3.8 m，即买 3.8 m 长度合适。

12.1.3　布窗帘安装

布窗帘的开合，是借助于窗帘轨(杆)，极少数例外。窗帘轨(杆)有明装的，即帘轨或帘杆露明，例如采用"罗马帘杆"(图 12.6)；有暗装的，即帘轨置于窗帘盒之中，窗帘盒有明窗盒(图 12.7)与暗窗盒之分(图 12.8)，暗窗盒其实就是一个暗槽。

图 12.6　罗马帘杆

图 12.7　明窗盒

窗帘的开合有手动和电动之分,图 12.9 所示为电动窗帘举例,图 12.10 所示为手动开合常采用的窗帘轨,与罗马帘杆不同,帘轨通常安装在窗帘盒中。有的窗帘轨可做弧形弯折,用于"飘窗"等处。

图 12.8　暗窗盒

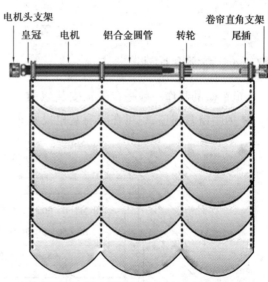

图 12.9　升降式电动窗帘装置

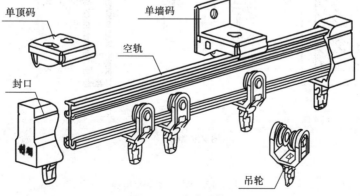

图 12.10　窗帘滑轨

许多布窗帘上还安装窗幔(也称为帘头),以增强装修效果,如图12.11所示,以安装类型不同,又分为挂幔、套杆幔和围巾幔。挂幔借助挂钩固定;套杆幔固定于专门的帘杆上,不影响窗帘开合;围巾幔的安装是将窗幔像围巾一样围在杆上,做出各种造型,也有专门的窗帘及窗幔安装组件,详见图12.17。

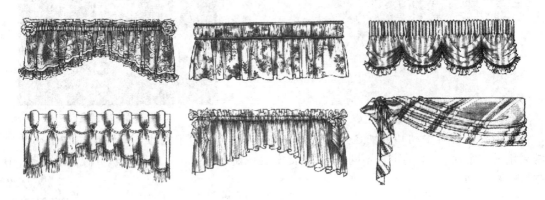

图12.11 窗幔举例

12.1.4 窗帘盒构造

窗帘盒的制作一般是在吊顶安装以前。图12.12、图12.15为明窗盒构造,图12.13和图12.14为暗窗盒构造,也可在暗窗盒里设置光源,夜晚装饰效果更好,如图12.16所示。

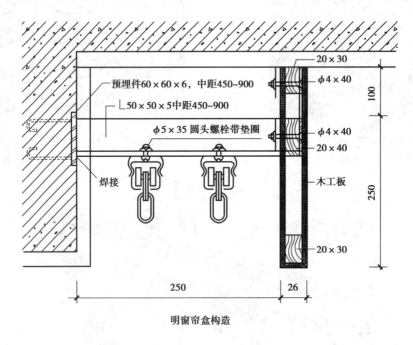

明窗帘盒构造

图12.12 明窗盒构造实例

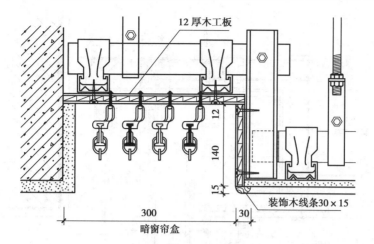

图 12.13　暗窗盒构造实例 1

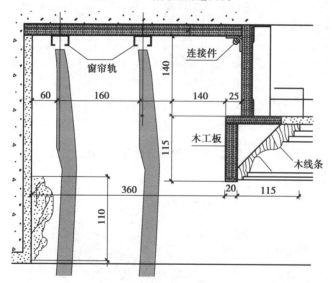

图 12.14　暗窗盒构造实例 2

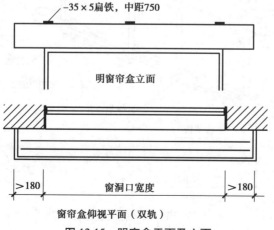

图 12.15　明窗盒平面及立面

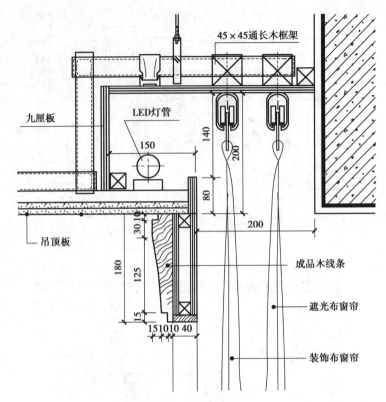

图 12.16　发光暗窗盒构造实例

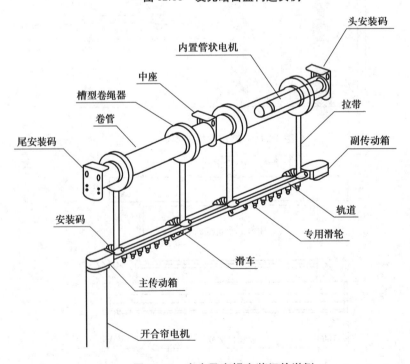

图 12.17　窗帘及窗幔安装组件举例

12.1.5　竹帘

　　竹帘既可作窗帘也可作隔帘和门帘,如图12.19和图12.20所示。竹窗帘是成套制成品,用膨胀螺丝固定于板底或梁底即可,如图12.18所示。

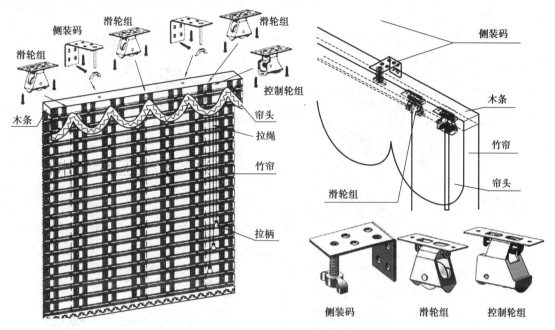

图12.18　竹窗帘组成及安装

图12.19　竹窗帘

图12.20　竹门帘

12.1.6　百叶窗帘

　　百叶窗帘由许多叶片组成的,这些叶片或水平(图12.21)、或垂直。制作叶片的材料,较为常见的是竹片、木片、玻璃钢片、铝合金片、锌钢、PVC及涤棉纤维材料等。安装时成套固定与建筑构件上,通过调节叶片的角度,可控制采光和通风量。

1) 水平铝百叶

水平铝百叶分为手动和电动两种,其组成详见图 12.21,一般连同边框嵌入窗洞,用膨胀螺丝固定,如图 12.22 所示。

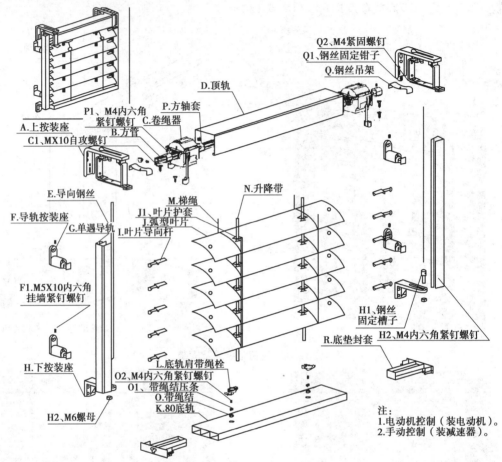

图 12.21 铝水平百叶窗帘构造图

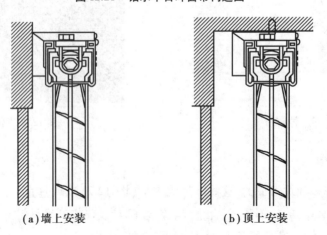

(a)墙上安装　　　　(b)顶上安装

图 12.22 铝水平百叶窗帘安装

2)塑料百叶窗帘

塑料百叶窗帘(图 12.23)的安装较灵活,不用安装边框,用膨胀螺丝固定组件即可(图 12.24)。

图 12.23　塑料百叶

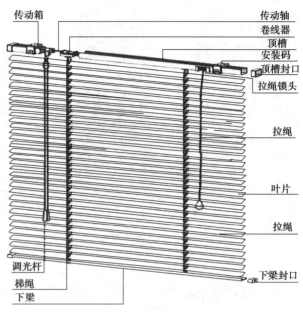

图 12.24　塑料百叶组成

3)木百叶帘

木百叶帘一般采用天然原木制片,再烤漆加工制作而成,古色古香、天然、典雅,如图12.25所示。其安装同其他百叶窗帘安装相同,如图 12.26 所示。

图 12.25　木水平百叶窗帘

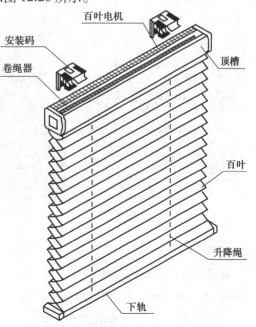

图 12.26　木水平百叶窗帘组成及安装

4)垂直(竖向)百叶帘

垂直(竖向)百叶帘由金属、PVC 塑料、麻、涤棉纤维布等制作,如图 12.27 所示。安装采用膨胀螺丝固定(图 12.28)。

图 12.27 涤棉纤维布垂直百叶窗帘

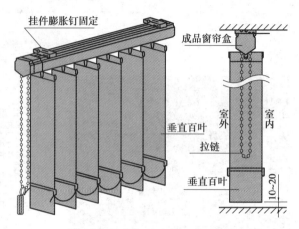

图 12.28 垂直百叶帘组成及安装

12.2 门帘

1)门帘的作用

门帘设置于门洞处,用来分隔空间,阻绝气流(图 12.29)、遮挡视线、防尘、隔音、保温(图 12.30)或起装饰点缀作用(图 12.31)等。

图 12.29 PVC 透明软门帘

图 12.30 保温门帘

图 12.31 珠帘

2)制作门帘的材料

制作门帘的材料主要有透明 PVC 塑料、竹子、塑料、布料或保温材料等。公共场所使用较多的 PVC 透明软门帘、竹门帘和保温帘。

3)固定式 PVC 软门帘组成及安装

PVC 软门帘较厚,透明,常用于商场、超市和饭店等入口处,主要起遮风挡雨,隔绝噪声和灰尘,以及阻绝室内外热交换以节省能源的作用。

固定软门帘的安装,是借助固定与建筑上的专门的金属挂件(图 12.32),逐条挂接上去(图 12.33)。

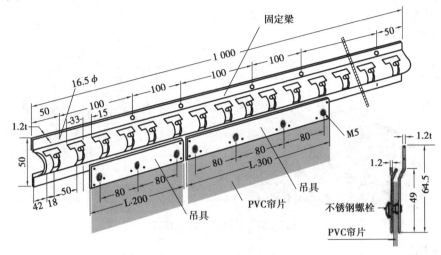

图 12.32　固定 PVC 软门帘挂件

图 12.33　固定 PVC 软门帘安装

4)移动式 PVC 软帘组成及安装

门帘借助可移动吊具组合成片,左右开启,如图 12.34 所示。

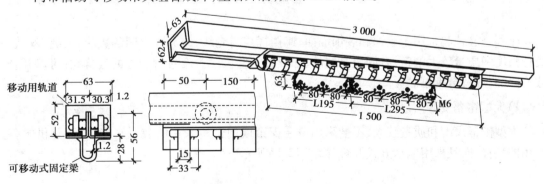

图 12.34　移动式 PVC 软门帘五金件

5)折叠式 PVC 软帘组成及安装

折叠式 PVC 软帘是借助折叠式吊具安装软门帘,使其可向两侧折叠开合,如图 12.35 所示。

图 12.35　折叠式 PVC 软门帘

6)竹门帘

常见的开启方式有上卷式开启(图 12.36)和折叠开合式(图 12.37)。

图 12.36　上卷式竹门帘

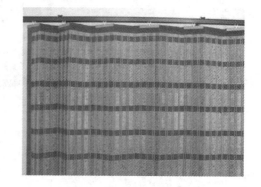

图 12.37　折叠开合的竹门帘

12.3　帷幕

帷幕是悬挂起来用于遮饰和装饰墙面、遮挡视线与光线,或分隔空间的大块布、绸、丝绒,类似尺度和质量较大的帘,有固定悬挂的,如设置于会议厅主席台背墙处的底幕,有可以开合或升降的,如舞台大幕。

1)大型帷幕安装

大型帷幕尺度和质量较大,不会采用普通窗帘或门帘所采用的装置来安装,而是供帷幕专用的装置,而且采用电动方式开合,如图 12.38 所示。

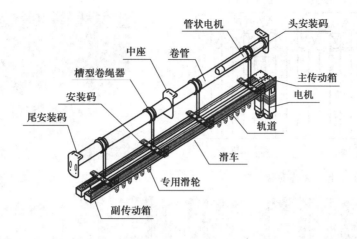

图 12.38　大型帷幕装置

2）采光屋面遮光帘（天棚帘）

采光屋面遮光帘根据运行原理可分为卷轴式天棚帘、折叠式天棚帘、叶片翻转式天棚帘等，一般采用聚酯纤维材料制作。因为尺度较大，位置较高，由采用专门装置安装和电动方式开合，如图 12.39 所示。

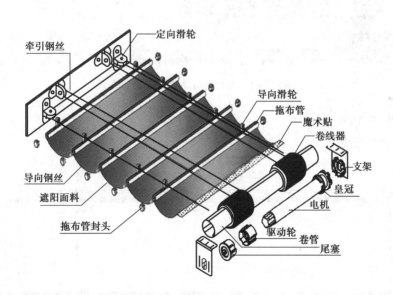

图 12.39　电动遮光帘装置

3）舞台大幕

舞台大幕借助专业的吊具悬挂和开合，图 12.40 所示为大幕安装示意，图 12.41 所示为大幕开合装置一角，图 12.42 所示为舞台内各种幕布的安装方式，图 12.43 所示为大幕装置的布置立面。

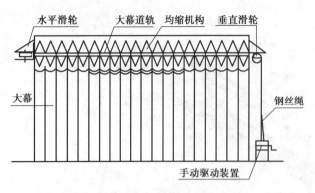

图 12.40　大幕安装示意

图 12.41　大幕开合装置一角

图 12.42　舞台内各种幕布的安装方式

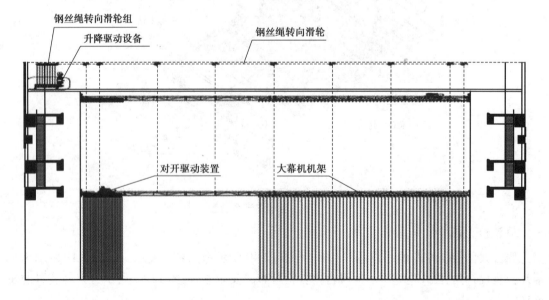

图 12.43　大幕装置的布置立面

4) 电影银幕

大型银幕的吊挂装置详见图 12.44,通过这个装置能方便调节银幕的位置。

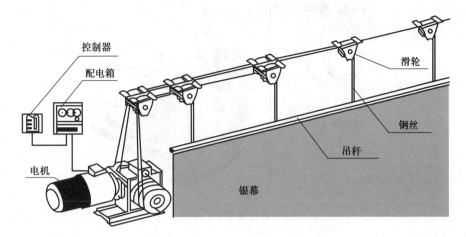

图 12.44　舞台大幕装置

5) 投影银幕

用于会议室或多媒体教室的小型投影银幕是定型产品,一般采用成品膨胀螺栓挂钩固定,如图 12.45、图 12.46 所示。

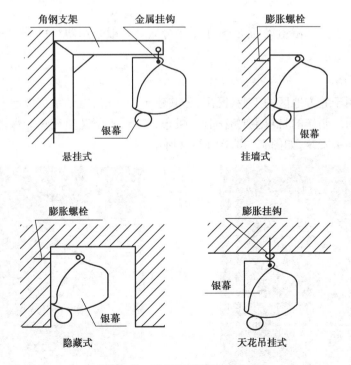

图 12.45　成品投影幕的安装方式

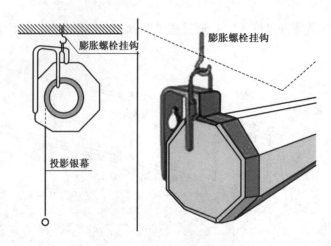

膨胀螺栓挂钩

膨胀螺栓挂钩

投影银幕

图 12.46　成品投影幕的安装示意

12.4　挡帘

挡帘主要用于挡水(挡水帘)、保温(保温帘)等,或遮挡视线,避免干扰,如病床隔帘等。

1)挡水帘

挡水帘用于卫生间和浴室等场所,利于干湿分区。一般采用塑料材质,普通帘杆安装,如图 12.47 所示。

2)保温帘

保温帘一般用于北方地区的工业、民用、公共建筑等入口,在冬季可以起到阻挡冷气入侵和暖气流失的作用。制作的材料主要有棉布、帆布、苫布、皮革及填充物如保温棉等。借助轨道以及门帘夹或挂钩安装,如图 12.48、图 12.49 所示。

图 12.47　家用挡水帘

图 12.48　保温门帘

图 12.49　棉保温门帘的安装

图 12.50　病床隔帘

3)病床隔帘

病床隔帘用于医院病房、注射室、检查室等处,作遮挡视线用。高度为 2.3~2.9 m,隔帘离地距离一般为 20~30 cm。隔帘轨道可根据需要弯曲成各种弧度,轨道用螺丝固定与楼板底或吊顶上,如图 12.50 所示。

13

构件及设施

13.1 构件造型

建筑的构件造型主要包含线条造型和装饰柱两大类。线条造型主要有现场制模混凝土现浇线条、石膏线条、GRC 和 EPS 4 大类。

混凝土现浇线条要现场制模,模板只能用一次,浪费较大,且容易胀模,几何尺寸难以保证,表面现场人工粉刷难以达到效果,更不具备保温性能。石膏线条本身就不防水,遇到雨水和阳光,就会风化,强度低,耐候性差,不能在室外使用,而且准确度差,没有保温性能。

GRC 即玻璃纤维增强水泥。GRC 制品与混凝土制品相比较,其构件体薄、质量轻、高强度、高韧性、抗冲击性能好、纤维分布均、防裂性好、制作简便、造型丰富、用途广泛。在非承重或半承重构件及露天外部装饰工程中得到广泛运用。

①房屋建筑:外墙板(包括单板、复合板、保温节能板)、波瓦、盖瓦、屋面板、多孔轻质内墙板等。

②表面外装潢:外墙板、外艺术装饰板、浮雕、雕塑、中外古典及现代建筑艺术饰品、罗马柱、柱头、花瓶栏杆、花饰、门套、蘑菇石、线板等。

③内部装潢:防火板、天花板、地板结构、装修构件。

④园林建筑小品:门洞、亭阁、榭舫、桥廊、栏杆、桌凳、假山。

⑤城市建筑小品:艺术墙、雕塑、标志性艺术广告、小区院门、商亭、候车亭、活动房、街道花池、花瓶、花环、废物箱等。

⑥设备工程:隔音墙板、桥架模板、电缆箱、风管、排水管、排水沟、下水道内壁、化粪池、沼气池等。

　　EPS 线条是一种新型的外墙装饰线及构件(图 13.1)，其能完全替代传统的 GRC 水泥构件，更适用于安装外墙 EPS(表 13.1)，在 XPS 保温的墙体上，具有安装方便、经济、耐久性长等优势，EPS 线条不受温度变化影响，耐寒，耐热；不受潮湿气候及酸雨的影响，能防火又不会发出有毒物质。EPS 装饰线条采用计算机数控切割，制作快捷，品种型号多，如线条、罗马柱、窗套、斗拱等，可以安装在窗的四边、门边、檐角和墙身；使建筑物的外立面更加美观。

图 13.1　EPS 轻体构件

表 13.1　EPS 线条与 GRC 线条的对比

项　　目	EPS 成品装饰线条	GRC 装饰构件
比重	质轻，约为传统非轻型构件的 10%，易搬运、安装、安全	量重，高层作业搬运难，不安全
外形	整洁、细腻、均匀、形变甚微，形状多样质感强	均匀性差，有气孔，形变大
安装	快捷、可随意切割、拼接、粘贴，安装工时短	工期较慢，若改装，构件将基本作废
安装工人要求	不需要专业工人，施工人员少	需要专业工人，施工人员多

续表

项　目	EPS 成品装饰线条	GRC 装饰构件
使用寿命	50 年,表面保护层有耐风化、耐冻融、有韧性、不龟裂	易龟裂、裂缝处渗水,易出现冷、热桥现象
接缝质量	易处理、极少裂痕、不渗水、接口平整	较难控制、拼缝开裂严重,需作防水处理,接口难看
吸水性	基本不吸水、憎水	吸水、且空腔存水
柔韧性	刚弹性材料,可以适度弯曲	刚性材料,易碎、易裂变
材质空鼓	材质均匀,无空鼓	本身为空腔
耐冻融	±50 ℃不出现质量问题(该条无验证)	线性变形大,极易开裂
表面涂装	表面已有极佳防水性能,减少涂装用量和费用	需要磨修边,需作防水涂装处理
制作时间	制作周期短(7~12 d)	制作周期长(15~20 d)

线条构件的安装方法主要为预埋构件连接、粘接砂浆粘接两种方式。

(1)预埋构件连接

通常在有外墙保温(苯板)不宜施焊的,须采用膨胀螺栓连接固定,胀栓长度、直径以构件质量大小实际确定。

预埋件形式一般分为外探、内探、直探、暗件几种形式,与墙体直接锚固或与安装好的钢架用螺栓连接。

(2)粘接砂浆粘接

轻质或小型无安全隐患构件设施的安装一般可以用粘结水泥砂浆粘结,粘结砂浆以面层聚合物抗裂砂浆为主。

13.2　灯箱

灯箱应用主要以灯箱广告为主,又名"灯箱海报"或"夜明宣传画"。灯箱外框是铝合金或不锈钢,箱面由有机玻璃制作,内装日光管或霓虹管,画面一般是照相软片。广泛应用于道路、街道两旁,以及影(剧)院、展览(销)会、商业闹市区、车站、机场、码头、公园等公共场所。

13.2.1　灯箱的分类

1)按材料分类

按材料分为超薄灯箱、吸塑灯箱、滚动灯箱、水晶灯箱、拉布灯箱、电子灯箱、EL 灯箱、LED 灯箱、亚克力灯箱、铝型材灯箱、玻璃钢灯箱、不锈钢灯箱等。

2)按形状分类

按形状分为方形灯箱、圆形灯箱、3D 灯箱、立体灯箱、双面灯箱、落地灯箱、翻盖灯箱、立柱灯箱、三面翻灯箱、吸盘式灯箱、换画灯箱、卷动灯箱、变画灯箱、彩变灯箱、旋转灯箱等。

13.2.2　LED 电子灯箱(图 13.2)

图 13.2　LED 电子灯箱

采用高亮的发光二极管和铝型材,结合价格低廉的 LED 电子控制器,其制作过程是先利用图文设计软件或刻字专用软件设计好内容(可以是文字和图形),在铝塑板上按照事先设计好的笔画纹路间隔打孔,而后将发光二极管装在孔内串联起来,利用电子灯箱控制器提供的直流脉冲闪亮,可实现文字或图案闪动、滚动、叠加等多种变化效果,变化无穷、吸引眼球。不需任何设备,只要简单的制作工具如电烙铁,手电钻等。制作速度快,工艺简单,有无电子技术基础和灯箱制作经验的男女老少均可制作。

范围极为广泛,涉及所有行业的门头、招牌、简单的经营介绍等。如:公话、超市、烟酒、百货、茶、枣、干果、招待所、旅馆、服饰、五金、网吧、土杂、门诊、医院、果品、箱包、货运、建材等。

13.2.3　LED 立体超薄灯箱(图 13.3)

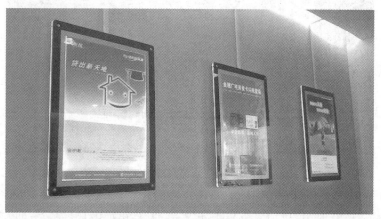

图 13.3　LED 立体超薄灯箱

LED 立体超薄灯箱画面由液态树脂材料一体浇筑成型,可以做几厘米厚,内装 LED 光源,节能高亮。无需要设备投资,表面成高光镜面效果,可以照出人影,色彩鲜艳自然、光线柔和醒目、形态生动逼真、超强立体感、视觉冲击感极强。

13.2.4 LED 炫彩灯箱(图 13.4)

图 13.4 LED 炫彩灯箱

LED 炫彩灯箱,不通电为美丽的画面、标识,生动自然、活泼靓丽,通电之后,在任意颜色之间渐变、跳变、循环变,色彩鲜艳、流光溢彩,交替变幻赤、橙、黄、绿、青、蓝、紫等几十种颜色光芒。可用于室内装饰、企业形象墙、老板办公室壁画婚纱照、复杂标识标牌等多种用途。

13.2.5 水晶超薄灯箱(图 13.5)

图 13.5 水晶超薄灯箱

水晶灯箱:侧面导光设计,光线均匀;灯箱点亮时边框四周七彩绚丽,外形优美;超薄:厚度仅为 8~10 mm;LED 光源:更加安全节能,更长寿命,易更换图片;安装方便:有桌上,壁挂多种放置方式;适用于酒吧、快餐厅、连锁经营店、婚纱影楼、室内装饰、公司招牌、礼品展示、橱窗展示、展品展示等各种场所。

13.2.6 数码魔变灯箱(图 13.6)

图 13.6 数码魔变灯箱

数码魔变灯箱是目前最先进、最时尚更多样化的新型灯箱。采用新型智能技术,采用电脑数码智能合成,可实现画面智能自控,一次编程,一机可实现无数宣传广告(视频、音乐、图片、走动字幕等)自动循环播放,色彩自控、动态画面效果、同步发声等智能效果。

几种常见灯箱构造图如图 13.7 所示。

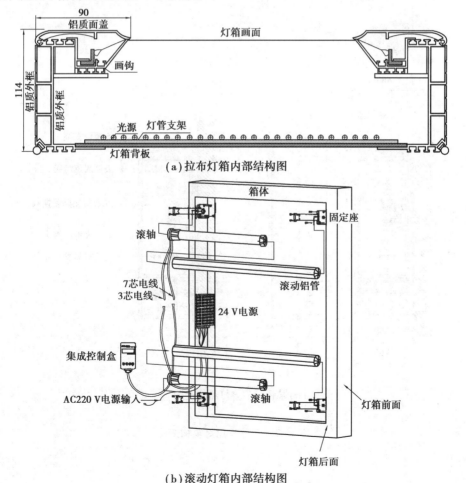

(a)拉布灯箱内部结构图

(b)滚动灯箱内部结构图

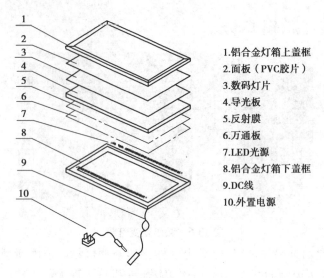

1.铝合金灯箱上盖框
2.面板（PVC胶片）
3.数码灯片
4.导光板
5.反射膜
6.万通板
7.LED光源
8.铝合金灯箱下盖框
9.DC线
10.外置电源

(c)导光板灯箱内部结构图

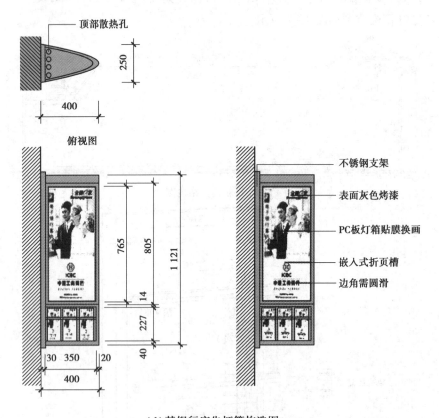

(d)某银行广告灯箱构造图

图 13.7　几种常见灯箱构造图

13.3 室内小型楼梯

13.3.1 楼梯分类

楼梯作为建筑物中垂直交通和紧急疏散的主要设施,按照材料主要分为木楼梯、钢筋混凝土楼梯、金属楼梯、玻璃楼梯和组合楼梯等几类(图13.8)。

(a)木楼梯　　　　　　(b)金属楼梯　　　　　　(c)玻璃楼梯

图 13.8　不同材料制作的楼梯

作为建筑垂直交通的主要构件,应做到位置明显,起到提示引导人流的作用。且造型美观,人流通行顺畅,行走舒适,结构坚固,安全防火,同时还应满足施工和经济条件的要求,因此,需要合理选择楼梯的形式、坡度、材料和构造做法。楼梯主要由楼梯段、楼梯平台和栏杆(或栏板)3部分组成。

13.3.2　木楼梯构造(图13.9)

木楼梯在室内装饰中给人的整体感觉是十分大气,装饰性强。实木楼梯的主要材料是橡木、榉木、黄花梨等,结实耐用而且不易过时。木楼梯给人感觉很有文化沉淀,再加上一些迎合现代人的多功能设计,极受追求时尚和品位的人们欢迎。

基本结构如下:

①梁,即龙骨:主体最为重要的部分,楼梯中联系梯板、立柱等部件的主要承重部分;

②梯板:用以踩踏、分散承重的水平踏板;

③立板:连接不同的梯板之间的垂直板材,并不是所有的实木楼梯都有;

④起步板:起步时第一块梯板,一般做得较大,呈圆弧状,用以美观和方便起步踩踏,我们也常称之为豪华起步;

⑤面方:即扶手,用以手扶,功能在于使人可以通过手的力量来协助攀登;

⑥立柱:在扶手与梯板或龙骨之间的垂直连接部件,既是构成栏杆的不可缺少部分,也是艺术内容较为丰富的方面,分为小立柱、大立柱;

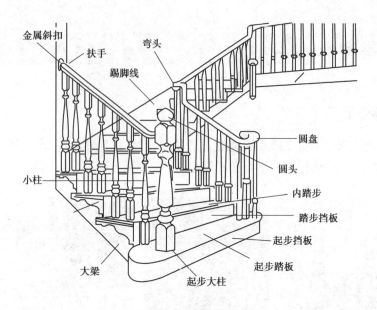

图 13.9　实木楼梯构造图

⑦大立柱:立柱中较大的,一般在起步、转角、结束等处,常见规格是:90 × 90 mm/100 ×100 mm;

⑧将军柱:即起步大柱,起步时最前面的两根大柱,其中 80% 与大柱一样大,另有 20% 比大柱更大,也是实木楼梯中最为讲究的部分;

⑨弯头:扶手当中的弯型部分,有很多种,比如直角平弯、七字弯、三通弯、左右起步弯、逗号起步弯等;

⑩踢脚线:梯板靠墙端所增加的装饰部分;

⑪扣子:用以盖住螺杆及螺帽的小圆形构件。

13.3.3　钢楼梯(图 13.10)

图 13.10　钢楼梯

钢楼梯作为现代室内楼梯装饰中重要的一类,具有占地小、造型美、实用性强的特点。室内钢楼梯形式多种多样,但多以其舒展的线条同周围环境空间获得一种形体上的韵律对比。钢楼梯的结构支承体系以楼梯钢斜梁为主要结构构件,楼梯梯段以踏步板为主,其栏杆形式一般采用与楼梯斜梁相平行的斜线形式。特别是其较强的可塑性钢结构采用铸钢管件,有无缝钢管、扁钢等多种钢材骨架;四是色彩亮,钢质骨架扶手以黑白为主或漆以金铜色,能体现现代派的居家风采。

钢楼梯的踏板、踢面、平台及栏杆等连接主要有工厂预制、焊接、螺栓连接三种形式。其中焊接和螺栓方式最为常见。

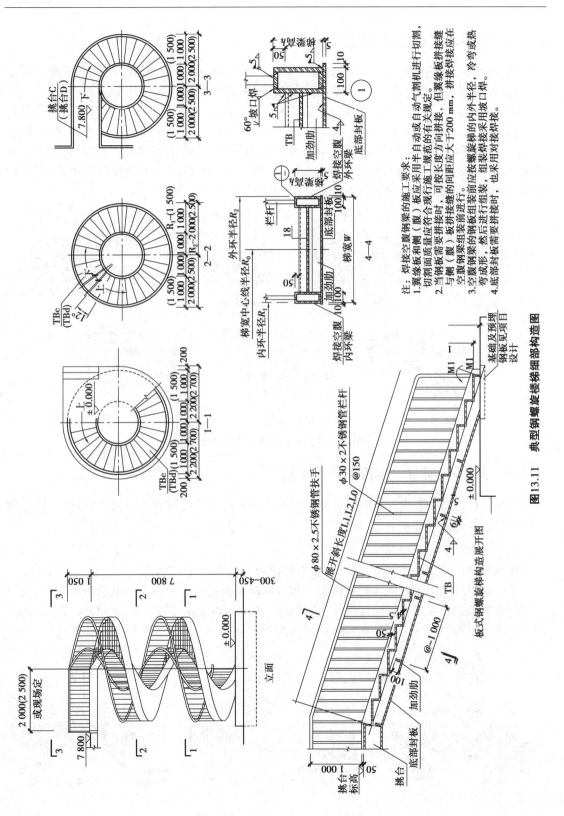

注：焊接空腹钢梁的施工要求：
1. 翼缘板和侧（腹）板应采用半自动或自动气割机进行切割，切割面质量应符合现行施工规范的有关规定。
2. 当钢板需要拼接时，可按长度方向拼接，但翼缘板拼接缝与空腹钢梁板拼接缝的间距应大于200 mm，拼接焊接应在空腹钢梁组装前进行。
3. 空腹钢梁组装的钢板组装应按螺旋梯的内外半径，冷弯或热弯成形，然后进行组装，组装焊接采用坡口焊。
4. 底部封板需要拼接时，也采用对接焊。

图13.11 典型钢螺旋楼梯细部构造图

13.3.4　踏步面层及防滑处理

踏步面层应便于行走、耐磨、防滑、便于清洁。梯间地面材料,一般与门厅或走道的楼地面一致,常用的有水泥砂浆、细石混凝土、石材和陶瓷地砖等。

为了避免行人滑倒、保护踏步阳角,踏步表面应有防滑措施,特别是人流量较大的公共建筑中的楼梯必须对踏面进行处理。防滑处理的方法通常是设置防滑条,一般采用水泥铁屑、金刚砂、金属条(铸铁、铝条、铜条)、马赛克及带防滑条缸砖等材料设置在靠近踏步阳角处,如图 13.12 所示。防滑条凸出踏步面不能太高,一般在 3 mm 以内。标准较高的建筑,可铺地毯、防滑塑料或木地板,这种踏步行走更舒适,更安全。

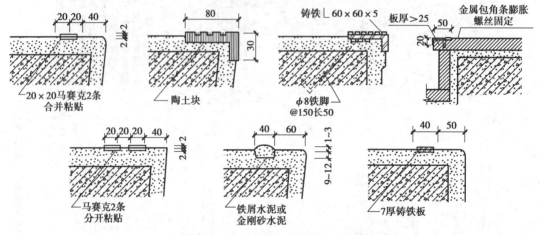

图 13.12　踏步的各种防滑处理构造

13.3.5　小楼梯的栏杆、栏板和扶手构造

楼梯栏杆的基本要求:楼梯栏杆(或栏板)和扶手是上下楼梯或踏步的安全设施,也是建筑中装饰性较强的构件。

1)栏杆的形式

楼梯栏杆的形式一般有空花栏杆、实心栏板和组合式栏板 3 种。

①空花栏杆。多用方钢、圆钢、扁钢等型材焊接或铆接成各种图案。既起防护作用,又有一定的装饰效果。常用栏杆断面尺寸:圆钢 $\phi16$ mm~$\phi25$ mm;方钢 15 mm×15 mm~25 mm×25 mm;扁钢(30~50)mm×(3~6)mm;钢管 $\phi20$ mm~$\phi50$ mm,如图 13.13 所示。

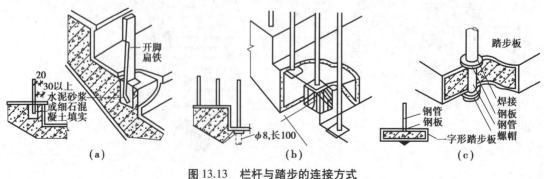

图 13.13　栏杆与踏步的连接方式

②实心栏板。多用钢筋混凝土、加筋砖砌体、有机玻璃、不锈钢、安全玻璃(夹胶玻璃)和钢化玻璃等制作。砖砌栏板厚度为 60 mm 时,外侧需要钢筋网加固,再将钢筋混凝土扶手与栏板连成一个整体。现浇钢筋混凝土楼梯栏板可与楼梯段现浇成为整体。

③组合式栏板。是将空花栏杆与实体栏板组合而成。空花栏杆用金属材料制成,栏板部分可用砖砌、石材、有机玻璃、安全玻璃(夹胶玻璃)和钢化玻璃等。

2)栏杆与楼梯段的连接

栏杆与楼梯段应有可靠的连接,连接的方法有:

①预埋铁件焊接,将栏杆的立杆与楼梯段中预埋的钢板或套管焊接在一起。

②预留孔洞嵌固,将栏杆的立杆端部做成开脚或倒刺插入楼梯段预留的孔洞后,用细石混凝土填实。

③螺栓连接,用螺栓将栏杆固定在梯段上。

3)扶手构造

扶手一般采用硬木、塑料和金属材料制成,还可用水泥砂浆或水磨石抹面而成,或用大理石、预制水磨石板或者木材贴面制成。硬木扶手与金属栏杆的连接,是在金属栏杆的顶部先焊接一根带小孔的从楼底到屋顶的通长扁铁,然后用木螺钉通过扁铁上的预留小孔,将木扶手和栏杆连接成整体;塑料扶手与金属栏杆的连接方式一样,也可使塑料扶手通过预留的卡口直接卡在扁铁上,金属扶手多用焊接。

楼梯扶手有时须固定在砖墙或混凝土柱上,如顶层安全栏杆扶手、休息平台护窗扶手、梯段的靠墙扶手等。扶手的安装方法为,在墙上预留 120 mm×120 mm×120 mm 的洞,将扶手或扶手铁件伸入洞中,用细石混凝土或水泥砂浆填实;扶手与混凝土墙或柱连接时,一般在墙或柱上预埋铁件,与扶手铁件焊牢,也可用膨胀螺栓连接,或预留孔洞嵌固(图 13.14)。

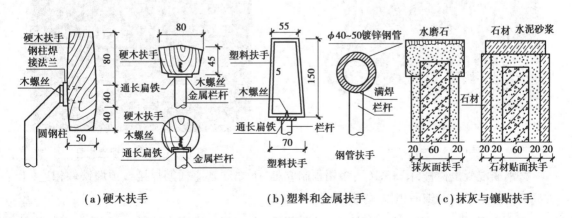

(a)硬木扶手　　　　(b)塑料和金属扶手　　　　(c)抹灰与镶贴扶手

图 13.14　扶手构造

13.4 其他栏杆

其他栏杆是指前述以外的栏杆。

1)其他栏杆类型

从形式上看,栏杆可分为节间式与连续式两种。前者由立柱,扶手及横挡组成,扶手支撑于立柱上;后者由扶手,栏杆柱及底座组成。常见种类有:木制栏杆、石栏杆、不锈钢栏杆、铸铁栏杆、铸造石栏杆、水泥栏杆、组合式栏杆(图 13.7、图 13.15)。

2)建造栏杆的材料

建造栏杆的材料有木、石、混凝土、砖、瓦、竹、金属、有机玻璃和塑料等。栏杆的高度主要取决于使用对象和场所,一般高 900 mm;幼儿园、小学楼梯栏杆还可建成双道扶手形式,分别供成人和儿童使用;在高险处可酌情加高。在居住建筑中,栏杆不宜有过大空当或可攀登的横挡。

3)其他栏杆构造

①铁栏杆(图 13.15)。栏杆和基座相连接,有以下几种形式:

a.插入式:将开脚扁铁、倒刺铁件等插入基座预留的孔穴中,用水泥砂浆或细石混凝土浆填实固结。

b.焊接式:将栏杆立柱(或立杆)焊于基座中预埋的钢板、套管等铁件上。

c.螺栓结合式:可用预埋螺丝母套接,或用板底螺帽栓紧贯穿基板的立杆。上述方法也适用于侧向斜撑式铁栏杆。

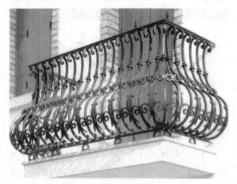

图 13.15 铁艺栏杆

图 13.16 钢筋混凝土栏杆

②钢筋混凝土栏杆(图 13.16):多用预制立杆,下端同基座插筋焊接或预埋铁件相连,上端同混凝土扶手中的钢筋相接,浇筑而成。

③木栏杆(图 13.17):以榫接为主。若为望柱,则应将柱底卯入楼梯斜梁,扶手再与望柱榫接。

图 13.17　木栏杆

图 13.18　石栏杆

④石栏杆(图 13.18):采用大理石或花岗岩制作,上有石扶手,中间是石栏杆,下方的底板根据需要,可要可不要,如果是楼梯的开头一端还有一根较大将军柱。拼接处主要是用铁条和专用云石胶连接。由于其由天然石材经物理加工制作,所以抗老化能力较强,外观较厚重,具有现代气息。室外多用花岗岩材质为主,室内则多用大理石材质。

⑤夹胶玻璃护栏(图 13.19):使用不锈钢立柱及 A3 钢立柱,立柱配件锁住玻璃,玻璃多采用 66 安全干夹玻璃,不锈钢圆管扶手,特色是玻璃为主要配件,款式比较现代,适合通透式楼房及高档商场等公共场所。

图 13.19　夹胶玻璃护栏

图 13.20　钢网护栏

⑥钢网护栏(图 13.20):立柱中间夹钢网连接,安全性较高,不利于清洁,适合一些公共场所作为挡板,通透性能不高,不过不失为一种动感。

图 13.21　铝合金护栏

图 13.22　锌钢栏杆

⑦铝合金护栏(图 13.21):现代建筑中有部分采用铝合金立柱及扶手,近年来铝合金栏杆采用较为广泛,铝合金栏杆成为一种潮流的趋势,色彩多变,安装稳固,不生锈,不变色,有抗腐蚀等性能。

⑧锌钢栏杆(图 13.22):锌钢栏杆是一种钢铁表面防腐蚀工艺的热浸锌栏杆,能起到点化学保护作用,具有独特的切边抗腐蚀性能,如锌钢阳台栏杆上加无框推拉窗如何施工等。

图 13.23　竹栏杆

13.5　壁炉

壁炉,独立或者就墙壁砌成的室内取暖设备,以可燃物为能源,内部上通烟囱。其热能效率只有 10%~20%,作为单纯的取暖设施或许不理想,但确有浓郁的怀旧情绪和浪漫情怀,比较适合过度追求生活情调的人。

按照燃烧方式分为燃木、燃气、电壁炉等。比较起来,燃木和燃气壁炉热能效果好,比较适合既想取暖又想装饰的人群,但燃木壁炉感觉更加古典些;电壁炉安装非常方便,其就像一个电暖气,有一定的功率,但是热能范围不大,价格便宜,比较适合想将壁炉当作装饰的人家。

(a)封闭式燃木真火壁炉　　　　(b)开放式燃气壁炉　　　　(c)装饰仿真电壁炉

图 13.24　壁炉

通常壁炉的安装要根据房子本身构造来定,对于现代的壁炉来讲,一般有两种类型,一类是钢结构的壁炉,一般是由工厂批量生产,另一类是砖石壁炉,由手工制作。一般钢铁壁炉较为普遍,其安装方便,安装者只要将这种壁炉直接安装到房间中预留好的位置就可以了,并且这种壁炉不会因为其外表过热而引起附近物体的燃烧。

而砖石壁炉在外观上虽具有怀旧的风格,但建造过程相对复杂,设计上也并不很合理,所以一般使用的不是很多。

在当今快节奏的工作和生活中,人们更加渴望享受壁炉带来的那份自然、温暖、浪漫的休闲感觉。但传统壁炉在安装和使用上却有许多不令人满意的之处,比如,只能以木材作为燃料、难以点燃、燃烧时产生烟尘、会将可吸入性颗粒散布在房间各处、污染严重;需要笨重的烟囱;热量损失严重、热效率较低、难以控制温度等。

电壁炉作为一种家用电热器具,具有清洁卫生、安全可靠、装卸便利、燃烧利用率高等特点。与燃木,燃气壁炉相比较而言,电壁炉不会有难防的烟灰,奇怪的气味以及火焰燃烧时产生的噪音;电壁炉不仅能节省取暖成本,还可以带来高雅的观赏效果,安全便利的享受电壁炉所带来的温馨和舒适。

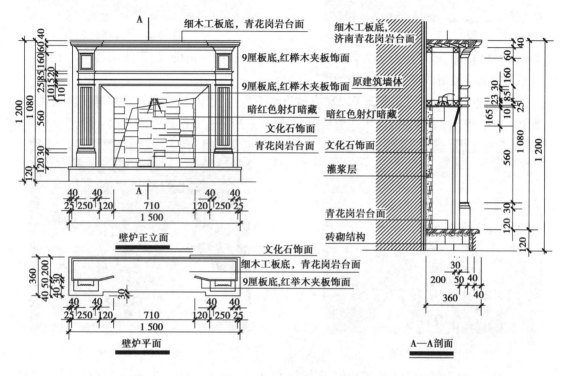

图 13.25 某装饰电壁炉设计施工图

13.6 镜面

日常生活中主要使用的镜子分为下述 6 类。

①浴室镜(图 13.26):这类镜子以平板玻璃镜子为主,以木材、塑料、玻璃、金属等材料做边框,以雕刻、立线、丝印、粘贴等镜面工艺为装饰,以层架、柜子等实用材料为辅助,形成琳琅满目的众多系列,是镜子系列中的主流,以实用为主。

②化妆镜(图 13.27):这类镜子以玻璃放大镜子为主,以金属、塑料、硬纸等材料做边框,以雕刻、印花、镶嵌等工艺为装饰,以升降、折叠等为支架,形成花色品种众多,是最受现代女性喜爱的镜子系列。

③穿衣镜(图 13.28):这类镜子以平板玻璃镜子为主,以木材、塑料、金属等材料做边框,

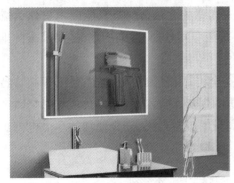

图13.26　浴室镜

图13.27　化妆镜

以雕刻、立线、丝印、等镜面工艺为装饰,以柜子等实用材料为辅助,由于使用场所广泛,故为镜子系列中的重要组成部分,以实用为主。

④装饰镜(图13.29):这类镜子以平板玻璃镜子为主,以木材、塑料、玻璃等材料做边框,以雕刻、立线、丝印、粘贴等镜面工艺为装饰,是镜子系列中艺术性最强的,以装饰为主。

图13.28　穿衣镜

图13.29　装饰镜

⑤广告镜:这类镜子以平板玻璃镜子为主,以木材、塑料、金属、玻璃等材料做边框,以广告目的为主系列。

⑥辅助性装饰镜:这类镜子以平板玻璃镜子为主,以雕刻、立线、丝印、粘贴等镜面工艺为装饰,装饰于灯饰、电器、玩具及工艺品上,是近十几年镜子装饰性在其他行业中的延伸。

镜面固定的常用方法有螺钉固定、嵌钉固定、粘结固定、托压固定和粘结支托固定5种。

①螺钉固定法:其适用于较小尺寸的镜面的固定。

②嵌钉固定法:是用嵌钉将镜面的4个角压紧在铺有防水层的衬板上,嵌钉应钉入墙筋。

③粘结固定法:是将镜面玻璃用环氧树脂或玻璃胶粘贴于木衬板上。线在木衬板上按镜面玻璃分块尺寸弹线,再用胶黏剂粘贴玻璃。

④托压固定法:是靠压条和边框将镜面托压在墙上。

⑤粘结支托固定法:对于连续砌墙式拼装和顶棚镜面粘结时,可使用此法。

14

常用水暖材料及卫生洁具

建筑装饰中常用的水暖构件包括一系列金属、塑料或其他复合材料制成的各类管道及阀门,还包含金属、陶瓷、玻璃等材料制成的洗脸盆、洗手盆、洗涤盆、烘手器、浴盆、花洒、拖布池、小便斗、坐便器、蹲便器等卫生洁具。

水暖管件及其相关配件在建筑装饰中发挥着极其重要的作用,从人类最初利用水车取水发展到今天,材料及技术都趋于先进,但不变的是其在我们生活中所发挥的功能。本章主要讲解排水管及其相关配件的分类以及其相关连接处理方式。

14.1 常用水暖管及连接方式

14.1.1 常用水暖管及其特点

建筑类水暖材料管道按材质的不同分为金属管道(钢管、不锈钢管等)、复合管道(钢塑复合管、铝塑复合管、塑料复合管)、塑料管道(PE 管、PVC 管、PPR 管、PP 管)等。

1)钢管

钢管按制作工艺分为无缝钢管和焊接钢管。在钢管上经过处理又可制作成镀锌钢管、不锈钢管等其他管材。其中镀锌钢管又分热镀锌和冷(电)镀锌两种。热镀锌镀锌层厚,具有镀层均匀、附着力强、使用寿命长等优点。冷镀锌已明令禁止使用,如图 14.1 所示。

2)铝塑复合管

铝塑管质轻、耐用、施工方便,缺点是在用作热水管使用时,长期的热胀冷缩会造成管壁错位以致渗漏。铝塑管内外层均为特殊聚乙烯材料,清洁无毒,平滑。中间铝层可 100%隔绝气体渗透,并使管子同时具有金属和塑胶管的优点。

铝塑管按用途分为普通饮用水管、耐高温管、燃气管。各自的特点及用途如下所述。

①普通铝塑复合管为白色 L 标识,适用范围:生活用水、冷凝水、其他化学液体用管道。

②耐高温用铝塑复合管为红色 R 标识,用于长期工作水温 95 ℃的热水及采暖管道。

③燃气用铝塑复合管为黄色 Q 标识,主要用于输送天然气、液化气、煤气管道系统,如图 14.2 所示。

图 14.1　镀锌钢管

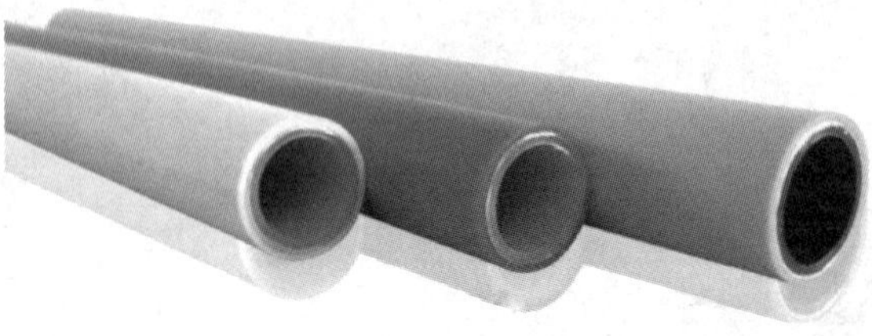

(a)白色冷水管　　(b)红色热水管　　(c)黄色输气管

图 14.2　铝塑复合管

3)不锈钢复合管

由不锈钢和碳素结构钢两种金属材料复合成的新材料,兼具不锈钢抗腐蚀、耐磨和卓越美丽的外表,以及碳素钢良好的抗弯强度及抗冲击性,符合国家节能及普及的原则,如图 14.3 所示。

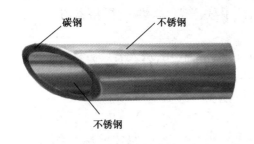

碳钢　　　　不锈钢

不锈钢

图 14.3　不锈钢复合管

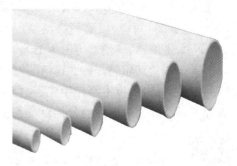

图 14.4　PVC 管

不锈钢管和不锈钢复合管的区别如下所述。

①不锈钢复合管材质为铁管,外面镀有不锈钢层,比较重,但时间长了较易生锈。

②不锈钢管:与不锈钢复合管相比,质量较轻,承重能力没有复合管好,但是不容易生锈,不锈钢材质又分为 200、201、300、301、304 等,市场上一般为 301 材质,304 的效果最好,其次为 301 材质。

4)PVC 管

PVC(聚氯乙烯)管是一种现代合成材料管材,是由硬聚氯乙烯树脂加入各种添加剂制成的热塑性塑料管,适于水温不大于 45 ℃、工作压力不大于 0.6 MPa 的排水管道。连接方式为承插、粘结、螺纹等均可。PVC 管具有质量轻、内壁光滑、液体阻力小、耐腐蚀性好、价格低廉等优点,取代了传统的铸铁管。由于 PVC 管中含铅,一般多用于排水管或电线穿管护套,而不能用作给水管,如图 14.4 所示。

5)PP-R 管

PP-R 管即三型聚丙烯管,因可无缝焊接,又称为"热熔管"。具有质量轻、耐腐蚀、不结垢、保温节能、安装方便、无毒卫生、物理可回收利用、使用寿命长等优点,是装饰工程中采用最多的一种供水管。近年来,在 PP-R 管道基础上又开发出铜塑复合 PP-R 管、铝塑复合 PP-R 管、不锈钢复合 PP-R 管等,进一步加强了 PP-R 管道强度,如图 14.5 所示。

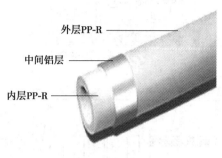

外层PP-R
中间铝层
内层PP-R

图 14.5 PP-R 管

PP-R 管主要用途有:

①建筑物的冷热水系统,包括集中供热系统。

②建筑物内的采暖系统、包括地板、壁板及辐射采暖系统。

③可直接饮用的纯净水供水系统。

④中央(集中)空调系统。

6)PB 管

PB 管聚丁烯管,具有很高的耐温性,化学稳定性和可塑性,无味、无毒、无嗅,温度适用范围为−30~100 ℃,耐寒、耐热、耐压、不生锈、不腐蚀、不结垢、寿命长(可达 50~100 年),有"塑料中的黄金"的声誉,已在工程中普遍使用。

7)UPVC 管

UPVC 管是一种以聚氯乙烯(PVC)树脂为原料,不含增塑剂的塑料管材。其具有耐腐蚀性和柔软性好的优点,不容易与酸、碱、盐发生电化学反应,而柔软性在荷载作用下能产生屈服但不发生破裂。

14.1.2 常用水暖管连接件及其连接方式

目前管道常用的连接方式有卡套式连接、卡压式连接、热熔连接、粘结连接、螺纹连接、焊接连接、法兰连接、承插连接、沟槽连接等方式。

1)卡套式连接(铝塑复合管)

用锁紧螺母和开口管道的压紧环将管材压紧于管件上的连接方式。卡套式管件密封面短,安装方便简单,无需专用工具,可以拆卸,相比螺纹连接更省事、美观。一般用在 16 mm 以下或者 1/2″以下的自来水和燃气系统管道,但不适合高温、有震动的地方。其连接方式和配件,分别详见图 14.6 和图 14.7。

2)卡压式连接(铝塑复合管、不锈钢管)

卡压式连接密封原理主要是利用 O 形圈在使用过程中因受压力作用变形而产生密封作用。一般应用于给水系统、采暖系统等,详见图 14.8 和图 14.9。

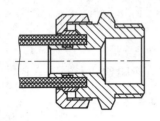

铝型复合管 螺母 开口压紧环 密封环 管件本体

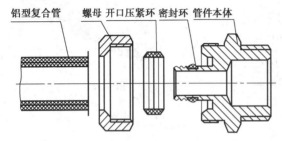

图 14.6 卡套式连接方式示意

图 14.7 卡套式管接头

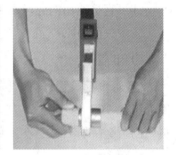

图 14.8 铝塑管卡压式连接

图 14.9 不锈钢管卡压式连接

图 14.10 热熔连接

3)热熔连接(PP-R、PE、PB)

热熔连接广泛应用于 PP-R 管、PB 管、PE-RT 管(地暖管)等新型管材的连接,是目前家装给水系统应用最广的连接方式,如图 14.10、图 14.11 所示。

图 14.11 PB 管热熔连接

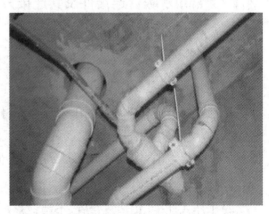

图 14.12 PVC 管

4)粘结连结(UPVC、ABS 管)

粘结连接是采用粘合剂做粘结填料,将同质的管材、管件粘结在一起,从而起到密封作用。粘结连接有着施工简便、固化速度快等优势,被广泛应用于排水系统。

5)螺纹连接(镀锌管道)

螺纹连接,又称丝扣连接,其是通过内外螺纹将管道与管道、管道与阀门连接起来。这种连接主要用于钢管、铜管和高压管道的连接。

14.2 水(咀)龙头花洒

14.2.1 水龙头的简介

水龙头又名水咀、龙头等,是室内水源的开关,负责控制和调节水的流量大小,厨房用的水龙头一般都为长嘴可旋转式,安装在两个清洗盆中间。其中家用龙头品种最为多样,详见图 14.13。

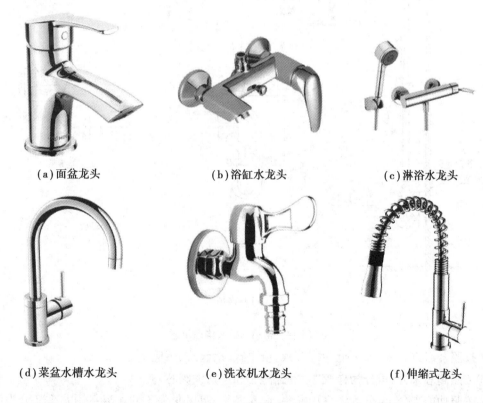

(a)面盆龙头　　　　　(b)浴缸水龙头　　　　　(c)淋浴水龙头

(d)菜盆水槽水龙头　　　(e)洗衣机水龙头　　　　(f)伸缩式龙头

图 14.13　家庭常用水龙头

14.2.2 水龙头的分类

①按照材料来分,可分为铸铁、全塑、全铜、合金材料等。

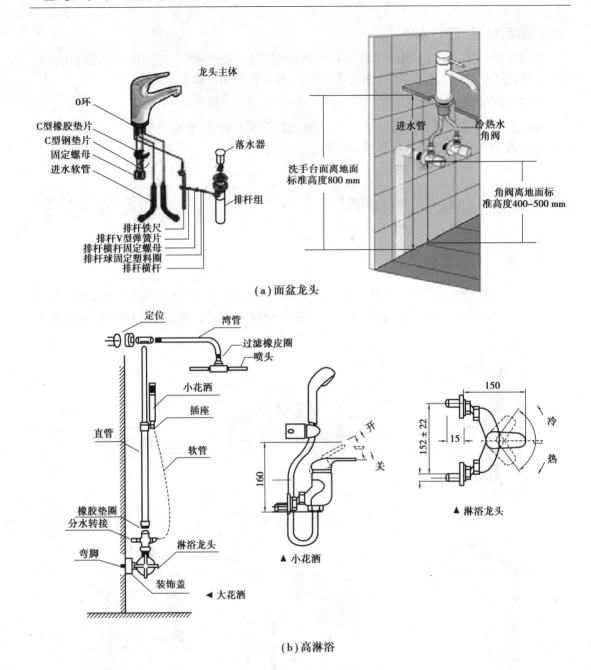

（a）面盆龙头

（b）高淋浴

图 14.14　常见水龙头构造示意

②按照开启方式来分，可分为螺旋式、扳手式、抬起式、感应式等。

③按照阀芯来分，可分为橡胶芯、陶瓷阀芯和不锈钢阀芯等。

④按照功能来分，可分为浴室用龙头、面盆龙头、厨房龙头 3 种。浴室用龙头又分为浴缸龙头和淋浴龙头。

a.浴缸龙头：可开放冷热混合水。目前市场上较多的是陶瓷阀芯式单柄浴缸龙头。它采用单柄即可调节水温，使用方便；陶瓷阀芯使水龙头更耐用、不漏水。浴缸龙头的阀体多用黄铜制造,外表有镀铬、镀金及各式金属烘漆等。

b.淋浴龙头:可开放冷热混合水。淋浴龙头有软管花洒和嵌墙式花洒之分;具特殊功能的有恒温龙头,带过滤装置的龙头及有抽拉式软管的龙头等,它们在安装时都有不同的要求。

c.面盆龙头:安装在洗面盆上,用于放冷水、热水或冷热混合水。它的结构有:螺杆升降式、金属球阀式、陶瓷阀芯式等。阀体用黄铜制成,外表有镀铬、镀金及各色金属烘漆,造型多种多样,手柄有单柄式和双柄式等。还有的面盆龙头装有落水提拉杆,可直接提拉打开洗面盆的落水口,排除污水。

d.多功能厨房龙头:采用双联的多,可开放冷热混合水。厨房龙头的出水口较高、较长,某些还有软管设计,供洗涤食物用。

⑤按照结构来分,大体也是三大类:

a.单柄类,是采用陶瓷阀芯作为密封件的,优点是开关灵活,温度调节简便,使用寿命长。

b.带90°开关的,采用陶瓷芯片密封,启闭时旋转手柄90°即可,分冷热水两边进行调节,其特点是开启方便,款式也比较多。

c.传统的螺旋稳升式橡胶密封的水龙头,出水量大,价格较低,维修简便,仍有一定市场。

14.2.3　新型水龙头简介

（1）自动感应水龙头

自动感应水龙头如图 14.15、图 14.16 所示。其分为红外线感应水龙头、触摸式自动感应水龙头、自动感应水龙头。

图 14.15　不同自动感应水龙头

①红外线感应水龙头:分为一体式自动感应水龙头和分体式自动感应水龙头两种。前者的控制部分全部集中在一个龙头体内,又分为单冷型和冷热水型,前者是只出冷水。后者是冷热水混合,无需像分体式感应水龙头一样需要安装冷热混水阀。只需直接接入冷水和热水即可,利用龙头体上的冷热调温阀即可调节水温,适用于公共洗手间等场所。

②触摸式自动感应水龙头:只需人体轻轻触碰龙头体,即可达到自动感应出水的效果,目前主要应用于碗盆清洁器具用。

③普通感应水龙头就是手来出水,手离开后停止出水。医用和厨房用感应龙头则使用的是二次感应技术,采用的是手感应一次出水,手再次感应方可停止出水。

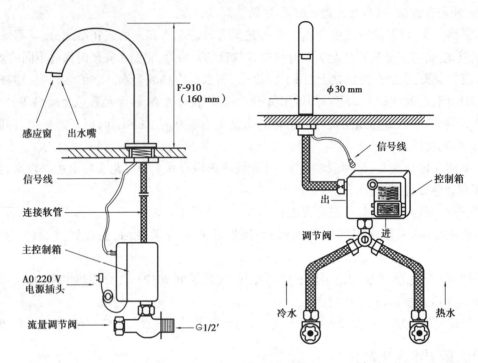

图 14.16　自动感应水龙头构造示意

（2）增加起泡器水龙头

增加起泡器水龙头如图 14.17 所示,起泡器可以让流经的水和空气充分混合,从而有效减少用水量,节约用水。一般高档的水龙头水流如雾状柔缓舒适,还不会四处飞溅,这就是起泡器所起到的作用。

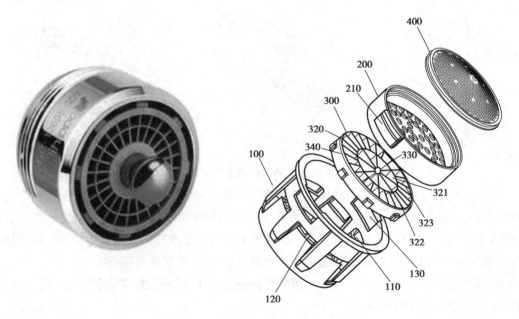

图 14.17　水龙头起泡器及其构造示意图

（3）智能磁化水龙头

智能磁化水龙头特点如下所述。

①在供水网络停水时，水龙头开启或正在开启时，均能自动关闭，不会出现忘记关闭水龙头造成跑水现象。

②用机械方式，无需能源或动力。

③有磁化水的功能。

④制造工艺简便，以铸造为主。

14.3　常用洁具

常用洁具主要是指厨房中水槽和卫浴空间内的洗面盆、坐便器、浴缸等卫生器具。

14.3.1　厨房水槽

厨房水槽主要用于洗菜、淘米、洗碗等，有单盆、双盆之分；并且根据安装方式的不同分为台上盆、台平盆、台下盆等类型。按材质可分为铸铁搪瓷、陶瓷、不锈钢、人造石、钢板珐琅、亚克力、结晶石等，其中陶瓷、不锈钢、人造石、花岗石（石英）这4种比较常见，而不锈钢水槽的使用范围最为广泛，是因其耐腐蚀、抗氧化、韧性好、坚固耐用。

水槽的安装方式有4种，分别为台上盆、台中盆和台下盆以及无开孔安装。

（1）台上盆

水槽安装边在橱柜台面之上，开孔后直接将盆体置于灶台面板上，四周打玻璃胶防渗水，优点是方便后期更换台盆，缺点是四周易积水需及时清理，否则玻璃胶时间长了会发黑，如图14.18所示。

（2）台中盆

台中盆也称平嵌式，就是按照水槽安装边的尺寸，在橱柜的台面打磨去一层，将水槽与台面作成一个平面，这种安装方式美观，并且水槽与橱柜台面高度齐平，打扫卫生很方便，如图14.19所示。

图14.18　不锈钢台上盆

图14.19　不锈钢台中盆

（3）台下盆

台下盆的水槽安装在橱柜台面下，是将水槽粘在台面的下方，用云石胶或 AB 胶固定，台下盆美观，易于打理，不容易藏水藏垢，但安装较复杂，成本较高，如图 14.20 所示。

14.3.2　卫浴洁具

卫浴洁具从使用功能可分为 3 大类，即盥洗设备、沐浴设备、便器设备。

（1）盥洗设备

盥洗设备主要为洗面盆，镶入台面的分为台上盆、台下盆；还有立柱式洗面盆、挂盆、角盆和组合盆。常用制作材料是陶瓷和亚克力（丙烯酸塑料），如图 14.21 所示。

图 14.20　不锈钢台下盆

图 14.21　台上洗面盆

图 14.22　台下洗面盆

图 14.23　立柱洗面盆

（2）沐浴设备

沐浴设备有花洒、淋浴房、浴缸等，如图 14.24—图 14.26 所示。

①淋浴房常用规格。

淋浴房采用的钢化玻璃隔断高 1.95 m，平面尺寸有，钻石形 900 mm×900 mm、900 mm×1 200 mm、1 000 mm×1 000 mm 和 1 200 mm×1 200 mm；方形淋浴房有 800 mm×1 000 mm、

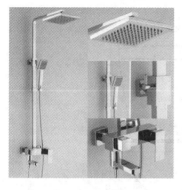

图 14.24 花洒

图 14.25 淋浴房

图 14.26 浴缸

900 mm×1 000 mm、1 000 mm×1 000 mm;弧扇形淋浴房尺寸有 900 mm×900 mm、900 mm×1 000 mm、900 mm×1 200 mm、1 000 mm×1 000 mm、1 000 mm×1 300 mm、1 000 mm×1 100 mm和 1 200 mm×1 200 mm。

②浴缸(浴盆)常用规格。长度为 1.5 m、1.6 m、1.7 m、1.8 m 和 1.9 m,其中 1.7 m 的采用较多;宽度:0.7 m、0.75 m、0.8 m、0.85 m,其中 0.8 m 采用较多。

(3)便器设备

便器设备类型有蹲便器、坐便器、小便斗、净身盆(又称妇洗器)。

坐便器可分为分体坐便器和连体坐便器两种。分体坐便器所占空间大一些,连体坐便器所占空间要小些。按排污方式又分 4 种,如下所述。

a.冲落式坐便器用水量小,排污效果好,池心存水面积较小,但排污时噪声较大,如图14.27所示。

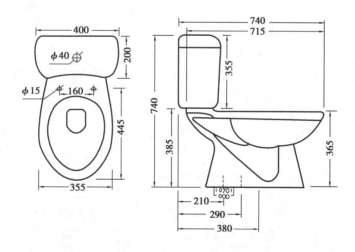

图 14.27 冲落式坐便器

b.虹吸式坐便器内有一个弯道,呈 S 状,池壁坡度较缓,噪声小,但池底存水面积较大,如图 14.28 所示。

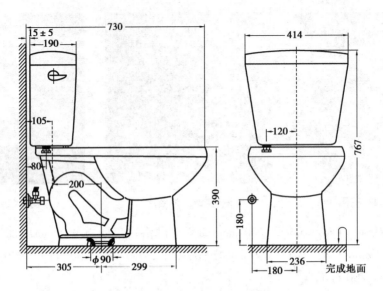

图 14.28　虹吸式坐便器

　　c.虹吸喷射式坐便器是在虹吸式坐便器内增设喷射副道,水流冲力大,排污速度快,噪声小,但池内存水面积较大。

　　d.虹吸漩涡式坐便器是目前马桶排水中最好的排水系统,节水,静音,排得干净,但价格也是较高的。

15

室内常用电气材料

室内常用的电气材料包含强弱电管线及绝缘胶布、线卡、开关盒、PVC 电线管或镀锌管等电工辅料。同时,开关、插座也是室内设装饰计中重要的一部分。

15.1 常用电气管线及其附属配件

15.1.1 电线类

家庭常用电线可分为 3 类。硬线(BV):用于供电、照明、插座、空调;软线(BVR):用于供电、照明、插座、空调;硬、软线(弱电线):分别由单根和数根铜芯线组成。家庭常用的电线截面规格有 1.5 mm²、2.5 mm²、4 mm²、6 mm²、10 mm²。1 mm² 的电线最大可承受 5~6 A 的电流。

不同平方及颜色的电线用途如下所述。

①1.5 mm² 电线:用于灯具照明;2.5 mm² 电线:用于插座;4 mm² 电线:用于 3P 以上空调,3P 以下空调可通用单芯 2.5 mm² 电线;6 mm² 电线:用于总进线。

②红色是火线。蓝色、白色等其他单色线是零线。黑色或黄绿相间的双色线是接地线。强电(一般指 36 V 以上,主要以提供电能为主,如照明用电)和弱电(主要以处理或传输信息为主,如电话和网络等)最好分开挖槽安装,这样可以避免弱电受到干扰,或者两者分开间距 30~50 mm 左右。

电气线路的布置如下所述。

室内照明布线方式主要分为 3 类,即明敷布线、暗敷布线和明暗混合布线。

①明敷布线:指室内没有装饰顶棚板,线路沿墙和楼层顶表面敷设,或室内有装饰顶棚板,而线路沿墙身和顶棚板外表面敷设,能直接看到线路走向的敷设方法,称明敷布线,一般要求采用阻燃导管进行敷设。这类布线方式使用很少,因为其对整个家居装饰效果不利,不是最美感化。

②暗敷布线:指线路沿墙体内、装饰吊顶内或楼层顶内敷设,不能直接看见线路走向的称暗敷布线,这是目前一类比较流行的室内照明布线方式,能将所有线路走向痕迹全部隐藏起来,而且电线都得采用阻燃导管和接线盒进行敷设。

③明暗混合布线:其特点是一部分线路可见走向,另一部分线路不可见走向的敷设方法。如在一些室内装饰工程中,其电气设计,在墙身部分采取暗敷布线,进入装饰吊顶层部分则为明敷布线了。

15.1.2　电工辅料类

电工辅料类一般包括:绝缘胶布、线卡、开关盒、PVC 或镀锌阻燃导管和接线盒等。

①护套线:二芯、三芯护套线是做明线使用,多用于工地上施工用,家装不太用到。三芯护套线 2.5 mm² 可用于柜式空调。

②电线管:规格分为 4 分(16 mm)和 6 分(20 mm)的。从壁厚来看,分为中型 315 型号(壁厚 1.5 mm)、轻型 215 型号(壁厚 1 mm)。

③86 型暗盒:又称为电线盒。

④管卡:连接电线与电线管。

⑤锁扣:用于暗盒,或电线与开关相接处,又称杯梳或螺接。

⑥直接:连接电线与电线,又称束接。

⑦弹簧:弯曲电线管。

⑧螺丝:一般长为 2 cm,加长型的为 4~5 cm。

电线的大致用量参考(由于房型及布线走向的不同,因此还是以家庭具体情况为准)。

①二房二厅:1.5 mm² 红的 2 卷(100 m),蓝的 2 卷(100 m)2.5 mm² 红的 2 卷,蓝的 2 卷,双色 2 卷。

②三房二厅:1.5 mm² 红的 2 卷(100 m),蓝的 2 卷(100 m)2.5 mm² 红的 3 卷,蓝的 3 卷,双色 3 卷。

③其他:电脑线、电话线等视具体情况而定,例如客厅或卧室是否要安装等。

15.2　开关插座

开关插座是用来接通和断开电路使用的电器,有时可以为了美观而使其还有装饰的功能。有机械的、有智能的、有平板的、有跷板的等。

开关有双控和单控的区别,双控每个单元比单控多一个接线柱。一个灯在房里可以控制,在房间外也可以控制称作双控,双控开关可以当单控用,但单控开关不可以作双控。

15.2.1　开关分类

按开关的启动方式分为拉线开关、旋转开关、倒扳开关、按钮开关、跷板开关、触摸开关等。按开关的连接方式分为单控开关、双控开关、双极(双路)双控开关等。按规格尺寸标准型分：86型(86 mm×86 mm)、118型(118 mm×74 mm)、120型(120 mm×74 mm)。按功能分类可分为：一开单(双)控、两开单(双)控、三开单(双)控、四开单(双)控、声光控延时开关、触摸延时开关门铃开关、调速(调光)开关、插卡取电开关。

15.2.2　开关安装的要求

①同一场所开关的切断位置应一致,操作应灵活可靠,接点应接触良好。

②开关安装位置应便于操作,安装高度应符合下述要求。

a.拉线开关距地面一般为 2~3 m,距门框为 0.15~0.2 m。

b.其他各种开关距地面一般为 1.3 m,距门框为 0.15~0.2 m。

③成排安装的开关高度应一致,高低差不大于 2 mm;拉线开关相邻间距一般不小于20 mm。

④电器、灯具的相线应经开关控制。

⑤跷板开关的盖板应端正严密,紧贴墙面。

⑥在多尘、潮湿场所和户外应用防水拉线开关或加装保护箱。

⑦在易燃、易爆场所,开关一般应装在其他场所控制,或采用防爆型开关。

⑧明装开关应安装在符合规格的圆木或方木上。

插座,是指有一个或一个以上电路接线可插入的座,通过它可插入各种接线,便于与其他电路接通。

空调插座,又称 16 A 插座,因为一般的插座都是 10 A 电流,空调插座是 16 A 电流。

118 插座是横向长方形,120 插座是纵向长方形,86 插座是正方形。118 插座一般分,一位、二位、三位、四位插座。86 插座一般是五孔插座,或多五孔插座或一开带五孔插座。

插座安装要求如下所述。

①交、直流或不同电压的插座应分别采用不同的形式,并有明显标志,且其插头与插座均不能互相插入。

②单相电源一般应用单相三极三孔插座,三相电源应用三相四极四孔插座,在室内不导电地面可用两孔或三孔插座。

③一般距地面高度为 1.3 m,在托儿所、幼儿园、住宅及小学等场所不应低于 1.8 m,同一场所安装的插座高度应尽量一致。

④车间及试验室的明、暗插座一般距地面高度不低于 0.3 m,特殊场所暗装插座一般不应低于 0.15 m,同一室内安装的插座高低差不应大于 5 mm,成排安装的插座不应大于 2 mm。

⑤舞台上的落地插座应有保护盖板。

⑥在特别潮湿,有易燃、易爆气体和粉尘较多的场所,不应装设插座。

⑦明装插座应安装在符合规格的圆木或方木上。

⑧插座的额定容量应与用电负荷相适应。

⑨单相二孔插座接线时,面对插座左孔接工作零线,右孔接相线;单相三孔插座接线时,面对插座左孔接工作零线,右孔接相线,上孔接保护零线或接地线,严禁将上孔与左孔用导线相连接;三相四孔插座接线时,面对插座左、下、右三孔分别接 A、B、C 相线,上孔接保护零线或接地线。

⑩明装插座的相线上容量较大时,一般应串接熔断器。

⑪暗装的插座应有专用盒,盖板应端正,紧贴墙面。

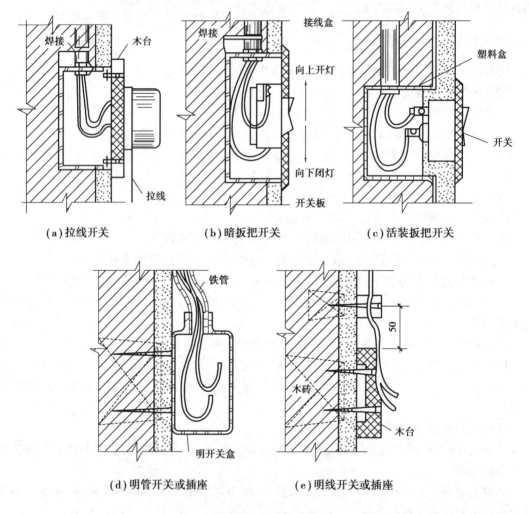

图 15.1　开关的安装

15.3　常用光源

自身能发光的物体称为光源,又称为发光体,装饰工程中常用的光源,大多以"灯泡"的形式出现。

15.3.1 光源的分类

(1)按电光源的发光原理主要分为两大类,即热辐射光源和放电光源。

①热辐射光源是当物体受热且热能足够大时,使原子或分子发生激烈的相互碰撞而激发产生的光的发射。电光源是利用电流将物体加热到白炽程度而产生的光。属于热辐射光源的灯有白炽灯、卤钨灯。

②放电光源是指在电场作用下,载流子在气体(或蒸气)中产生和运动,而使电流通过气体(或蒸气)的过程。这个过程导致光的发射,可作为光源,即放电光源。这种光源具有发光效率高、使用寿命长等特点,有较好的发展前途。

(2)按放电媒质分类

①气体放电灯,是利用气体中的放电发光,例如氙灯、氖灯等。

②金属蒸气灯,是利用金属蒸气(如汞蒸气、钠蒸气等)中的放电,而主要由金属蒸气产生光,例如汞灯、钠灯等。

15.3.2 常用电光源

①卤钨灯。卤钨灯除在灯泡内充入惰性气体外还充入有少量的卤族元素(氟、氯、溴、碘),这样对防止玻壳黑化,具有较高的效能。

②荧光灯(图15.2)。荧光灯属于放电光源,是靠低压汞蒸气放电,利用放电过程中的电致发光和荧光质的光致发光,形成光源。

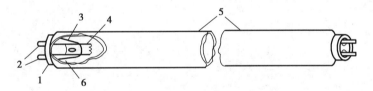

图15.2 荧光灯管构造示意图

1—灯头;2—灯脚;3—玻璃芯柱;4—灯丝(钨丝,电极);

5—玻管(内壁涂覆荧光粉,管内充惰性气体);6—汞(少量)

③钠灯:与汞灯一样也是靠放电而发光。如在灯管内放入适量的钠和惰性气体,就成为钠灯。钠灯具有省电、光效高、透雾能力强等特点,钠灯分为高压钠灯和低压钠灯。

④金属卤化物灯:金属卤化物灯也是一种气体放电灯。这种灯的优点是发光体小,光色和日光相似,显色性也较高,光效也较高,达701 m/W左右。

⑤氙灯:氙灯也是一种弧光放电灯。其具有功率大、光色好、体积小、亮度高、启动方便等优点,人们称誉它为"小太阳"。

⑥LED 光源:LED 被称为第四代照明光源或绿色光源,广泛应用于各种指示、显示、装饰、背光源、普通照明和城市夜景等领域。

LED 光源特点:

a.发光效率高,节能效果好。

b.白光光谱质量好,光谱中没有紫外线和红外线,属健康光源。

c.寿命长:光通量衰减到70%的理论寿命达5万~10万 h。

d.响应时间短,适合于频繁开关以及高频运作的场合。

e.绿色环保,LED组成材料里无有害和污染环境成分。

f.控制灵活,易于调光,可以实现多种彩色效果。

g.具有良好的显色性,对物体的色泽还原效果好。

h.LED单面发光,是防止产生光污染的理想光源。

LED的环保特征是在LED构成的各种材料里,不会对环境产生污染,同时,LED照明的发光效率非常高,可以节省大量的电能,这也是世界各国竞相发展这一照明技术的重要原因,随着LED成本的进一步降低,LED会广泛应用在照明的各个领域。

15.4　装修常用灯具

灯具是安装光源的电器设备,作用是将光源的光通量按需要进行再分配,例如使光源发出的光通量按需要方向照射,以提高光源的利用率,减少眩光,保护光源免受机械损伤,产生一定的照明装饰效果等。灯具按安装方式分为悬吊式、吸顶式、壁装式。其他还有落地式、台式、嵌入式等。

15.4.1　吊灯

图 15.3　吊灯

以悬挂方式安装的灯具,常用类型有单头吊灯和枝形吊灯,起照明和美化环境的作用。枝形吊灯通常十分华丽,由十几至几十个灯泡(管)和复杂的玻璃或水晶阵列,通过折射光来照亮房间,典型的为水晶吊灯。单头吊灯一般只有一个灯泡和灯罩。

吊灯常用的光源(灯泡)有节能灯管、LED灯、荧光灯、卤钨灯。

15.4.2 吸顶灯

图 15.4 吸顶灯

　　吸顶灯是吸附于楼板或吊顶底部安装的灯具,光源有普通白灯泡,荧光灯、高强度气体放电灯、卤钨灯、LED 等。灯罩有正方形、圆球形、尖扁圆形、半圆球形、半扁球形、小长方形等。吸顶灯不占空间高度,常用于较低矮的空间。

15.4.3 壁灯(图 15.5)

图 15.5 壁灯

　　壁灯的特点是安装于墙面或其他垂直面上的辅助照明装饰灯具,常设于走道、床头和镜前,款式众多。常用的光源(灯泡)有节能灯、LED 灯。

15.4.4 嵌入式灯

　　嵌入式灯特点是在吊顶上或家具顶部等处,留孔或开孔进行安装,灯具结构不外露,不占空间高度,但照射范围较小,类型有日光灯盘、筒灯和牛眼灯。还有一种地埋灯,是嵌入地下的。

（1）日光灯盘（图 15.6）

常用于办公室,营业厅和商场。光源有荧光灯管、LED 灯。常见的型号有 2×14 W、2×21 W、3×14 W、3×21 W、2×28 W、3×28 W。灯盘的尺寸（mm）主要有 600×600 和 600×1 200 两种,3×21 W 及以下的,采用 600×600,其余采用 600×1 200。

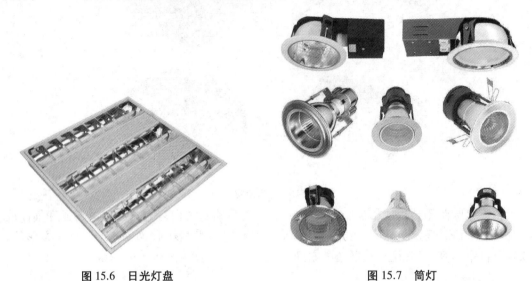

图 15.6　日光灯盘　　　　　　　　　　　　　图 15.7　筒灯

（2）筒灯（图 15.7）

圆形竖装的筒灯居多,灯筒直径有 2.5 寸、3 寸、3.5 寸、4 寸和 5 寸,常用的光源（灯泡）有节能灯、LED 灯。

（3）牛眼灯（图 15.8）

牛眼灯和筒灯相似,不同的是,牛眼灯有一个活动的反光罩,可以调节灯光的投射方向。

15.4.5　射灯、投光灯和聚光灯（图 15.9）

图 15.8　牛眼灯

图 15.9　射灯、投光灯和聚光灯

它们的共同点是定向发射光束,专门照亮特定的物体,角度可以调整。不同之处仅在于光源和尺寸大小各异,使用场所不同。射灯光源一般有 LED 灯,又分固定式和轨道式,常用于家庭和公共场所的局部照明。

投光灯较大,常用于商场、建筑外立面或大型广告牌等照明,光源以 LED、卤钨灯和碘钨灯为主。

聚光灯与射灯和投光灯不同之处是可以调焦,以改变光斑的大小。舞台照明灯具往往以聚光灯为主。

参考文献

[1] 中华人民共和国公安部.建筑内部装修设计防火规范(GB 50222—1995).北京:中国建筑工业出版社,2001.

[2] 建筑设计防火规范(GB 50016—2014).

[3] 唐海艳,李奇.房屋建筑学[M].2 版.重庆:重庆大学出版社,2015.

[4] 住房城乡建设部.建筑工程施工质量验收统一标准(GB 50300—2013).北京:中国建筑工业出版社,2014.

[5] 住房城乡建设部.民用建筑工程室内环境污染控制规范(GB 50325—2010).北京:中国计划出版社,2013.

[6] 陕西省建筑科学研究院.砌体工程施工质量验收规范(GB 50203—2011).北京:光明日报出版社,2011.

[7] 中国建筑科学研究院.外墙饰面砖工程施工及验收规程(JGJ 126—2015).北京:中国建筑工业出版社,2015.

[8] 木结构工程施工质量验收规范(GB 50206—2012).北京:中国建筑工业出版社,2012.

[9] 山西省建设厅.屋面工程施工质量验收规范(GB 50207—2012).北京:中国建筑工业出版社,2012.

[10] 江苏省建设厅.建筑地面工程施工质量验收规范(GB 50209—2010).北京:中国建筑工业出版社,2012.

[11] 中国建筑科学研究院.建筑装饰装修工程施工质量验收规范(GB 50210—2001).北京:中国建筑工业出版社,2012.

[12] 浙江省建设厅.建筑电气工程施工质量验收规范(GB 50303—2011).中国标准出版社,2011.

[13] 中国林业科学研究院木材工业研究所.室内装饰装修材料人造板和其制品中甲醛释放限量(GB 8680—2001).中国标准出版社,2001.

[14] 中国化工建设总公司常州涂料化工研究院.室内装饰装修材料内墙涂料中有害物质限量(GB 18682—2008).中国标准出版社,2008.

[15] 住房和城乡建设部.玻璃幕墙工程质量检验标准(JGJ/T 139—2001).北京:中国建筑工业出版社,2002.

[16] 江苏省建设厅.建筑地面工程施工及质量验收规范(GB 50209—2010).北京:中国建筑工业出版社,2010.

[17] 高军林.建筑装饰材料[M].北京:北京大学出版社,2009.

[18] 张书梅.建筑装饰材料[M].北京:机械工业出版社,2003.

[19] 李国华.建筑装饰材料[M].北京:中国建材工业出版社,2004.

[20] 明光.建筑装饰材料[M].北京:中国水利水电出版社,2010.

[21] 唐海艳,李奇.建筑构造[M].重庆:重庆大学出版社,2016.

[22] 丁立伟,陈金瑾,乔继敏.建筑装饰材料与构造[M].北京:中国电力出版社,2011.

[23] 冯美宇.建筑与装饰构造[M].北京:中国电力出版社,2006.

[24] 胡敏.建筑装饰构造[M].合肥:合肥工业大学出版社,2009.

[25] 张鹏.建筑装饰材料与构造[M].北京:北京工艺美术出版社,2008.

[26] 西南地区建筑标准设计协作领导小组.西南地区建筑标准设计图集.北京:中国建筑工业出版社,2011.